建筑防水构造图集 WSB

张道真　主　编

曾小娜　王　蕾　黄瑞言　副主编

易　举　编制负责人

中国建筑工业出版社

图书在版编目（CIP）数据

建筑防水构造图集 WSB / 张道真主编；曾小娜等副主编 . —北京：中国建筑工业出版社，2024. 8.
ISBN 978-7-112-30245-1

Ⅰ . TU22-64

中国国家版本馆 CIP 数据核字第 2024JX9504 号

责任编辑：费海玲　张幼平
责任校对：张　颖

建筑防水构造图集WSB

张道真　主　编
曾小娜　王　蕾　黄瑞言　副主编
易　举　编制负责人
*
中国建筑工业出版社出版、发行（北京海淀三里河路9号）
各地新华书店、建筑书店经销
北京光大印艺文化发展有限公司制版
建工社（河北）印刷有限公司印刷
*
开本：787毫米×1092毫米　横1/16　印张：20　字数：489千字
2024年8月第一版　　2024年8月第一次印刷
定价：**160.00**元
ISBN 978-7-112-30245-1
（43045）

本图集谨奉献给那些思想活跃　勇于创新的人们

鉴于庞大的各种规定组成的体系　事实上未能有效解决长期的防水质量问题

本图集并不拘泥于以往的习惯和程序

图集专注防水系统的合理性及全寿命周期内的经济性

顶层设计发生的一些变化　可能只是演变　并非都是进化

因此本图集格外感兴趣的是

优化　创新

着眼大格局　因地制宜　巧妙解决问题

建筑市场畸形，直接影响建筑学教育。

建筑技术类课程的设置，很多只为迎合评估，严重脱离实际，防水专业本科也不例外。

一出校门，就得再学。套规范作设计，不解决渗漏，几年一过，疑惑变麻木。

认真工作的建筑师，到处碰壁，直到缴械投降——放弃设计权，当然也放弃责任。

放弃易，重拾难。简单提速的办法是：正反两面对比思考。

因此本图集主要内容为"专题 + 治理案例"，一正一反。

咿呀学语的稚童学会走路，跌跤的贡献大于妈妈的教导。

认真思考的建筑师、建造师、监理工程师，乃至一线工人都知道，摔跟头悟出的
ABC，比本本主义的 ABC 更能解决实际问题。

感谢参与新技术研究与实践的专家

吴兆圣　高分子专家　胶黏剂专家
　　　　防水专家　工艺设计专家

易　举　高分子专家　密封胶专家
　　　　防水专家　渗漏治理专家
　　　　（北京航空材料研究院第十一
　　　　研究室，参加国家攻关项目）

王　莹　教授级高工　建材检测专家
　　　　建材应用及标准化研究专家
　　　　主持过多项国家重点研发课题

谢　蓉　教授级高工
　　　　注册公用设备师（给水排水）

徐培钧　刚性防水专家　系统配件专家
　　　　（无机活性自修复内掺剂）
　　　　台湾营建防水技术协进会理
　　　　事长

陈宋良　结构工程师　结构构造节点
　　　　专家

邱　涛　建筑师　幕墙专家

李富强　深圳大学园林研究所
　　　　深圳大学生命科学学院

张　剑　工学硕士　结构设计大师
　　　　教授级高工
　　　　一级注册结构师

田崇江　建筑师　结构工程师
　　　　广州大学建筑设计研究院

蒋红薇　建筑师　总建筑师
　　　　房地产咨询有限公司

方一苍　渗透结晶资深专家
　　　　研究重点：母料国产化

李忠临　刚性防水专家　在读博士

张火贵　装修材料施工专家
　　　　特种环氧胶黏剂

徐荣彬　防水防护与修复专家，长于
　　　　实践，研究、探索完整的全
　　　　刚自防水系统

方宏坤　深圳建筑业协会总工委委员
　　　　（京圳　总工　工程监理）

在经济下滑之际，仍有
诸多朋友鼎力相助，促
使图集正式出版。
编制组在此向他们表示
由衷的谢意。

2024 年 1 月 26 日

补充说明：

本图集收录的防水构造图，不少均为在几十年间积累下来的手绘图，以实用为主要原则，以体现作者的思考为要。期间由于图纸保存问题，部分图纸存在洇水不清的问题，在此以尊重历史与过往的态度，保留其原始状态，也以此表达对过往认真工作的敬意！

并出于同样的原因，本图集中的文字排版大小并不强求统一，而是根据内容本身的多少和标准信息本身的重要程度等，进行了各个不同层次的大小和颜色的划分等。

图集中未标注单位，均为 mm。

建筑防水构造图集 WSB

单位负责人：许安之　艾志刚　曹　卓
技术负责人：冯　鸣　李念中　何南溪

编制说明

图集中的内容均基于正常情况，而不过分迁就低价、低质、蛮干。只有这样，才可以更好地体现一般情况下的最佳设计思想和应用，也方便设计者就具体问题进行具体分析，形成自己的新想法，为降低渗漏率作出有效的努力，为防水技术的进步作出贡献，也为注册建筑师责任制落到实处作一点铺垫。

房屋因渗漏而老旧，因老旧而弃用，因弃用而拆除，因拆除而"最碳"。故，不漏者，最"双碳"。

作为设计师，不仅要努力防止生态灾难的降临，而且要让设计成为一种令人愉悦的过程。尽管环保和优美不是天生就结合在一起的，但两者的结合一定十分协调却是肯定的。

符合自然规律的设计是美丽的，但文化有时使我们脱离自然，特别是商品时代。民众要深入长久地协调商业与自然的关系。设计师在有限的世界里为合理的工程设计进行有道德的具有智慧的工作，从而获得的真、善、美，将以一种较简单的方式再次变得意义深远。

深圳大学建筑设计研究院有限公司　　深圳大学建筑与城市规划学院
深圳市清华苑建筑与规划设计研究有限公司　　深圳市注册建筑师协会
2023 年 12 月

使用说明

本图集代号为WSB。由三部分组成：专题、渗漏治理及其优化设计、附录。

一、专题以创新构造为主，也含少量案例分析。

二、渗漏治理及其优化设计以案例分析为主，连带少量新构造。

三、附录包括对创新内容的重要补充、参考资料、专利说明及企业信息。

收入企业信息的唯一目的，是方便使用。

目录

目录只涵盖主要内容，与节点图名未能严格对应，且有些内容是交叉的，必要时请查分目录。

专 题 概述

1. 屋面找坡，主要提供大进深屋面结构找坡的方法。若采用建筑找坡，其明沟防护及暗水排除，不仅构造复杂，且较难系统解决问题。但配以内掺自修复混凝土及专用泄排水口，则能简单有效地解决防排水及维护维修问题。

2. 厚植土一节介绍的内容，可为大型公建顶植绿地提供帮助。特别是用地紧张的情况下，为满足规划部门对绿地的景观要求，越来越多的项目采用陡坡厚植土，带来了诸多新问题。本节试图从系统入手，将其一并解决。

3. 坡屋面。聚酰胺系统，抗风揭，加置装饰面板，也不约束伸缩，工人可站立操作，轻松简便；紧密系统，可避免"夹心饼"式构造，全程干作业；不锈钢天沟则提供了自由胀缩及虹吸集水槽的构造。

4. 坡屋面内通风绝热系统，适用于长江中下游地区，冬夏兼顾。此外，可将坡顶的美学设计彻底从瓦的束缚下解放出来，大有可为。

5. 下沉式卫生间是同层排水诸多方案中最不合理的设计，问题最多，费工费料费时，无可维修性，且阻碍了卫生器具应有的进步，值得认真研究改进。

6. 泳池设计（规范）应从系统入手，不应受配件约束。管道配件应服从主体设计的合理性。

7. 外墙挂扳的初衷是工业化。应通过系统模数化、预制精度、胶缝寿命、全程干作业，达到提高效率、控制投资及可靠防水的目的。

8. 变形缝一节，分析了传统构造存在的问题。提出化学密封与物理抗压新概念，将二者先拆分、后组合，该新构造防水可靠，可内装、可维修，寿命长。

9. 后浇带主要是施工缝清理问题。凡妨碍清理的构造均应改造。

10. 针对越来越多的基坑不能正常降水，提出降排水方案，避免带水浇筑。

11. 分期建设主要是预留、后接问题。必须从规划、支护、设计、施工等整合入手，禁止拆分设计，防止各行其是。先期建设的单位若不预留后接条件，则对该部渗漏承担主要责任。

12. 管廊细而长，理应考虑预拼。预拼的关键在精度，精度靠工厂化。现场制作，且已运行之管廊，不论是现浇还是预拼，大多靠排水维持运行，极不正常。

13. 主体防水。建筑防水，主体（结构）为主，防水层为辅，屋面、地下、泳池、卫生间、外墙等，概莫能外。

14. 通过装饰性大天窗的案例分析，提出优化设计方案，同时解决美观、防水、预制、安装、维护、维修等问题。

15. 许多情况下，只有他山之石可以攻玉。因此，本节介绍了美国、日本的资料。

屋面找坡　　泄排水口　　厚植土（陡坡）

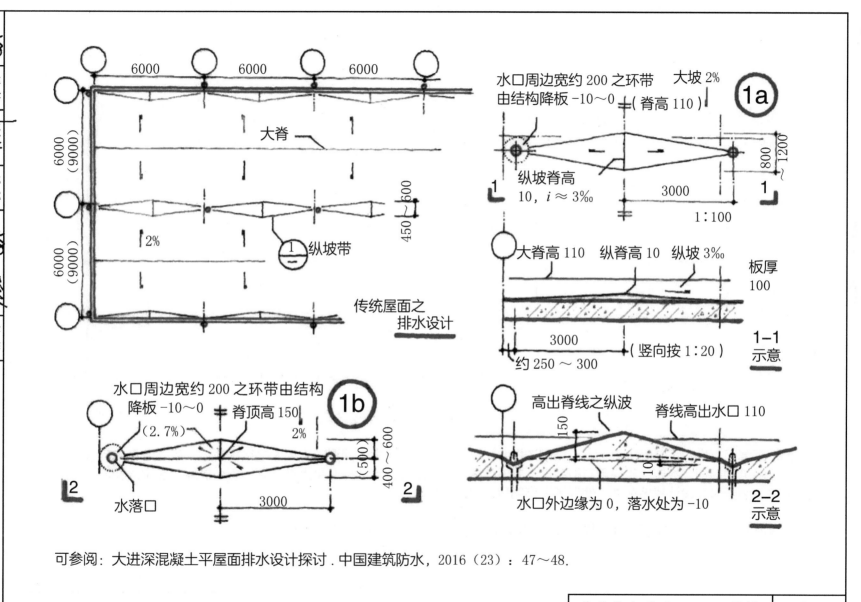

传统屋面之排水设计

1a

水口周边宽约 200 之环带 大坡 2%
由结构降板 −10～0 （ 脊高 110 ）

纵坡脊高
10，$i \approx 3‰$

3000
1:100

大脊高 110 纵脊高 10 纵坡 3‰ 板厚 100

3000
(竖向按 1:20)
约 250～300

1-1 示意

大脊

纵坡带

1b

水口周边宽约 200 之环带由结构
降板 −10～0 脊顶高 150
（2.7%） 2%

水落口

3000

2

高出脊线之纵波 脊线高出水口 110

水口外边缘为 0，落水处为 −10

2-2 示意

可参阅：大进深混凝土平屋面排水设计探讨 . 中国建筑防水，2016（23）：47～48.

传统排水平面（纵坡带）设计 WSB 5

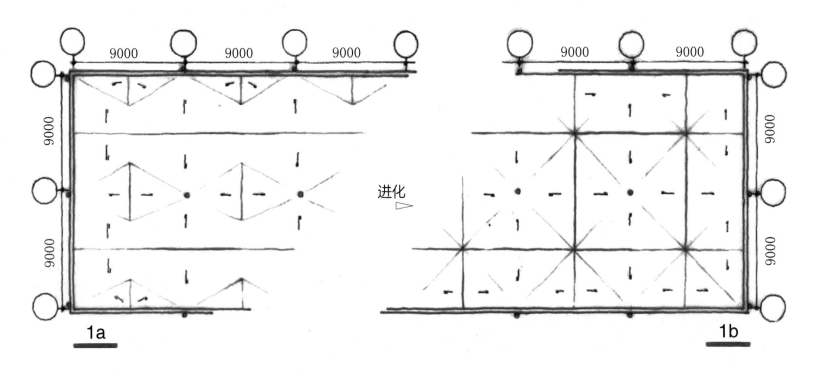

1a

1b

进化

大型平屋面，推荐大斜面排水，不支持明沟排水。以下几页讨论的大进深混凝土屋面之结构找坡，应充分考虑放线、支模、浇筑的简便，故应优先采用斜板找坡，并设计柱内排水系统。若选择底平上坡，则为减小板厚，应引入变坡设计之概念，必要时，设计找坡配件，使现场操作简单、便捷、准确。

可参阅：大进深混凝土平屋面结构找坡．中国建筑防水，2017（11）：30～32、40．

大进深　排水平面设计　WSB 6

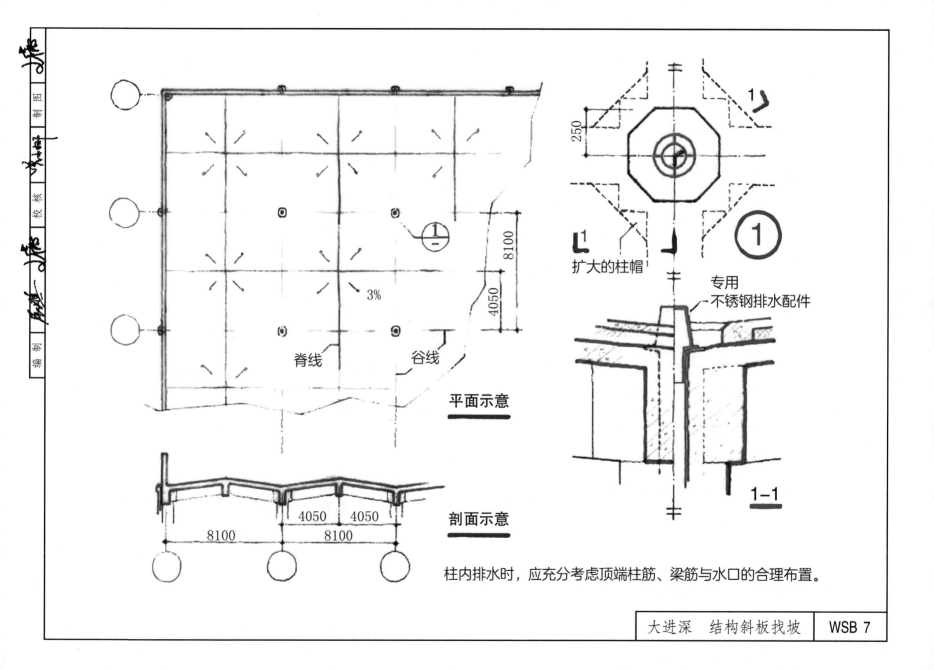

扩大的柱帽

专用
不锈钢排水配件

250

1—1

3%

脊线　　　谷线

平面示意

8100
4050

剖面示意

4050　4050
8100　　8100

柱内排水时，应充分考虑顶端柱筋、梁筋与水口的合理布置。

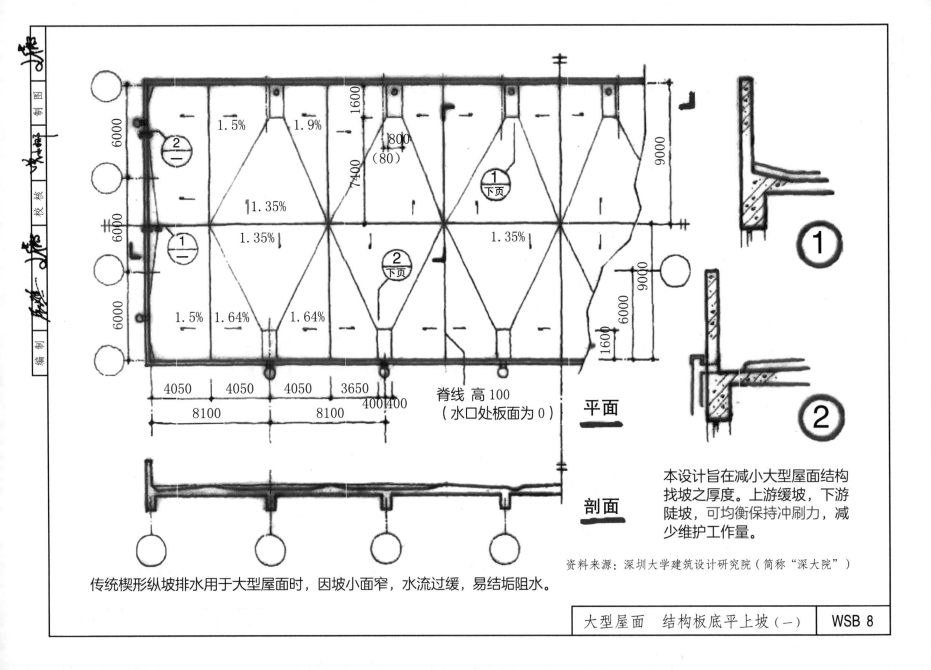

平面

剖面

4050　4050　4050　3650　400 400

8100　　8100

脊线 高 100
（水口处板面为 0）

传统楔形纵坡排水用于大型屋面时，因坡小面窄，水流过缓，易结垢阻水。

本设计旨在减小大型屋面结构找坡之厚度。上游缓坡，下游陡坡，可均衡保持冲刷力，减少维护工作量。

资料来源：深圳大学建筑设计研究院（简称"深大院"）

大型屋面　结构板底平上坡（一）　WSB 8

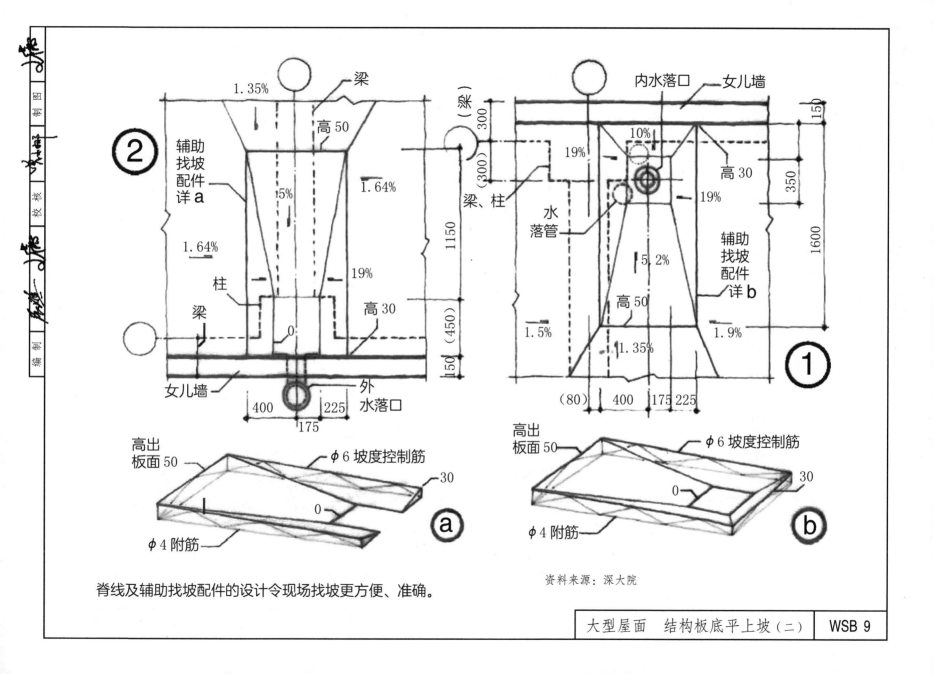

脊线及辅助找坡配件的设计令现场找坡更方便、准确。

资料来源：深大院

大型屋面　结构板底平上坡（二）　　WSB 9

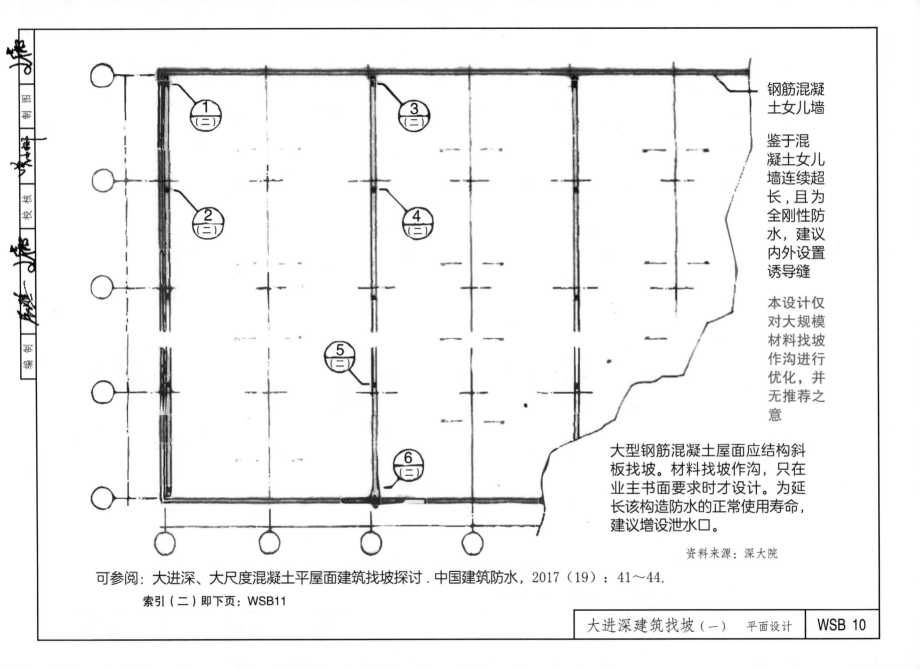

钢筋混凝土女儿墙

鉴于混凝土女儿墙连续超长，且为全刚性防水，建议内外设置诱导缝

本设计仅对大规模材料找坡作沟进行优化，并无推荐之意

大型钢筋混凝土屋面应结构斜板找坡。材料找坡作沟，只在业主书面要求时才设计。为延长该构造防水的正常使用寿命，建议增设泄水口。

资料来源：深大院

可参阅：大进深、大尺度混凝土平屋面建筑找坡探讨．中国建筑防水，2017（19）：41～44.

索引（二）即下页：WSB11

大进深建筑找坡（一）　平面设计　WSB 10

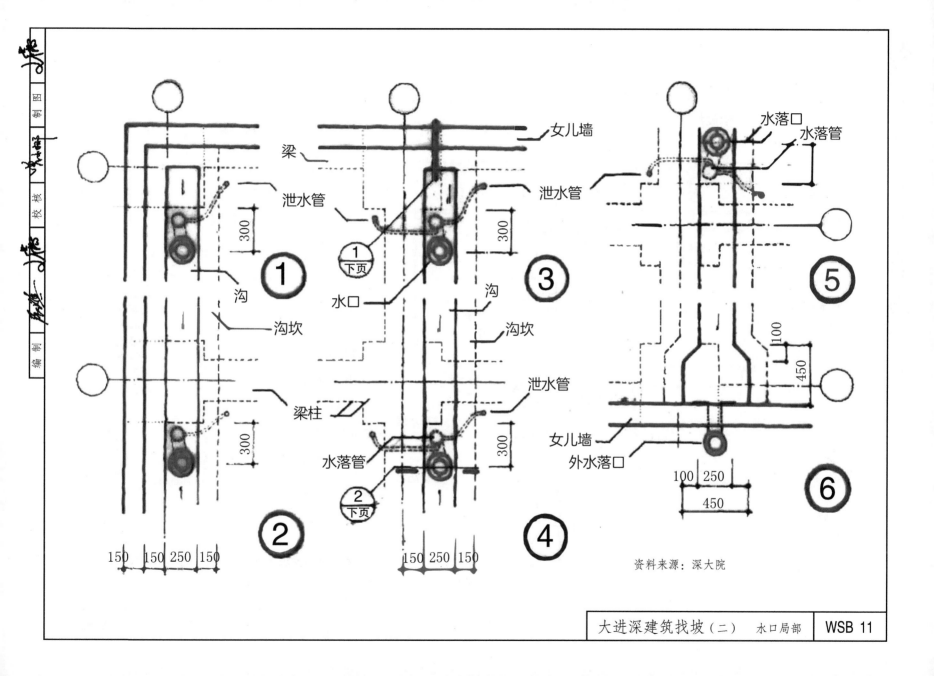

女儿墙

梁

泄水管

300

沟

沟坎

泄水管

水口

沟

沟坎

梁柱

泄水管

水落管

水口

300

300

1
下页

2
下页

水落口

水落管

100

450

女儿墙

外水落口

100 250

450

资料来源：深大院

150 150 250 150

150 250 150

①

②

③

④

⑤

⑥

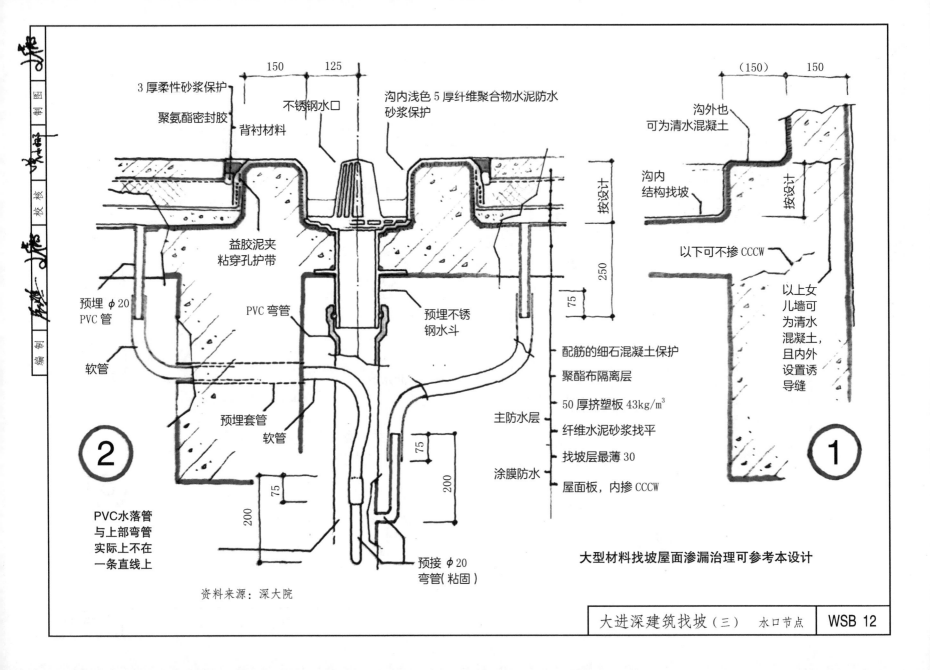

3 厚柔性砂浆保护

聚氨酯密封胶

背衬材料

不锈钢水口

沟内浅色 5 厚纤维聚合物水泥防水砂浆保护

沟外也可为清水混凝土

沟内结构找坡

按设计

益胶泥夹粘穿孔护带

预埋 φ20 PVC 管

PVC 弯管

预埋不锈钢水斗

以下可不掺 CCCW

以上女儿墙可为清水混凝土，且内外设置诱导缝

软管

按设计

250

75

预埋套管

软管

配筋的细石混凝土保护

聚酯布隔离层

50 厚挤塑板 43kg/m³

主防水层　纤维水泥砂浆找平

找坡层最薄 30

涂膜防水

屋面板，内掺 CCCW

75

75

200

200

200

② PVC水落管与上部弯管实际上不在一条直线上

预接 φ20 弯管(粘固)

资料来源：深大院

①

大型材料找坡屋面渗漏治理可参考本设计

大进深建筑找坡（三）　　水口节点　　**WSB 12**

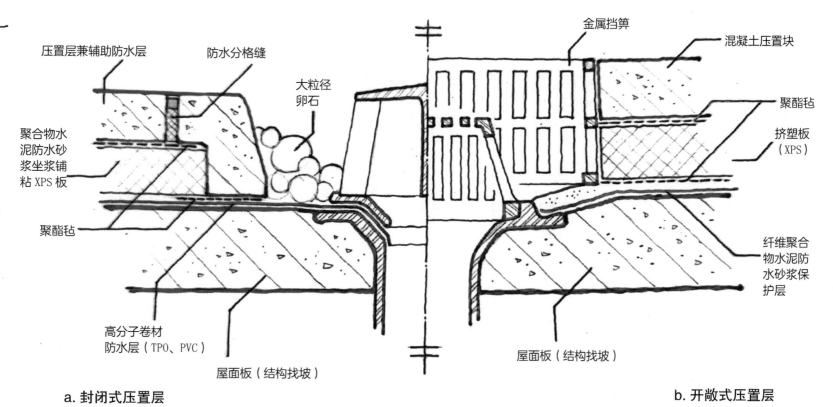

压置层兼辅助防水层

防水分格缝

大粒径卵石

金属挡箅

混凝土压置块

聚合物水泥防水砂浆坐浆铺粘 XPS 板

聚酯毡

聚酯毡

挤塑板（XPS）

高分子卷材防水层（TPO、PVC）

屋面板（结构找坡）

屋面板（结构找坡）

纤维聚合物水泥防水砂浆保护层

a. 封闭式压置层

b. 开敞式压置层

结构找坡须充分，水口 600 范围内 5% 坡度，可加大至 8%，必要时，板底局部下降。

倒置屋面　水口封边泄水构造　　WSB 13

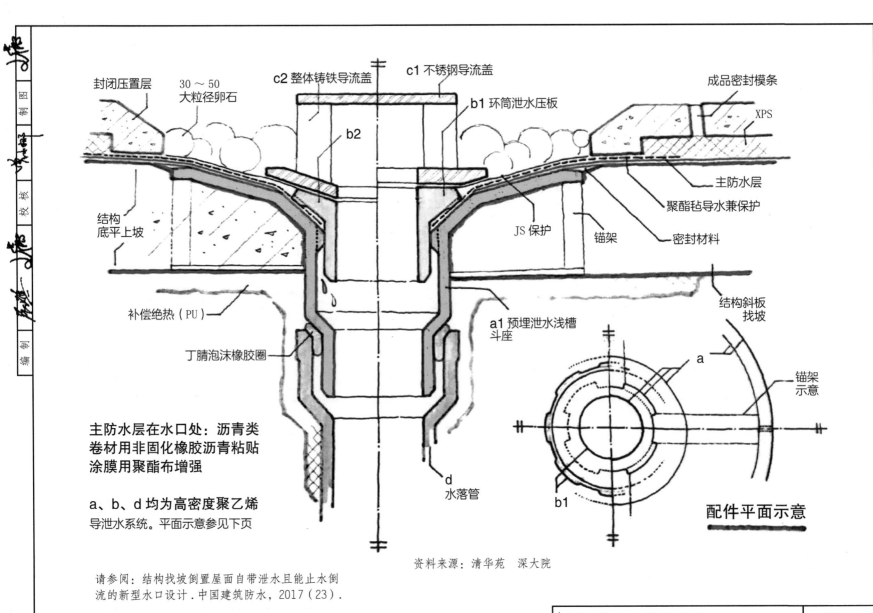

封闭压置层 30～50 大粒径卵石 c2 整体铸铁导流盖 c1 不锈钢导流盖 成品密封模条 XPS

b1 环筒泄水压板

b2

主防水层

聚酯毡导水兼保护

结构底平上坡

JS 保护 锚架 密封材料

补偿绝热（PU）

结构斜板找坡

a1 预埋泄水浅槽斗座

丁腈泡沫橡胶圈

主防水层在水口处：沥青类卷材用非固化橡胶沥青粘贴涂膜用聚酯布增强

a、b、d 均为高密度聚乙烯
导泄水系统。平面示意参见下页

d 水落管

a

锚架示意

b1

配件平面示意

资料来源：清华苑　深大院

请参阅：结构找坡倒置屋面自带泄水且能止水倒流的新型水口设计.中国建筑防水，2017（23）.

倒置屋面　结构找坡　导泄水口构造　　WSB 14

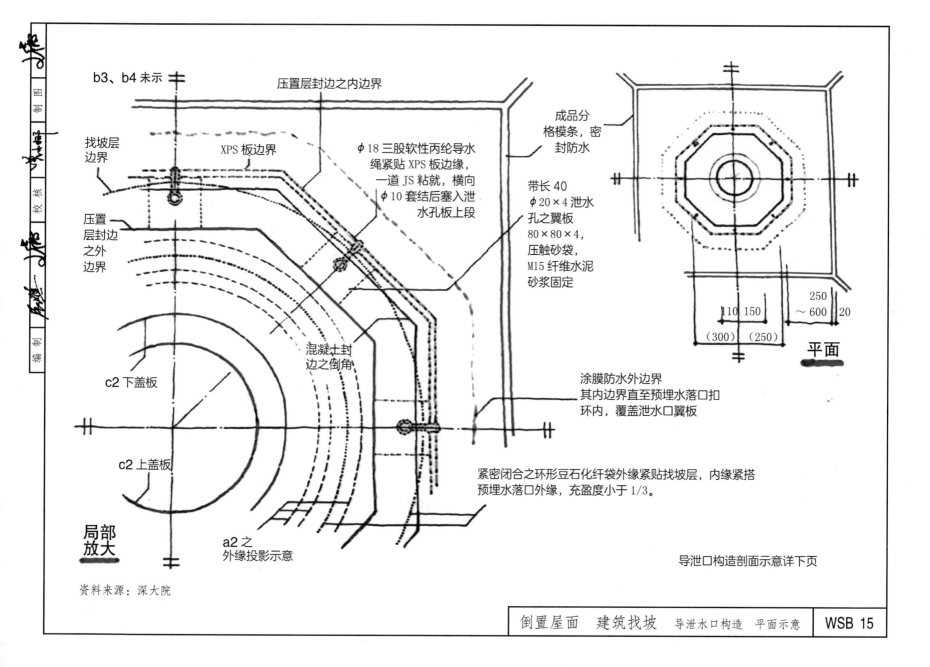

b3、b4 未示

压置层封边之内边界

找坡层
边界

XPS 板边界

φ18 三股软性丙纶导水
绳紧贴 XPS 板边缘，
一道 JS 粘就，横向
φ10 套结后塞入泄
水孔板上段

成品分
格模条，密
封防水

压置
层封边
之外
边界

带长 40
φ20×4 泄水
孔之翼板
80×80×4，
压触砂袋，
M15 纤维水泥
砂浆固定

混凝土封
边之倒角

c2 下盖板

涂膜防水外边界
其内边界直至预埋水落口扣
环内，覆盖泄水口翼板

c2 上盖板

紧密闭合之环形豆石化纤袋外缘紧贴找坡层，内缘紧搭
预埋水落口外缘，充盈度小于 1/3。

局部
放大

a2 之
外缘投影示意

导泄口构造剖面示意详下页

250
～600 20

110 150

（300）（250）

平面

资料来源：深大院

倒置屋面　建筑找坡　导泄水口构造　平面示意　　WSB 15

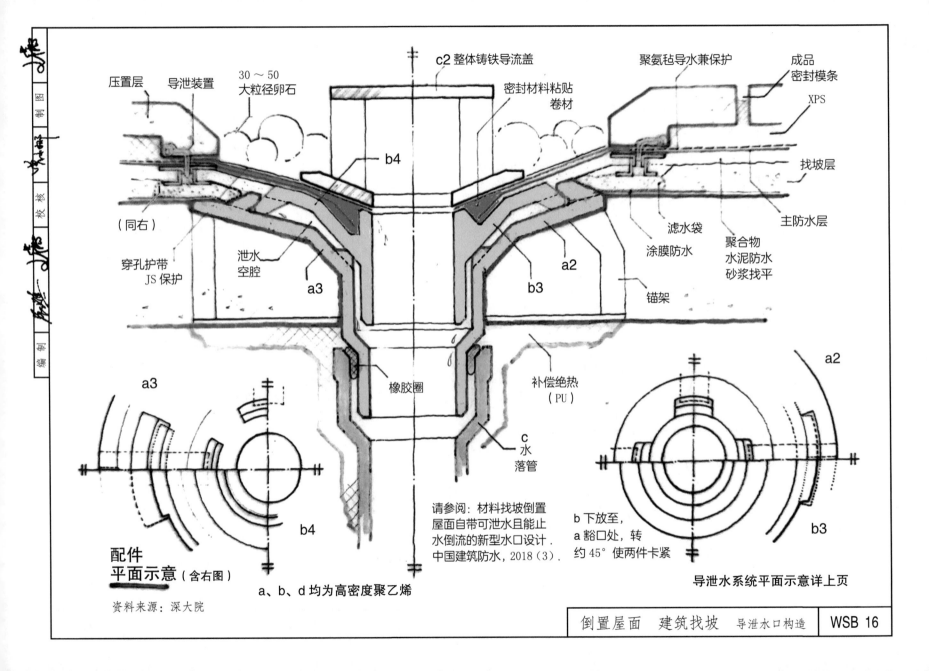

压置层　导泄装置　30～50　大粒径卵石　c2 整体铸铁导流盖　密封材料粘贴卷材　聚氨毡导水兼保护　成品密封模条　XPS

b4

找坡层

滤水袋

主防水层

涂膜防水

聚合物水泥防水砂浆找平

锚架

（同右）

穿孔护带JS 保护　泄水空腔　a3　b3　a2

橡胶圈

补偿绝热（PU）

c 水落管

a3

b4

a2

b3

配件平面示意（含右图）

请参阅：材料找坡倒置屋面自带可泄水且能止水倒流的新型水口设计.中国建筑防水，2018（3）.

b 下放至，a 豁口处，转约 45° 使两件卡紧

a、b、d 均为高密度聚乙烯

导泄水系统平面示意详上页

资料来源：深大院

倒置屋面　建筑找坡　导泄水口构造　WSB 16

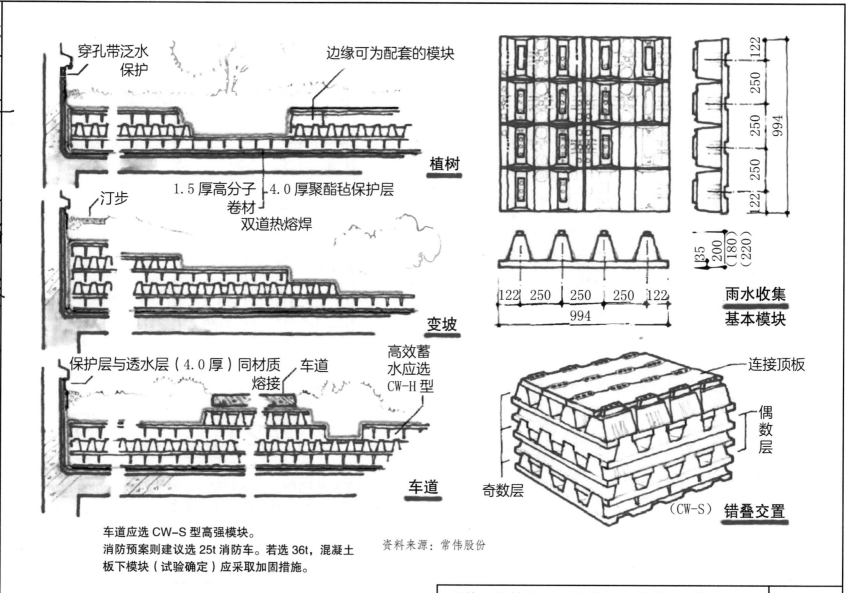

穿孔带泛水保护

边缘可为配套的模块

植树

1.5 厚高分子卷材 双道热熔焊　4.0 厚聚酯毡保护层

汀步

变坡

保护层与透水层（4.0 厚）同材质熔接

车道

高效蓄水应选 CW-H 型

车道

车道应选 CW-S 型高强模块。
消防预案则建议选 25t 消防车。若选 36t，混凝土板下模块（试验确定）应采取加固措施。

122
250
250
250
122
994

122
200（180）（220）
35

122　250　250　250　122
994

雨水收集基本模块

连接顶板

偶数层

奇数层

（CW-S）**错叠交置**

资料来源：常伟股份

审定 校核 校核 制图 制图 编制

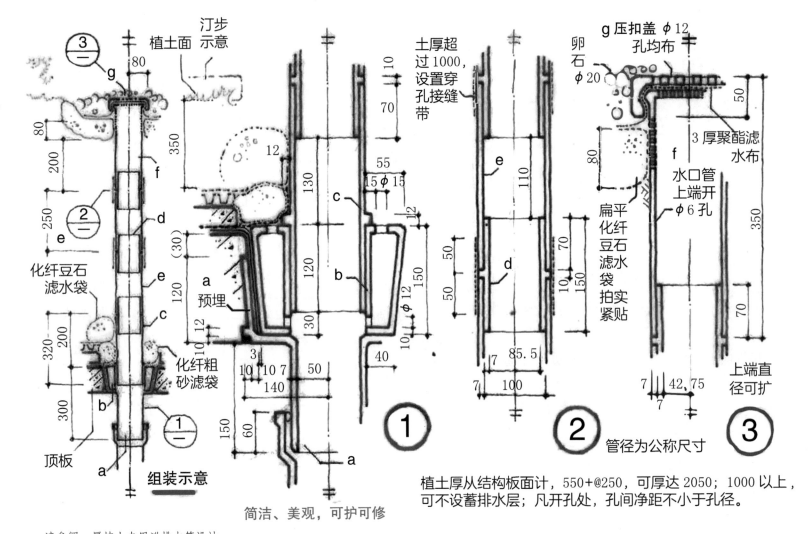

组装示意

③
80
g
植土面

汀步
植土面
示意

土厚超
过1000，
设置穿
孔接缝
带

g 压扣盖 φ12
孔均布

卵石
φ20

3 厚聚酯滤
水布

f
80

f

水口管
上端开
φ6孔

上端直
径可扩

化纤豆石
滤水袋

a
预埋

扁平
化纤
豆石
滤水
袋拍实
紧贴

化纤粗
砂滤袋

顶板

① ② ③

简洁、美观，可护可修

管径为公称尺寸

植土厚从结构板面计，550+@250，可厚达2050；1000以上，
可不设蓄排水层；凡开孔处，孔间净距不小于孔径。

顶板厚超过200时，则预埋件a可适当加高。　资料来源：深大院

请参阅：厚植土专用泄排水管设计．
中国建筑防水，2018（7）．

| 顶植　厚植土　组合排水系统 | WSB 18 |

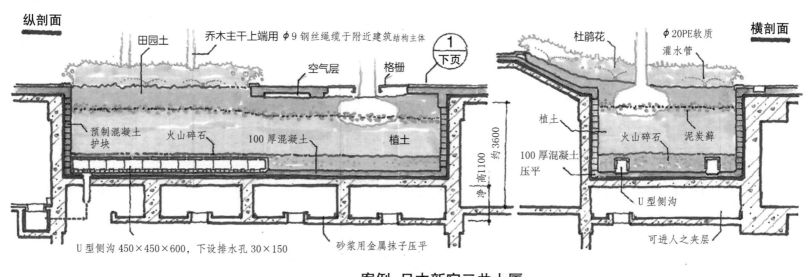

田园土　乔木主干上端用φ9钢丝绳缆于附近建筑结构主体

空气层　格栅

$\dfrac{1}{下页}$

横剖面

杜鹃花　φ20PE软质灌水管

预制混凝土护块　火山碎石　100厚混凝土　植土

植土　火山碎石　泥炭藓

100厚混凝土压平

净高1100　约3600

U型侧沟

U型侧沟 450×450×600，下设排水孔 30×150

砂浆用金属抹子压平

可进人之夹层

广场地砖　高大乔木　临时垫块　空气层

6400

灯柱

水（肥）渗管

6400　6400

广场树池平面

（紫色线所示）

树池空气层平面

（浅蓝线所示）

案例　日本新宿三井大厦

超高层建筑裙楼设置高大乔木、灌木、花池、铺地，容易产生的问题：地顶广场多为硬铺地，夏季易生干燥热风，并常伴有汽车尾气，对植物生长极为不利。解决的主要措施：

一、结构承担基本的主体防排水。设计一层楼高的下沉式树池，使树木生长得到足够的土深；深树池提供了更大的透气面积，同时解决了供水、施肥用渗管及其他精致的构造设计，同时不占用广场地面面积。

二、设计了虽低矮但可进人的夹层，为排除暗水提供了很好的条件，也方便了维修。更重要的是，有了该夹层，即便有渗透，也不影响下层空间的正常运行。

三、即使高大乔木，也只设计了两道柔性防水（一卷一涂）＋刚性阻根防护。简单、可靠、持久。

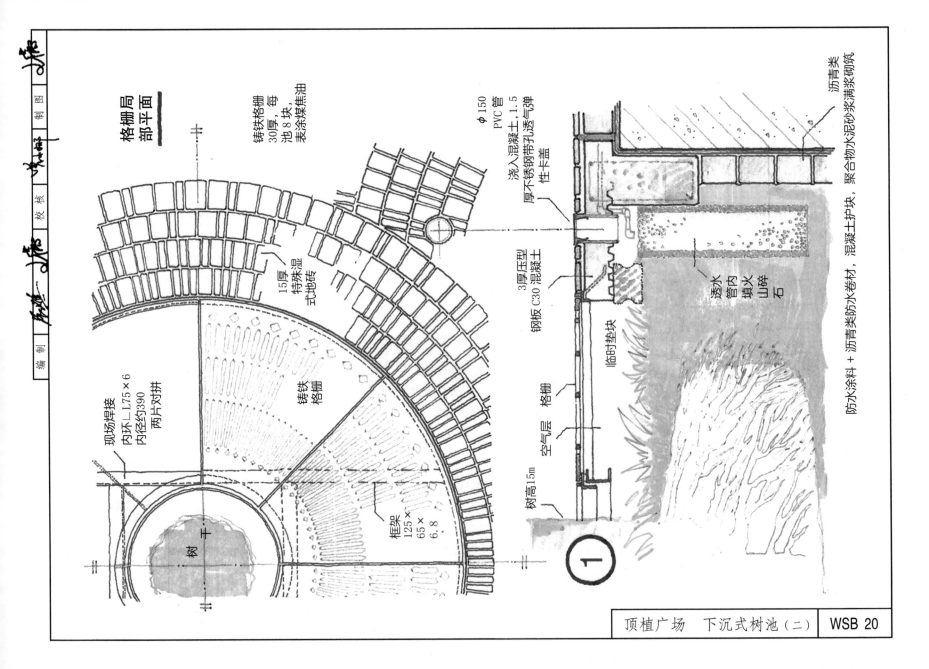

格栅局部平面

铸铁格栅
30厚，每
池8块，
表涂煤焦油

15厚特殊湿
式地砖

铸铁格栅

现场焊接
内环∟75×6
内径约390
两片对拼

框架
125×
65×
6.8.7

ϕ150
PVC管

浇入混凝土带引透气弹
厚不锈钢带引透气弹
性卡盖

3厚压型
钢板C30混凝土

临时垫块

空气层 格栅

树高15m

透水管内
填火
山碎石

沥青类

聚合物水泥砂浆满砌筑

防水涂料＋沥青类防水卷材，混凝土护块，聚合物水泥砂浆满砌筑

① 顶植广场 下沉式树池（二） WSB 20

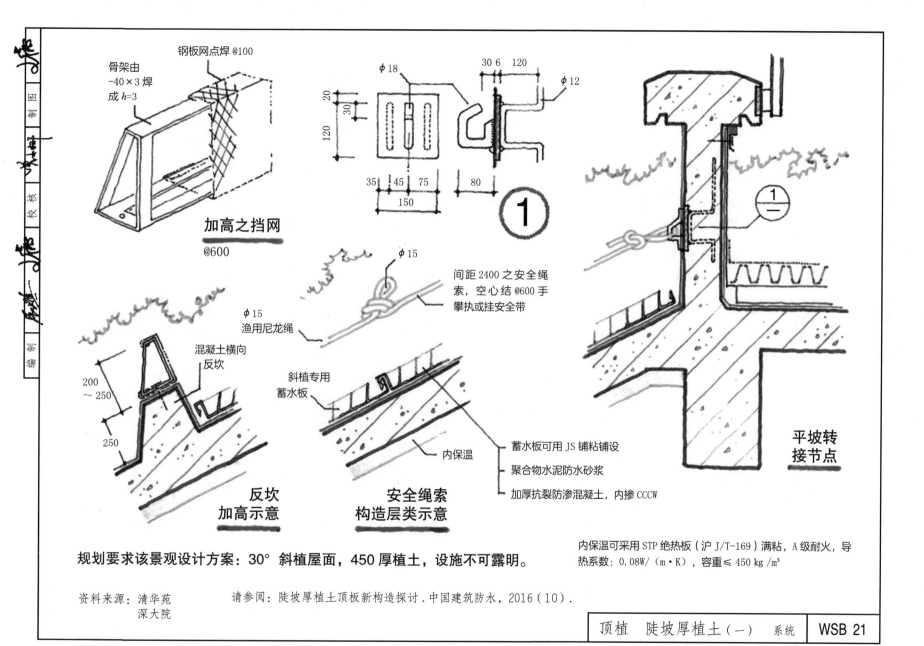

钢板网点焊 @100

骨架由
－40×3 焊
成 h=3

加高之挡网
@600

φ18

30 6 120

φ12

20
30
120

35 45 75
150

80

①

φ15

间距 2400 之安全绳
索，空心结 @600 手
攀执或挂安全带

φ15
渔用尼龙绳

混凝土横向
反坎

200
～
250

250

斜植专用
蓄水板

内保温

反坎
加高示意

安全绳索
构造层类示意

平坡转
接节点

蓄水板可用 JS 铺粘铺设

聚合物水泥防水砂浆

加厚抗裂防渗混凝土，内掺 CCCW

规划要求该景观设计方案：30° 斜植屋面，450 厚植土，设施不可露明。

内保温可采用 STP 绝热板（沪 J/T-169）满粘，A 级耐火，导
热系数：0.08W/（m·K），容重 ≤ 450 kg /m³

资料来源：清华苑
　　　　　深大院

请参阅：陡坡厚植土顶板新构造探讨 . 中国建筑防水，2016（10）.

顶植　陡坡厚植土（一）　系统　　**WSB 21**

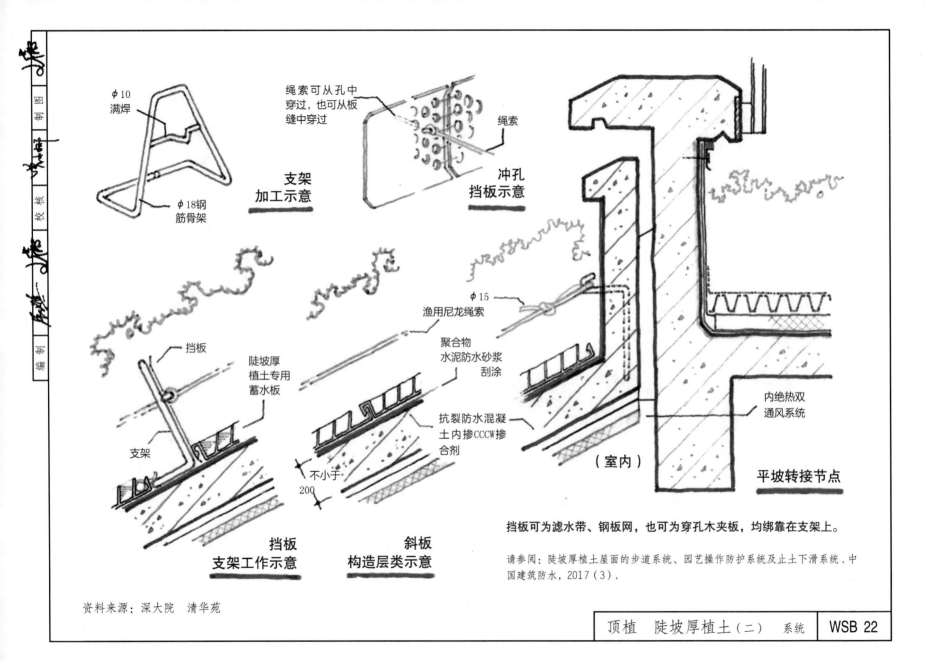

$\phi10$
满焊

$\phi18$钢
筋骨架

**支架
加工示意**

绳索可从孔中
穿过，也可从板
缝中穿过

绳索

**冲孔
挡板示意**

$\phi15$
渔用尼龙绳索

聚合物
水泥防水砂浆
刮涂

抗裂防水混凝
土内掺CCCW掺
合剂

挡板

陡坡厚
植土专用蓄水板

支架

不小于
200

**挡板
支架工作示意**

**斜板
构造层类示意**

（室内）

内绝热双
通风系统

平坡转接节点

挡板可为滤水带、钢板网，也可为穿孔木夹板，均绑靠在支架上。

请参阅：陡坡厚植土屋面的步道系统、园艺操作防护系统及止土下滑系统．中
国建筑防水，2017（3）．

资料来源：深大院　清华苑

顶植　陡坡厚植土（二）　系统

WSB 22

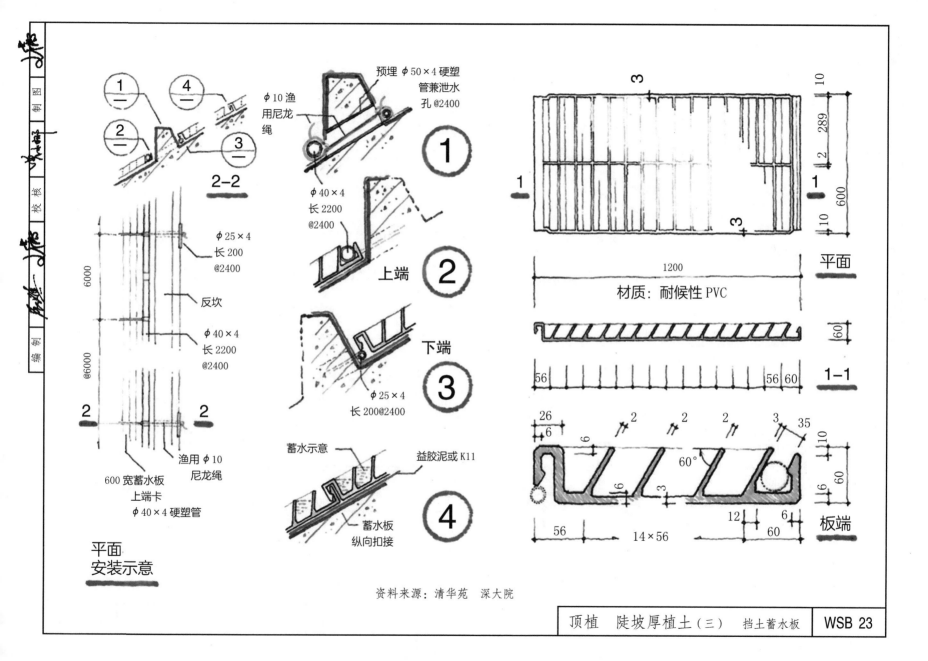

预埋 $\phi 50 \times 4$ 硬塑
管兼泄水
孔 @2400

$\phi 10$ 渔
用尼龙
绳

2-2

$\phi 40 \times 4$
长 2200
@2400

上端

下端

$\phi 25 \times 4$
长 200@2400

6000

$\phi 25 \times 4$
长 200
@2400

反坎

$\phi 40 \times 4$
长 2200
@2400

@6000

渔用 $\phi 10$
尼龙绳

600 宽蓄水板
上端卡
$\phi 40 \times 4$ 硬塑管

蓄水示意

益胶泥或 K11

蓄水板
纵向扣接

**平面
安装示意**

平面

材质：耐候性 PVC

1-1

60°

12   6

56   14×56   60

板端

1200

600

289

10   10

56   60

26   2   2   2   3   35

6   6   6   3   10   60   6

资料来源：清华苑　深大院

顶植　陡坡厚植土（三）　挡土蓄水板　　**WSB 23**

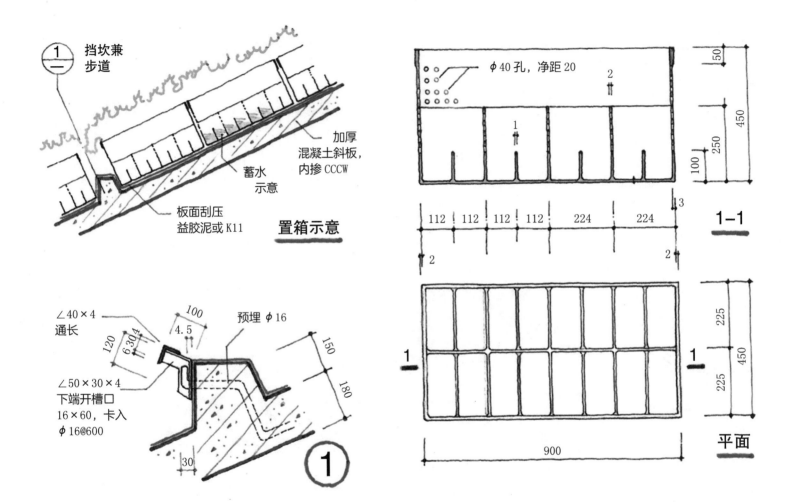

置箱示意

挡坎兼步道

加厚混凝土斜板，内掺CCCW

蓄水示意

板面刮压益胶泥或K11

ϕ40孔，净距20

预埋 ϕ16

$\angle$40×4 通长

$\angle$50×30×4 下端开槽口 16×60，卡入 ϕ16@600

请参阅：陡坡厚植土种植屋面的蓄水问题探讨. 中国建筑防水，2017（7上）.

资料来源：清华苑　深大院

顶植　陡坡厚植土（四）　挡土植箱　　WSB 24

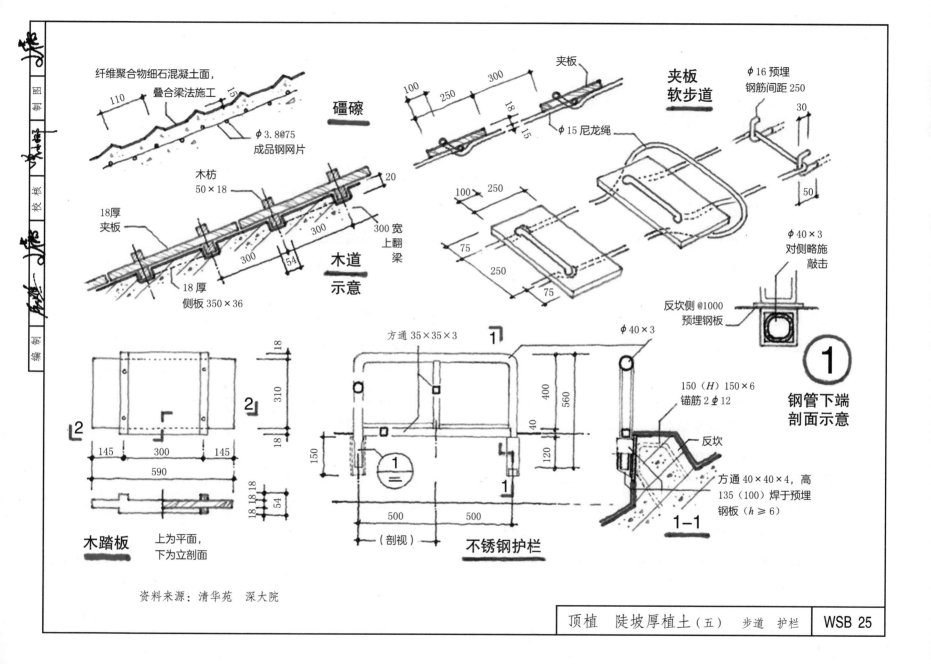

纤维聚合物细石混凝土面，叠合梁法施工

110

15

礓磋

ϕ 3.8@75
成品钢网片

木枋
50×18

18厚
夹板

300

300

54

20

300宽
上翻梁

木道
示意

18厚
侧板 350×36

夹板

100

250

300

18

15

ϕ 15尼龙绳

100

250

75

250

75

夹板
软步道

ϕ 16 预埋
钢筋间距 250

30

50

ϕ 40×3
对侧略施
敲击

反坎侧 @1000
预埋钢板

钢管下端
剖面示意

①

18

310

18

54

18 18 18

145 300 145

590

木踏板

上为平面，
下为立剖面

方通 35×35×3

150

400

560

40

120

ϕ 40×3

150（H）150×6
锚筋 2ϕ12

反坎

方通 40×40×4，高
135（100）焊于预埋
钢板（h≥6）

①

500   500

（剖视）

不锈钢护栏

1—1

资料来源：清华苑 深大院

顶植 陡坡厚植土（五）   步道 护栏

WSB 25

坡 屋 面

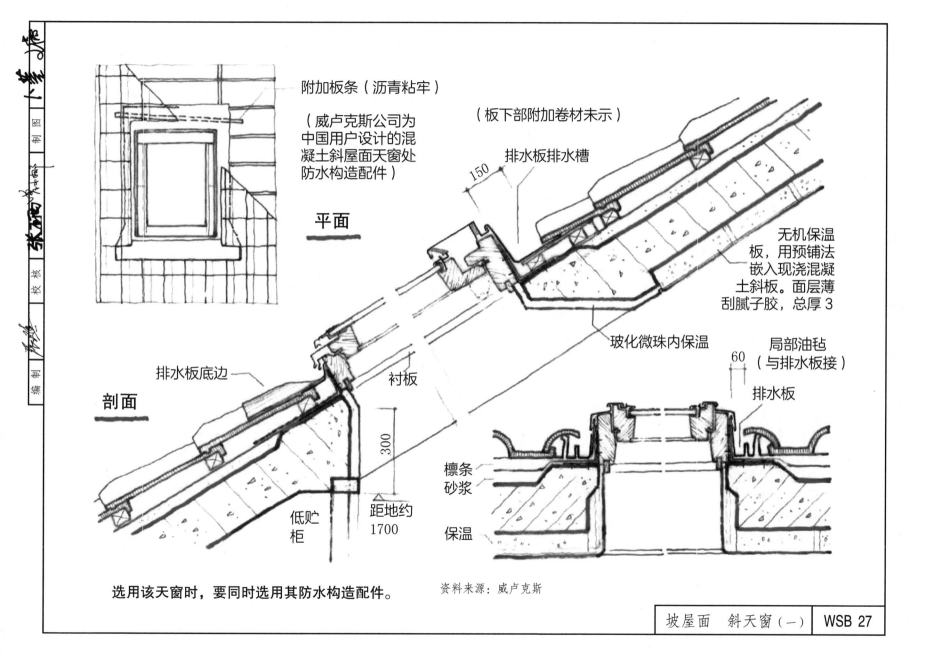

附加板条（沥青粘牢）

（威卢克斯公司为中国用户设计的混凝土斜屋面天窗处防水构造配件）

（板下部附加卷材未示）

排水板排水槽

150

无机保温板，用预铺法嵌入现浇混凝土斜板。面层薄刮腻子胶，总厚 3

玻化微珠内保温

平面

排水板底边

剖面

衬板

300

局部油毡（与排水板接）

60

排水板

檩条

砂浆

保温

低贮柜

距地约 1700

选用该天窗时，要同时选用其防水构造配件。

资料来源：威卢克斯

坡屋面 斜天窗（一） WSB 27

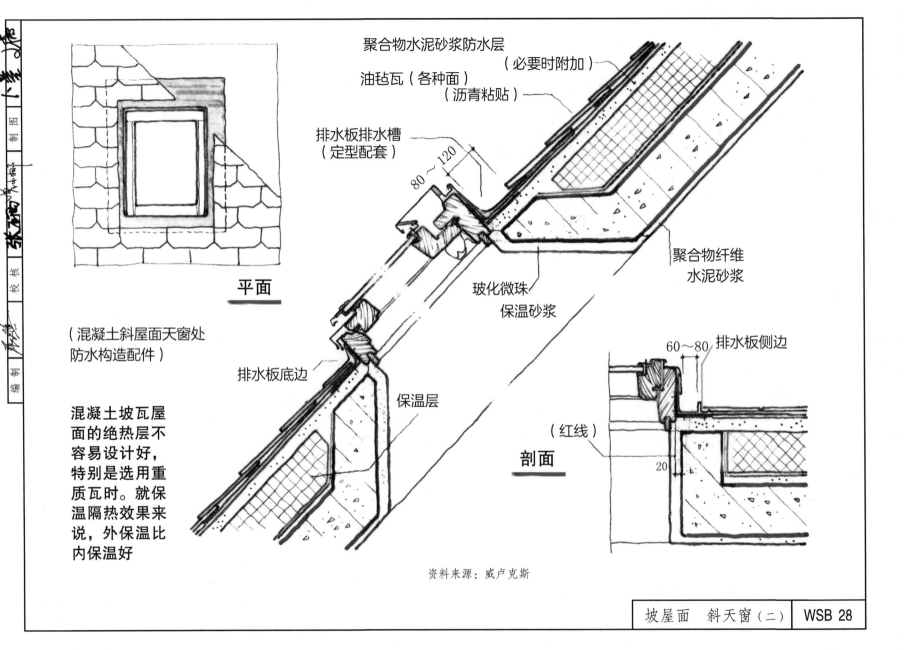

聚合物水泥砂浆防水层
（必要时附加）

油毡瓦（各种面）
（沥青粘贴）

排水板排水槽
（定型配套）

80～120

聚合物纤维
水泥砂浆

玻化微珠
保温砂浆

平面

（混凝土斜屋面天窗处
防水构造配件）

排水板底边

保温层

混凝土坡瓦屋
面的绝热层不
容易设计好，
特别是选用重
质瓦时。就保
温隔热效果来
说，外保温比
内保温好

60～80 排水板侧边

（红线）

剖面

20

资料来源：威卢克斯

坡屋面　斜天窗（二）　WSB 28

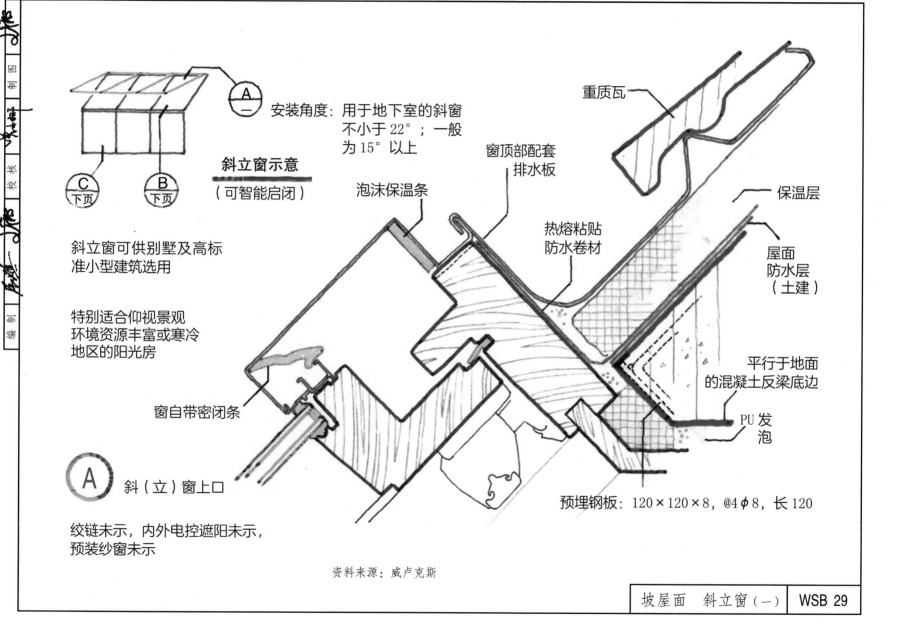

安装角度：用于地下室的斜窗
不小于 22°；一般
为 15° 以上

斜立窗示意
（可智能启闭）

斜立窗可供别墅及高标
准小型建筑选用

特别适合仰视景观
环境资源丰富或寒冷
地区的阳光房

泡沫保温条

窗顶部配套
排水板

热熔粘贴
防水卷材

重质瓦

保温层

屋面
防水层
（土建）

平行于地面
的混凝土反梁底边

PU 发
泡

窗自带密闭条

A 斜（立）窗上口

绞链未示，内外电控遮阳未示，
预装纱窗未示

预埋钢板：$120 \times 120 \times 8$，@$4\phi8$，长 120

资料来源：威卢克斯

坡屋面 斜立窗（一） WSB 29

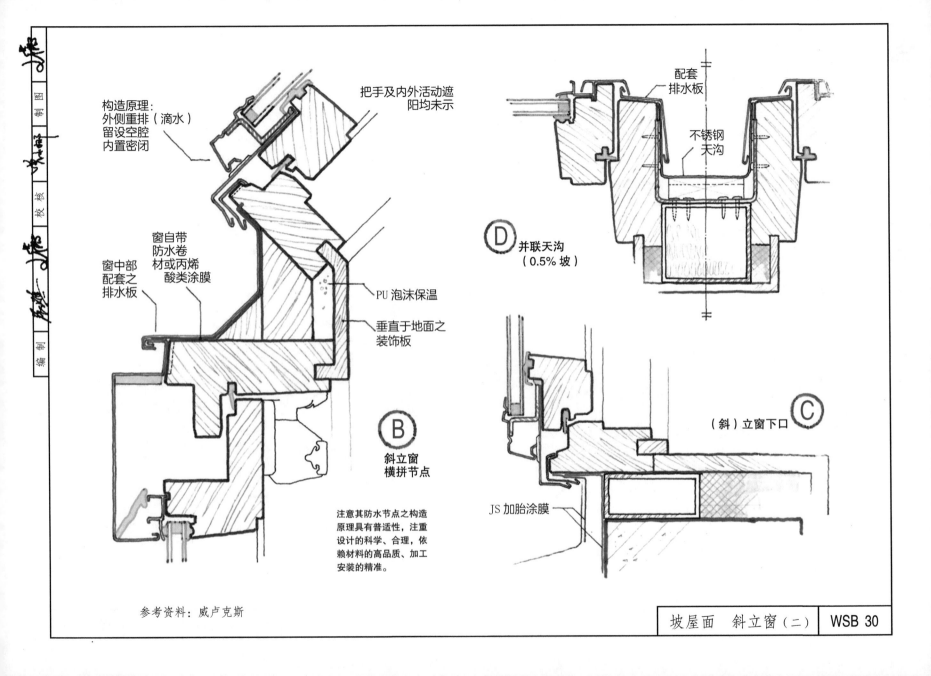

构造原理：
外侧重排（滴水）
留设空腔
内置密闭

把手及内外活动遮
阳均未示

配套
排水板

不锈钢
天沟

窗自带
防水卷
材或丙烯
酸类涂膜

窗中部
配套之
排水板

PU泡沫保温

垂直于地面之
装饰板

D 并联天沟
（0.5%坡）

B 斜立窗
横拼节点

注意其防水节点之构造
原理具有普适性，注重
设计的科学、合理，依
赖材料的高品质、加工
安装的精准。

（斜）立窗下口　**C**

JS加胎涂膜

参考资料：威卢克斯

坡屋面　斜立窗（二）　**WSB 30**

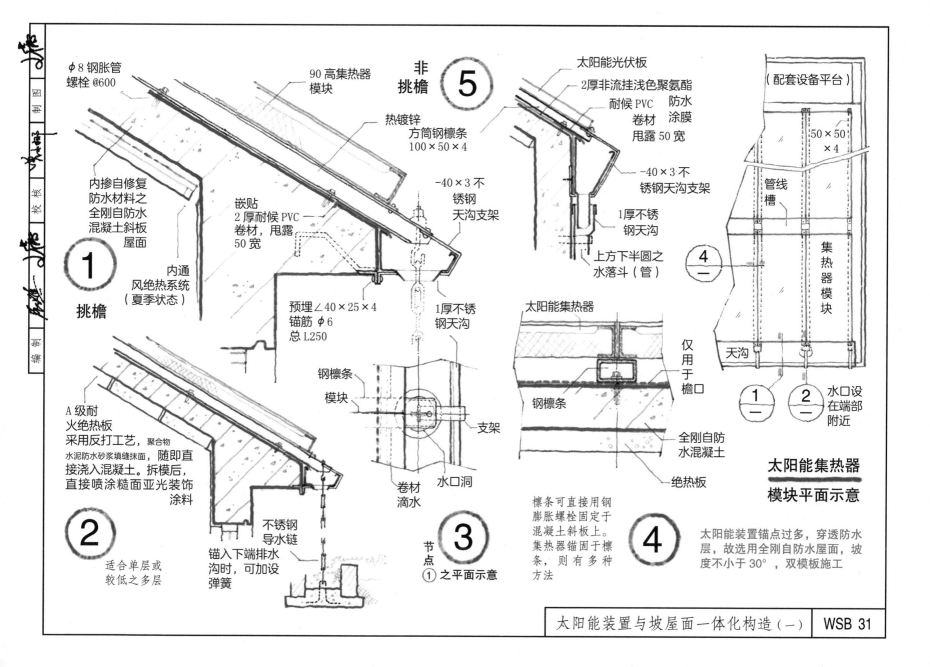

φ8 钢胀管
螺栓 @600

90 高集热器
模块

非挑檐 ⑤

太阳能光伏板

2厚非流挂浅色聚氨酯

耐候PVC
卷材
甩露50宽

防水
涂膜

热镀锌
方筒钢檩条
100×50×4

（配套设备平台）

50×50
×4

内掺自修复
防水材料之
全刚自防水
混凝土斜板
屋面

嵌贴
2厚耐候PVC
卷材，甩露
50宽

-40×3 不
锈钢
天沟支架

-40×3 不
锈钢
天沟支架

1厚不锈
钢天沟

管线
槽

集
热
器
模
块

内通
风绝热系统
（夏季状态）

①
挑檐

预埋∠40×25×4
锚筋 φ6
总L250

1厚不锈
钢天沟

上方下半圆之
水落斗（管）

④
—

太阳能集热器

仅
用
于
檐
口

A级耐
火绝热板
采用反打工艺，聚合物
水泥防水砂浆填缝抹面，随即直
接浇入混凝土。拆模后，
直接喷涂糙面亚光装饰
涂料

钢檩条
模块

钢檩条

全刚自防
水混凝土

天沟

支架

①
—

②
—

水口设
在端部
附近

②

适合单层或
较低之多层

不锈钢
导水链

锚入下端排水
沟时，可加设
弹簧

③
节点
①之平面示意

水口洞

卷材
滴水

绝热板

**太阳能集热器
模块平面示意**

檩条可直接用钢
膨胀螺栓固定于
混凝土斜板上。
集热器锚固于檩
条，则有多种
方法

④

太阳能装置锚点过多，穿透防水
层，故选用全刚自防水屋面，坡
度不小于30°，双模板施工

太阳能装置与坡屋面一体化构造（一） **WSB 31**

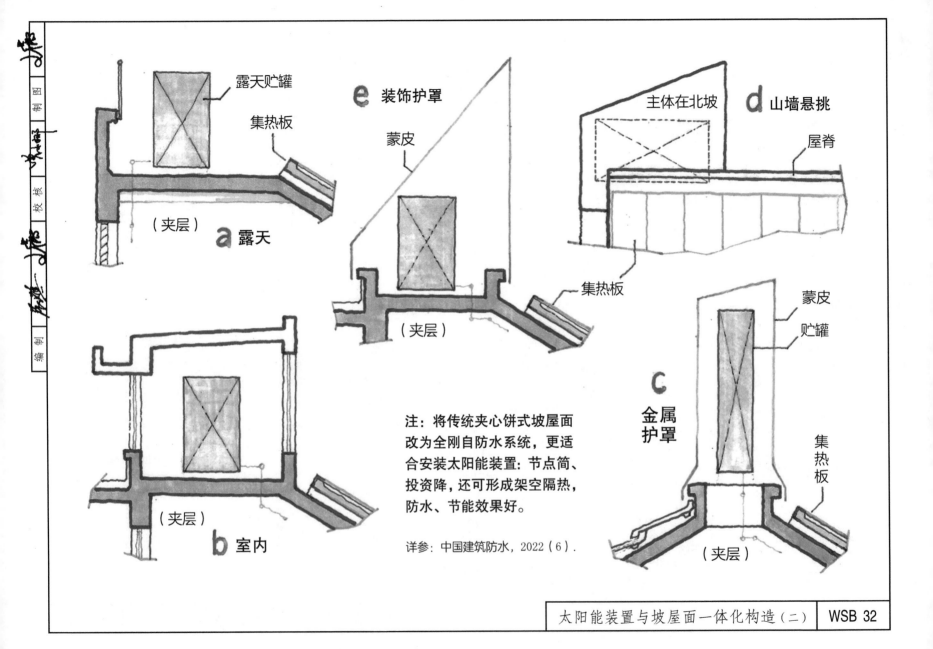

露天贮罐
集热板
e 装饰护罩
蒙皮
主体在北坡
d 山墙悬挑
屋脊
集热板
（夹层）
a 露天

集热板
（夹层）

蒙皮
贮罐

注：将传统夹心饼式坡屋面改为全刚自防水系统，更适合安装太阳能装置：节点简、投资降，还可形成架空隔热，防水、节能效果好。

c 金属护罩

集热板

（夹层）
b 室内

详参：中国建筑防水，2022（6）.

（夹层）

太阳能装置与坡屋面一体化构造（二）

WSB 32

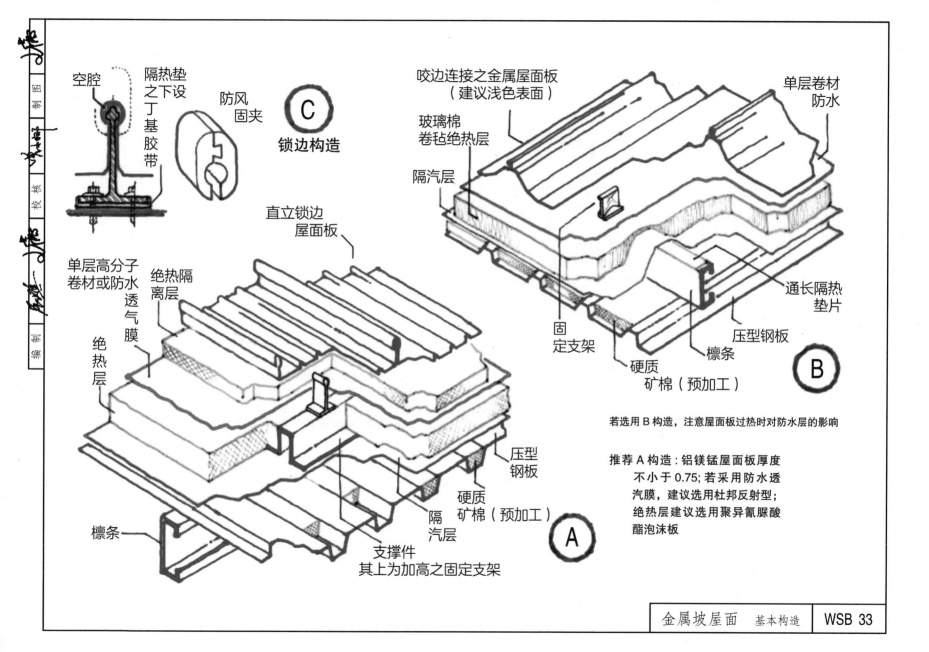

空腔

隔热垫之下设了丁基胶带

防风固夹

Ⓒ 锁边构造

咬边连接之金属屋面板（建议浅色表面）

玻璃棉卷毡绝热层

隔汽层

单层卷材防水

直立锁边屋面板

单层高分子卷材或防水透气膜

绝热隔离层

绝热层

固定支架

硬质矿棉（预加工）

通长隔热垫片

压型钢板

檩条

Ⓑ

压型钢板

隔汽层

硬质矿棉（预加工）

檩条

支撑件其上为加高之固定支架

Ⓐ

若选用 B 构造，注意屋面板过热时对防水层的影响

推荐 A 构造：铝镁锰屋面板厚度不小于 0.75；若采用防水透汽膜，建议选用杜邦反射型；绝热层建议选用聚异氰脲酸酯泡沫板

金属坡屋面　基本构造　WSB 33

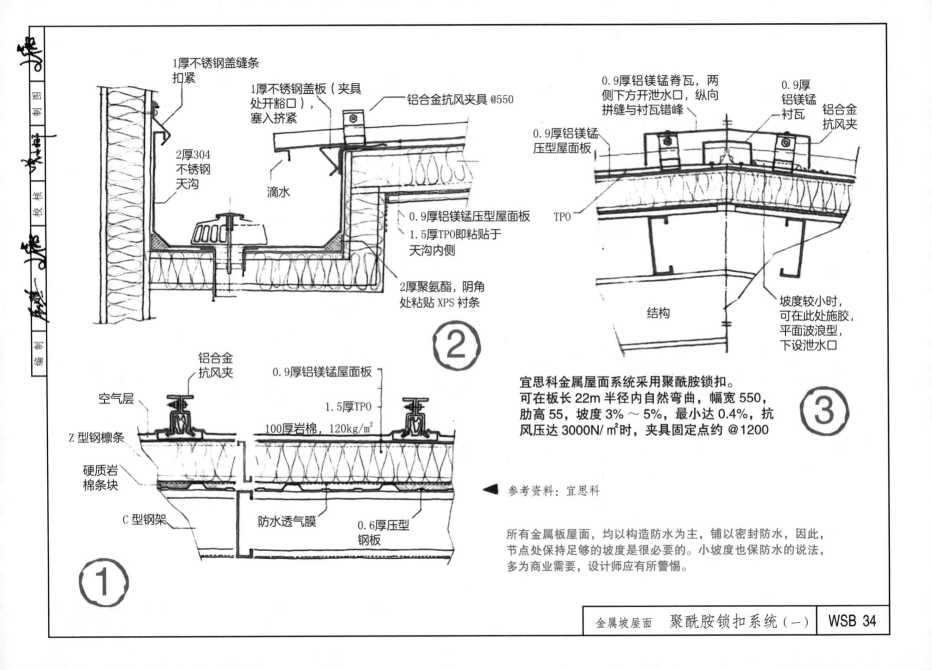

1厚不锈钢盖缝条
扣紧

1厚不锈钢盖板（夹具
处开豁口），
塞入挤紧

铝合金抗风夹具 @550

2厚304
不锈钢
天沟

滴水

0.9厚铝镁锰压型屋面板

1.5厚TPO即粘贴于
天沟内侧

2厚聚氨酯，阴角
处粘贴 XPS 衬条

②

铝合金
抗风夹

0.9厚铝镁锰屋面板

空气层

1.5厚TPO

Z 型钢檩条

100厚岩棉，120kg/m²

硬质岩
棉条块

C 型钢架

防水透气膜

0.6厚压型
钢板

①

0.9厚铝镁锰脊瓦，两
侧下方开泄水口，纵向
拼缝与衬瓦错峰

0.9厚
铝镁锰
衬瓦

铝合金
抗风夹

0.9厚铝镁锰
压型屋面板

TPO

坡度较小时，
可在此处施胶，
平面波浪型，
下设泄水口

结构

③

宜思科金属屋面系统采用聚酰胺锁扣。
可在板长 22m 半径内自然弯曲，幅宽 550，
肋高 55，坡度 3% ～ 5%，最小达 0.4%，抗
风压达 3000N/ m² 时，夹具固定点约 @1200

◀ 参考资料：宜思科

所有金属板屋面，均以构造防水为主，铺以密封防水，因此，
节点处保持足够的坡度是很必要的。小坡度也保防水的说法，
多为商业需要，设计师应有所警惕。

金属坡屋面　聚酰胺锁扣系统（一）　WSB 34

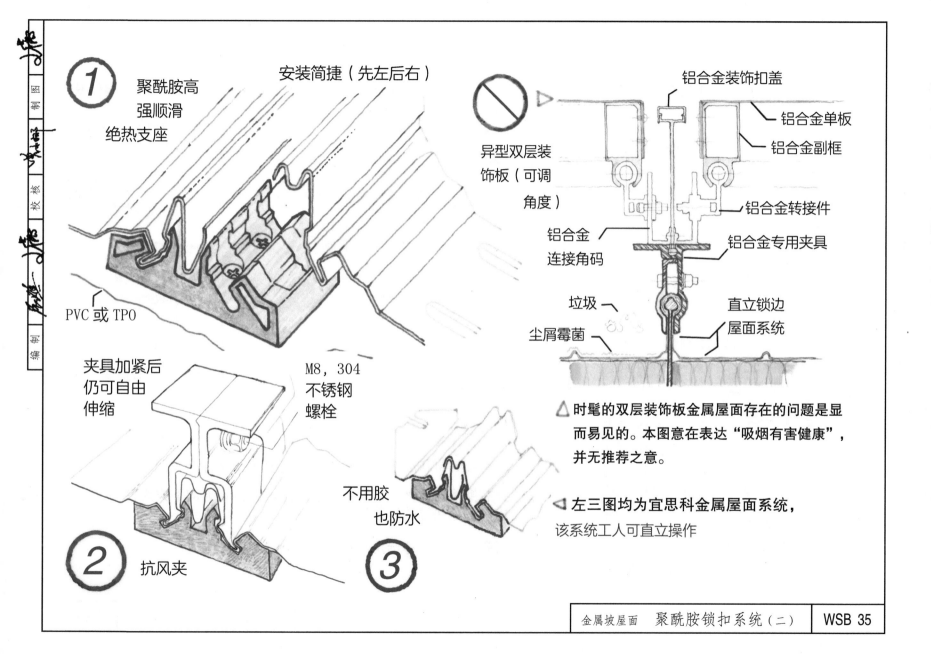

① 聚酰胺高强顺滑绝热支座

安装简捷（先左后右）

PVC 或 TPO

夹具加紧后仍可自由伸缩

M8，304不锈钢螺栓

② 抗风夹

③ 不用胶也防水

异型双层装饰板（可调角度）

铝合金装饰扣盖

铝合金单板

铝合金副框

铝合金转接件

铝合金连接角码

铝合金专用夹具

垃圾

尘屑霉菌

直立锁边屋面系统

△ 时髦的双层装饰板金属屋面存在的问题是显而易见的。本图意在表达"吸烟有害健康"，并无推荐之意。

◁ 左三图均为宜思科金属屋面系统，该系统工人可直立操作

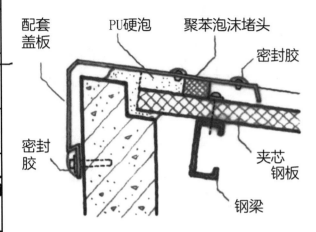

配套盖板　PU硬泡　聚苯泡沫堵头　密封胶

密封胶

夹芯钢板

钢梁

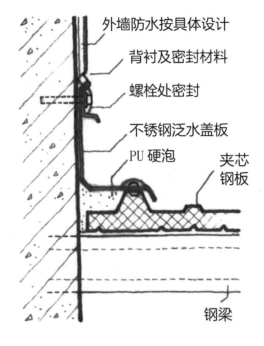

外墙防水按具体设计

背衬及密封材料

螺栓处密封

不锈钢泛水盖板

PU 硬泡

夹芯钢板

钢梁

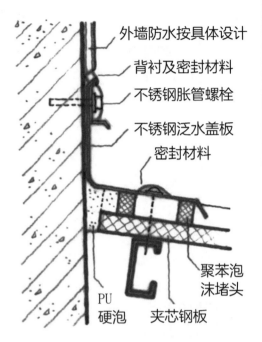

外墙防水按具体设计

背衬及密封材料

不锈钢胀管螺栓

不锈钢泛水盖板

密封材料

聚苯泡沫堵头

PU 硬泡　夹芯钢板

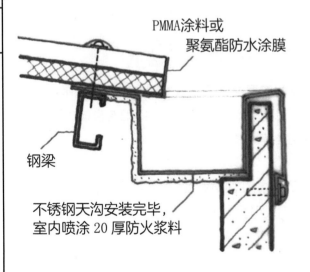

PMMA涂料或聚氨酯防水涂膜

钢梁

不锈钢天沟安装完毕，室内喷涂 20 厚防火浆料

檐口部分之保温层做 A 级防火处理。天沟端部所设溢水口未示。

所有密封材料应选耐老化者，并在其表面加涂防护膜。

夹芯钢板封闭之端部均用 PU 硬泡填封：若天沟下方为室内，应确保绝热层的连续性。

所有配件，推荐选用不锈钢或铝合金制品。

坡屋面　夹芯钢板（一）　WSB 36

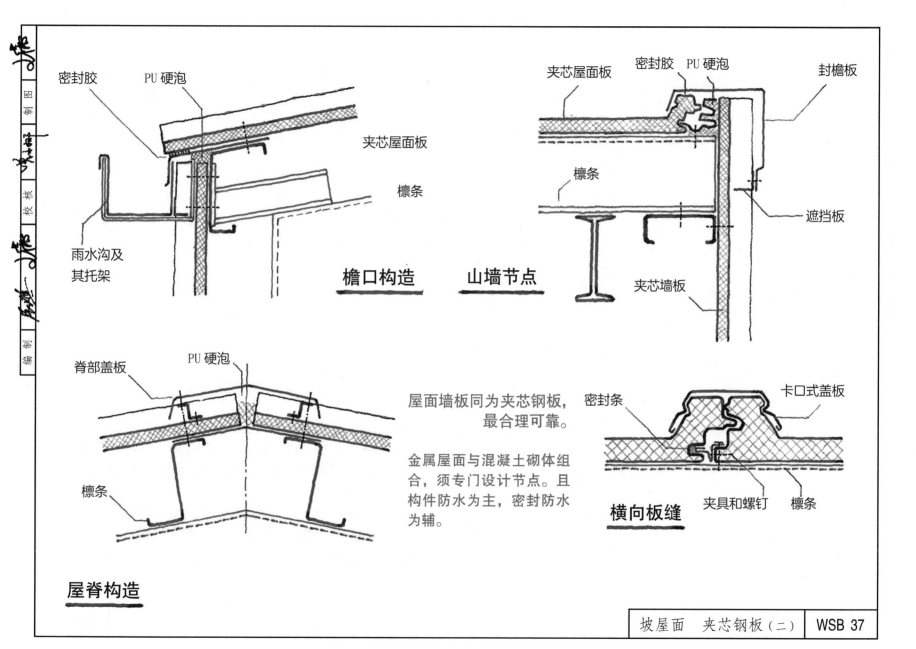

密封胶　PU 硬泡

夹芯屋面板

檩条

雨水沟及
其托架

檐口构造

夹芯屋面板　密封胶　PU 硬泡　封檐板

檩条

遮挡板

夹芯墙板

山墙节点

脊部盖板　PU 硬泡

檩条

屋脊构造

屋面墙板同为夹芯钢板，
最合理可靠。

金属屋面与混凝土砌体组
合，须专门设计节点。且
构件防水为主，密封防水
为辅。

密封条　卡口式盖板

夹具和螺钉　檩条

横向板缝

坡屋面　夹芯钢板（二）　WSB 37

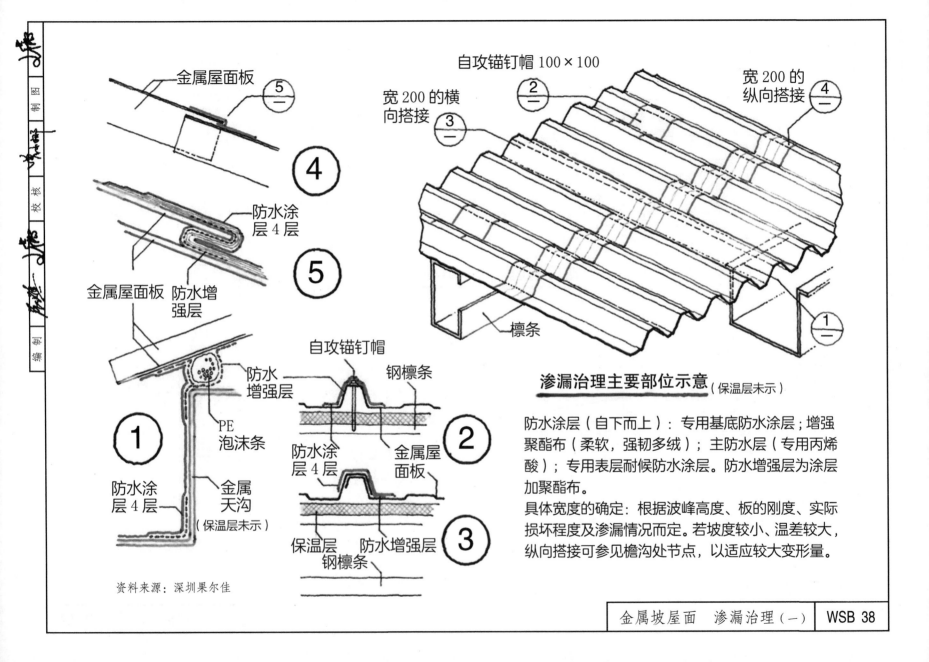

金属屋面板

⑤

④

防水涂层 4 层

⑤

金属屋面板　防水增强层

自攻锚钉帽

防水增强层

钢檩条

①

防水涂层 4 层　金属屋面板

②

PE泡沫条

防水涂层4层　金属天沟
（保温层未示）

保温层　防水增强层
钢檩条

③

自攻锚钉帽 100×100

宽 200 的横向搭接

③

②

宽 200 的纵向搭接 ④

①

檩条

资料来源：深圳果尔佳

渗漏治理主要部位示意 (保温层未示)

防水涂层（自下而上）：专用基底防水涂层；增强聚酯布（柔软，强韧多绒）；主防水层（专用丙烯酸）；专用表层耐候防水涂层。防水增强层为涂层加聚酯布。

具体宽度的确定：根据波峰高度、板的刚度、实际损坏程度及渗漏情况而定。若坡度较小、温差较大，纵向搭接可参见檐沟处节点，以适应较大变形量。

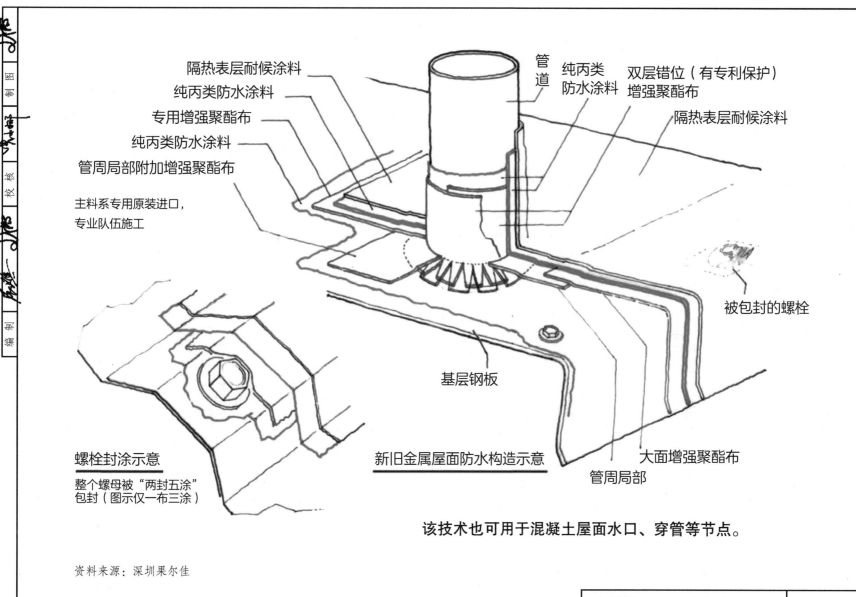

隔热表层耐候涂料

纯丙类防水涂料

专用增强聚酯布

纯丙类防水涂料

管周局部附加增强聚酯布

主料系专用原装进口，
专业队伍施工

管道

纯丙类
防水涂料

双层错位（有专利保护）
增强聚酯布

隔热表层耐候涂料

被包封的螺栓

基层钢板

螺栓封涂示意

整个螺母被"两封五涂"
包封（图示仅一布三涂）

新旧金属屋面防水构造示意

大面增强聚酯布

管周局部

该技术也可用于混凝土屋面水口、穿管等节点。

资料来源：深圳果尔佳

金属坡屋面　渗漏治理（二）　　WSB 39

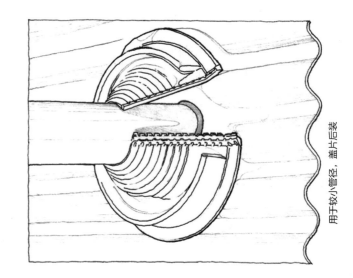

集水盖片（盖片后装）的防水效果

用于较小管径，盖片后装

集水盖片（与管同装）的防水效果

用于较大管径，盖片与管同装

以下连续四页之资料来源：得泰系统（得泰软金属盖片）

穿金属坡屋面管线（一） | WSB 40

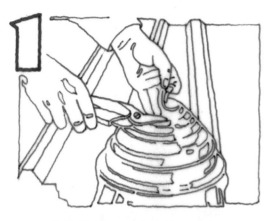

将盖片剪至正确的管子直径

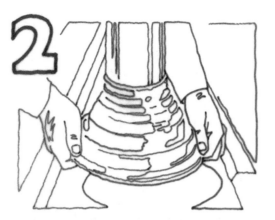

将盖片推下到屋顶上

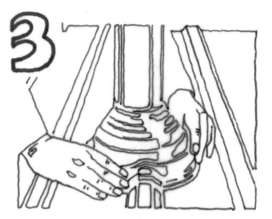

将盖片与屋顶板形状压合

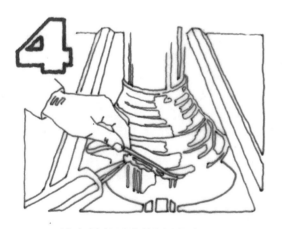

将中性凝固封料涂在底部

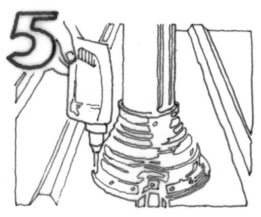

将盖片用专用螺钉固定在屋顶上

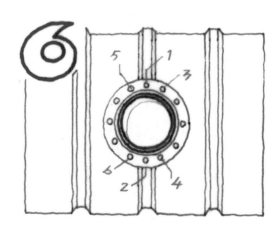

按顺序旋紧螺钉

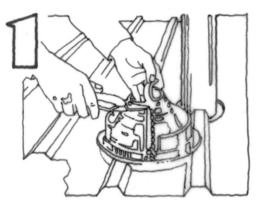

将盖片剪至正确的管道口径

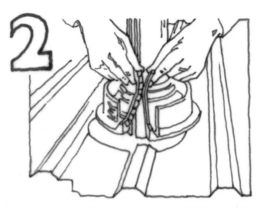

包在已安装就位的管子外面并接合端头

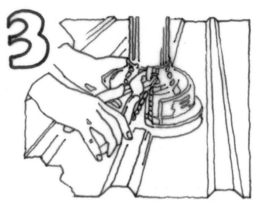

从上面开始，将卡封条夹紧，连接两面

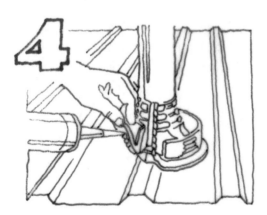

将中性硅封料涂于盖片底面，按屋顶板
形状压实贴紧

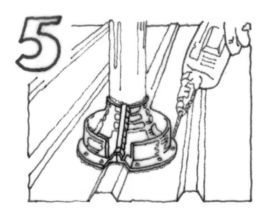

用螺钉将盖片固定

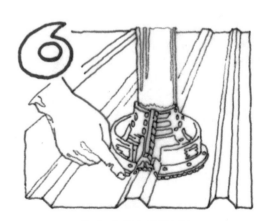

将多余的封料擦除

穿金属坡屋面管线（三）　　WSB 42

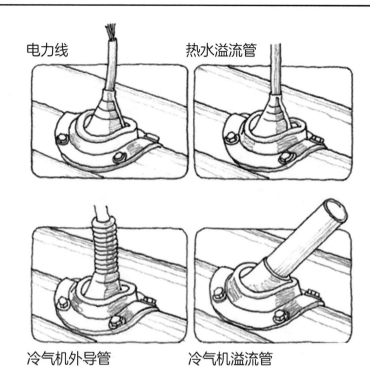

小型盖板

线出盖板处也应密封固定

电力线　　　　　热水溢流管

冷气机外导管　　　冷气机溢流管

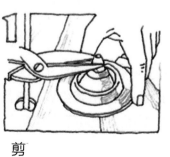

剪

套

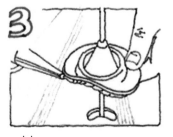

封

固

穿金属坡屋面管线（四）　WSB 43

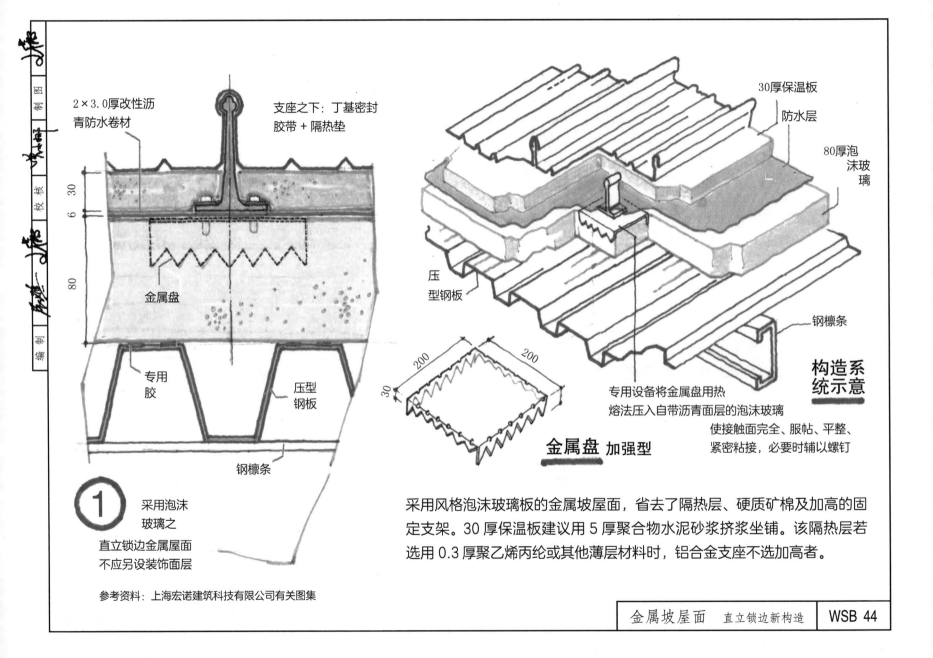

2×3.0厚改性沥青防水卷材

支座之下：丁基密封胶带＋隔热垫

6　30

80

金属盘

专用胶

压型钢板

钢檩条

① 采用泡沫玻璃之
直立锁边金属屋面
不应另设装饰面层

参考资料：上海宏诺建筑科技有限公司有关图集

30厚保温板

防水层

80厚泡沫玻璃

压型钢板

钢檩条

构造系统示意

200　200　30

金属盘 加强型

专用设备将金属盘用热熔法压入自带沥青面层的泡沫玻璃
使接触面完全、服帖、平整、紧密粘接，必要时辅以螺钉

采用风格泡沫玻璃板的金属坡屋面，省去了隔热层、硬质矿棉及加高的固定支架。30厚保温板建议用5厚聚合物水泥砂浆挤浆坐铺。该隔热层若选用0.3厚聚乙烯丙纶或其他薄层材料时，铝合金支座不选加高者。

金属坡屋面 直立锁边新构造　WSB 44

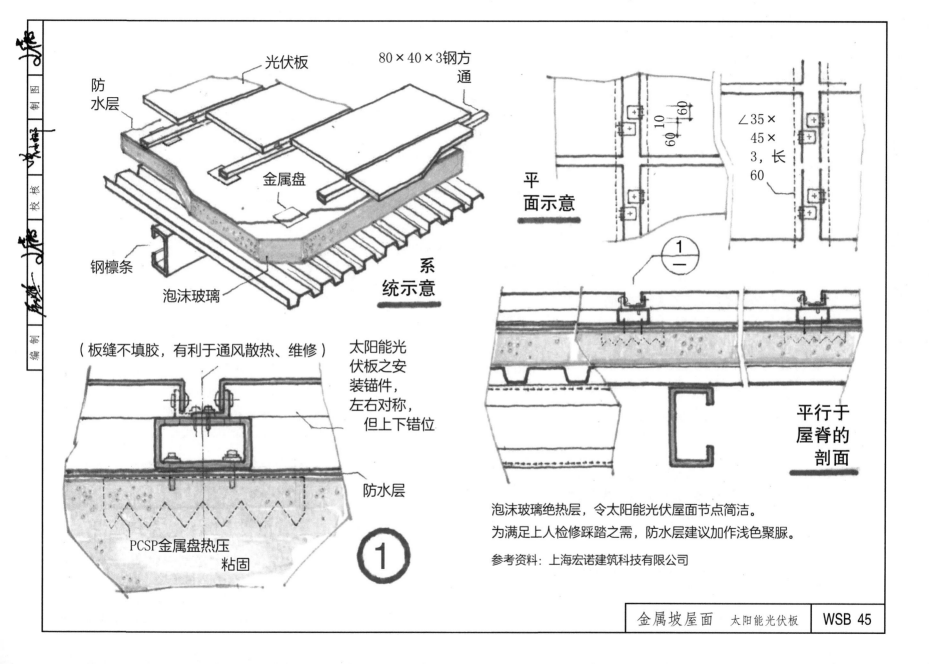

光伏板

80×40×3钢方通

防水层

金属盘

钢檩条

泡沫玻璃

系统示意

（板缝不填胶，有利于通风散热、维修）

太阳能光伏板之安装锚件，左右对称，但上下错位

防水层

PCSP金属盘热压粘固

①

平面示意

①
—

∠35×45×3，长60

10

60   60

平行于屋脊的剖面

泡沫玻璃绝热层，令太阳能光伏屋面节点简洁。

为满足上人检修踩踏之需，防水层建议加作浅色聚脲。

参考资料：上海宏诺建筑科技有限公司

金属坡屋面 太阳能光伏板   WSB 45

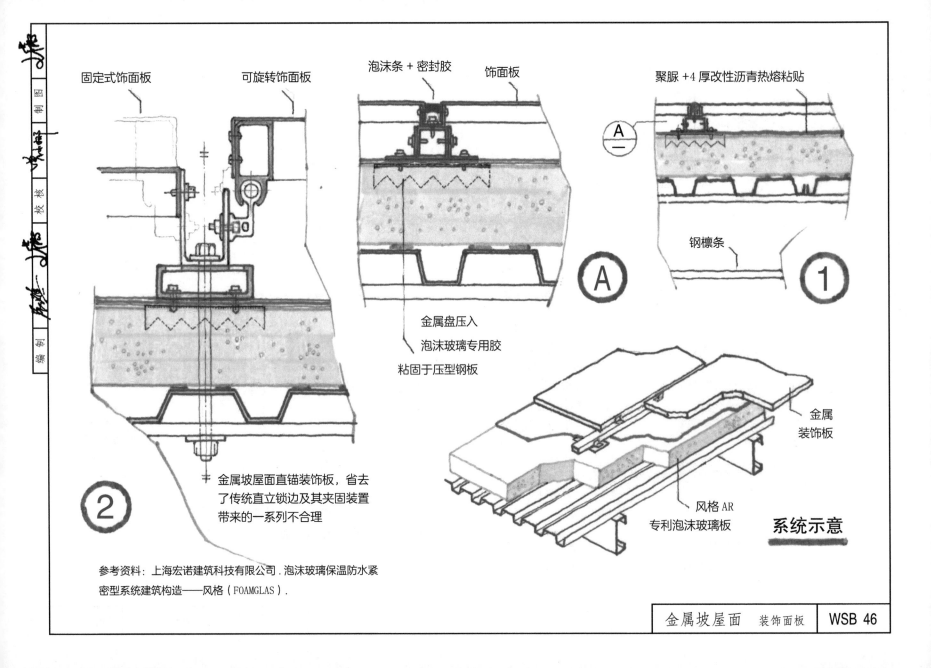

固定式饰面板　　　　可旋转饰面板

泡沫条＋密封胶　　饰面板

聚脲＋4厚改性沥青热熔粘贴

A

金属盘压入
泡沫玻璃专用胶
粘固于压型钢板

钢檩条

①

②

金属坡屋面直锚装饰板，省去
了传统直立锁边及其夹固装置
带来的一系列不合理

金属
装饰板

风格 AR
专利泡沫玻璃板

系统示意

参考资料：上海宏诺建筑科技有限公司．泡沫玻璃保温防水紧
密型系统建筑构造——风格（FOAMGLAS）．

金属坡屋面　装饰面板　　WSB 46

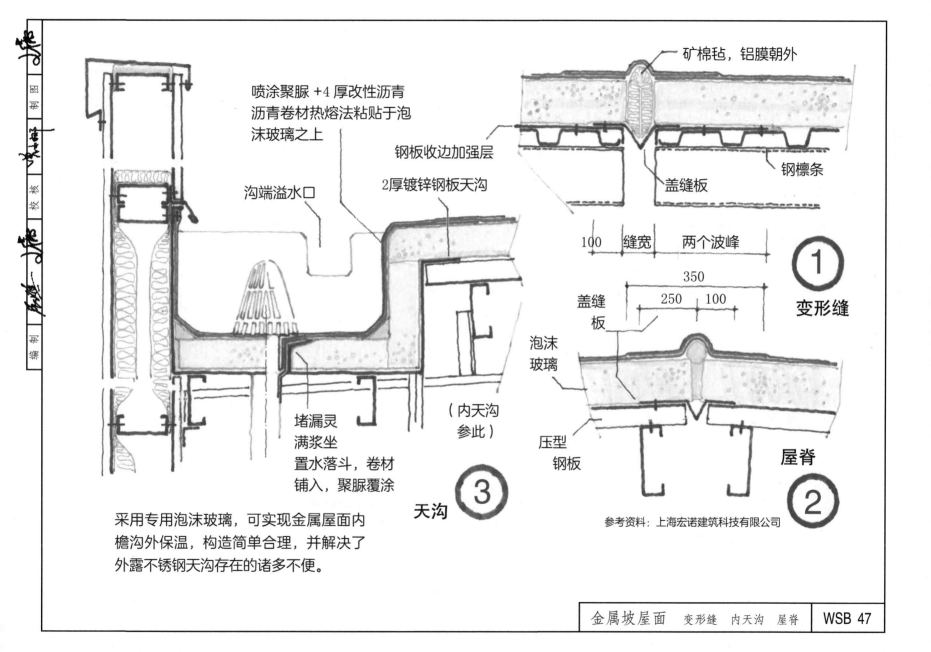

喷涂聚脲+4厚改性沥青
沥青卷材热熔法粘贴于泡
沫玻璃之上

矿棉毡，铝膜朝外

钢板收边加强层

2厚镀锌钢板天沟

钢檩条

盖缝板

沟端溢水口

100 缝宽 两个波峰

① 变形缝

350

250 100

盖缝
板

泡沫
玻璃

（内天沟
参此）

压型
钢板

② 屋脊

堵漏灵
满浆坐
置水落斗，卷材
铺入，聚脲覆涂

③ 天沟

参考资料：上海宏诺建筑科技有限公司

采用专用泡沫玻璃，可实现金属屋面内
檐沟外保温，构造简单合理，并解决了
外露不锈钢天沟存在的诸多不便。

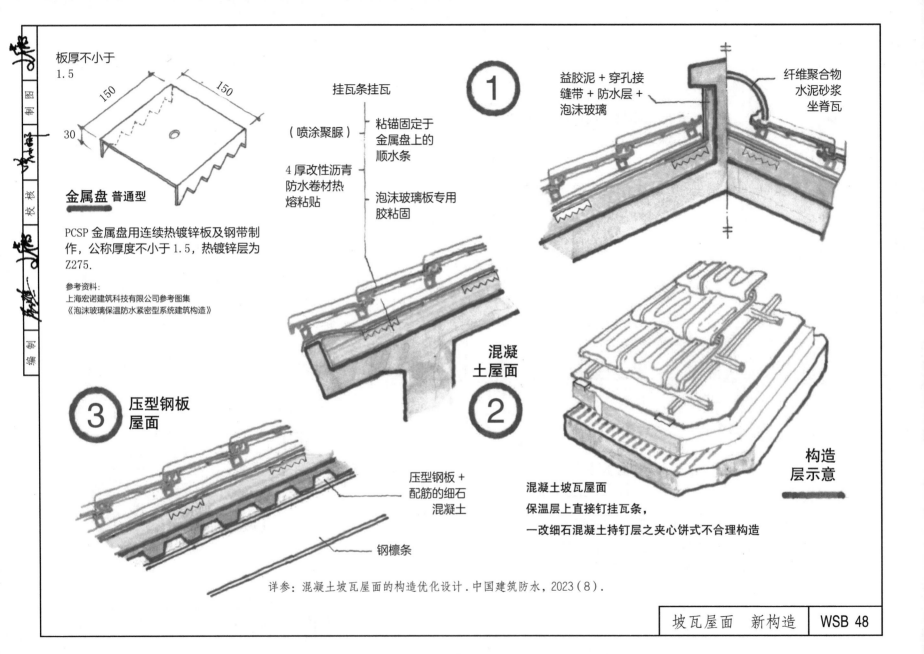

板厚不小于 1.5

150

30

150

金属盘 普通型

PCSP 金属盘用连续热镀锌板及钢带制作，公称厚度不小于 1.5，热镀锌层为 Z275.

参考资料：
上海宏诺建筑科技有限公司参考图集
《泡沫玻璃保温防水紧密型系统建筑构造》

挂瓦条挂瓦

（喷涂聚脲）

粘锚固定于金属盘上的顺水条

4 厚改性沥青防水卷材热熔粘贴

泡沫玻璃板专用胶粘固

① 益胶泥 + 穿孔接缝带 + 防水层 + 泡沫玻璃

纤维聚合物水泥砂浆坐脊瓦

混凝土屋面

② 混凝土坡瓦屋面

保温层上直接钉挂瓦条，

一改细石混凝土持钉层之夹心饼式不合理构造

构造层示意

③ **压型钢板屋面**

压型钢板 + 配筋的细石混凝土

钢檩条

详参：混凝土坡瓦屋面的构造优化设计．中国建筑防水，2023（8）.

坡瓦屋面　新构造　**WSB 48**

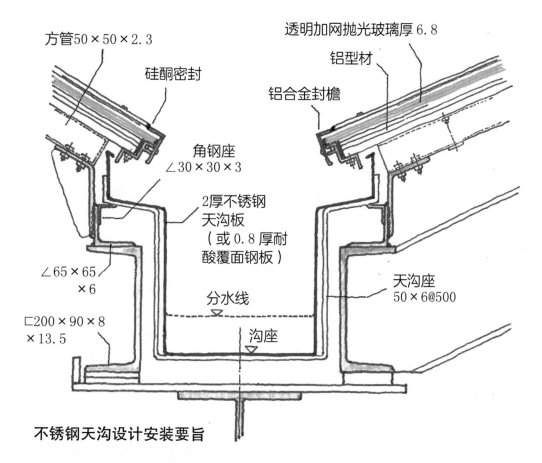

方管50×50×2.3

硅酮密封

透明加网抛光玻璃厚6.8

铝型材

铝合金封檐

角钢座
∠30×30×3

2厚不锈钢
天沟板
（或0.8厚耐
酸覆面钢板）

∠65×65
×6

分水线

沟座

天沟座
50×6@500

匚200×90×8
×13.5

不锈钢天沟设计安装要旨

○ 不锈钢材料的线膨胀系数比碳钢大35%～55%，因此，用碳钢（座）支撑时，
天沟应保持自由胀缩状态。
实际上，即使是碳钢板天沟也不宜焊固，可通过开长孔锚件加垫形成弹性
锚固。

○ 为减小温度变形的影响，建议
分段设置，间距 20～30m。全
年温差大，取下限；温差小，
取上限。

○ 每段两端封闭，不连通，参见
本节（三）之1节点。每段设
置水落口，不少于两个，居中
均布。不能设置两个水落口的
区段，应将区段缩短，并设计
加长的不锈钢水落口箅笼，减
小单独水口堵塞的风险，参见
本图集有关节点（装饰大天窗）。

○ 天沟尽量处于弹性固定状态。
若须刚性锚固，宜设在水口局
部，两端则为自由端。可参见
装饰大天窗。

○ 长坡排水天沟，纵断面宜设计
成台阶状，偶遇水满过缝时，
应按构造防水设计，参见本节
（三）之2节点。

夹丝玻璃

接霜槽

铝合金压条

30

聚硫胶嵌入

锯齿型金属天沟示意

① ⊥

4厚弹性板

$\phi 10$（内径）排水管

$\phi 76.3 \times 3.2$

1.6厚弹簧钢压条+双面自粘丁基胶带

金属天沟板

15厚保温夹芯板

5.5厚耐水胶合板

喷涂25厚石棉

$\phi 6$螺栓

25

15

0.5厚双道不锈钢滴水

30

$50 \times 50 \times 6$

$\phi 60.5 \times 3.5$

$\phi 100 \times 4.2$

天沟支撑 $50 \times 6@500$

①

○ 天沟断面两侧，应弹性卡固，或仅一侧弹性锚固。

○ 天沟设计不宜跨越变形缝，且缝处应设计成排水高点。

○ 采用虹吸式排水系统时，水口处应设计不锈钢集水箱槽。此时的水落斗可合并布置。箱槽的位置及形状，应因地制宜，灵活设计。参见本节（三）之 Ⓐ、Ⓑ 节点。

○ 箱槽可通过预焊的不锈钢锚件，用不锈钢螺栓锚固于钢结构之上，并加置弹簧垫圈。

○ 需要考虑融冰雪的地区，可设拌热带，功率约175W/m。

○ 溢水口应按敞开豁口设计。设计关键是寻找合适的位置，以便水满直接溢出落地，既能被及时发现，又不造成其他损害。

| 金属坡屋面 | 不锈钢天沟（二） | WSB 50 |

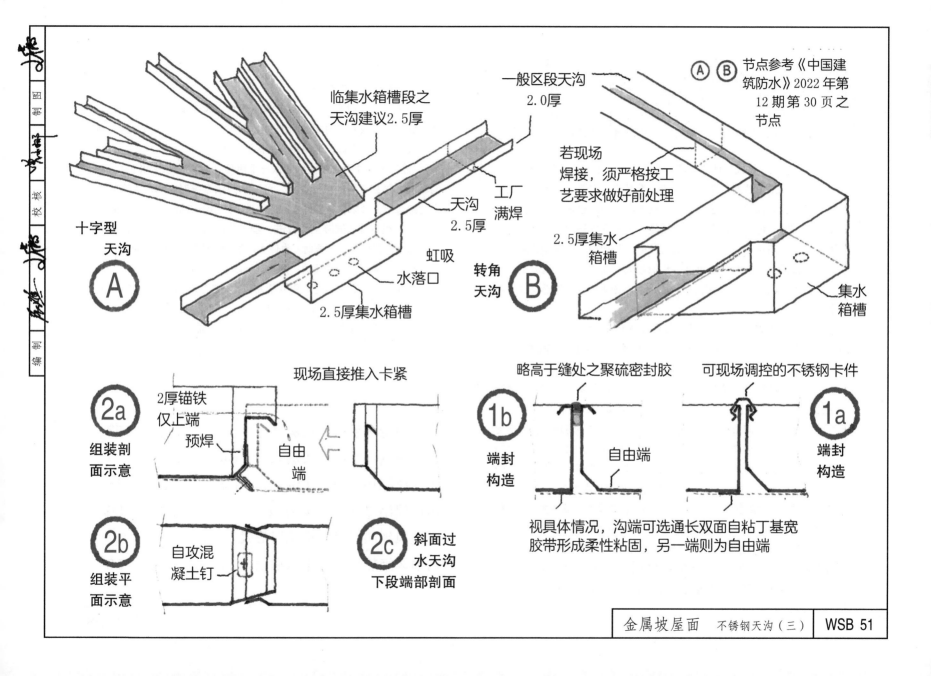

临集水箱槽段之天沟建议2.5厚

一般区段天沟 2.0厚

Ⓐ Ⓑ 节点参考《中国建筑防水》2022年第12期第30页之节点

若现场焊接，须严格按工艺要求做好前处理

天沟 2.5厚

工厂满焊

2.5厚集水箱槽

十字型天沟

Ⓐ

虹吸水落口

转角天沟

Ⓑ

集水箱槽

2.5厚集水箱槽

现场直接推入卡紧

②ₐ 组装剖面示意

2厚锚铁仅上端预焊

自由端

略高于缝处之聚硫密封胶

可现场调控的不锈钢卡件

①ᵦ 端封构造

自由端

端封构造 ①ₐ

②ᵦ 组装平面示意

自攻混凝土钉

②𝖼 斜面过水天沟下段端部剖面

视具体情况，沟端可选通长双面自粘丁基宽胶带形成柔性粘固，另一端则为自由端

金属坡屋面　不锈钢天沟（三）　WSB 51

（坡屋面）内通风绝热系统

当下，夹心饼式的坡顶构造，虽系主流，但存在不足：湿作业、绝热差、潮湿、费时、费工、费钱、难维修。实际上，持钉层施作时，其下设之保温层已被润湿，几近饱和。下滑也是大问题，即使不厌其"繁"地采用多项止下滑措施，也不足以稳定坡长较大之屋面。特别是临机动车频繁行驶的道路处，长期微震引发构造层"上游"部位产生滑移裂缝的可能性仍然较大。此外，泵送混凝土在超过 20° 斜面上浇筑，质量打折。因此，本图集将此种构造定位于零散小建筑。

解决的办法有二：外通风绝热系统或内通风绝热系统。

前者请参阅《构造的简洁性》[《中国建筑防水（屋面防水）》2012 年第 7 期]。

后者也称双通风绝热系统，详阅本图集附录中《坡屋面内通风绝热系统》一文（第 290 页）。在此仅简述如下：

中悬膜空气间层构造之试验住宅位于长江中下游地区，夏热冬冷，是在传统屋面构造的基础上，增设高反射率金属膜（上海康斯佳建材有限公司提供）及 XPS 保温板（南京欧文斯科宁提供），形成两个空气间层，并针对冬季、夏季不同的要求变换工况。

夏季，屋面隔热的主要方式，一是隔，二是散。隔热方面，利用中悬金属膜高反射率、低发射率的特性，阻止坡顶结构层内表面对室内的强烈热辐射；散热方面，将倾斜空气间层下端的封条打开，必要时启动风机向室外抽风，可将积蓄在空气间层高处的热气迅速排出。

春秋两季，可选择适当的天气条件，按夏季模式通风，将空气间层内可能积蓄的湿气排除。

冬季，空气间层下端的封条和上部水平风道端部的风机都处于关闭状态，形成双层封闭、静止的空气间层，并与 XPS 板组合，利用其较低的传热系数，取得良好的保温效果。

经夏、冬两季分别采集的数据与采用吊平顶的对比房间（同位置、同朝向、同高度）的数据分析，可以认为该系统对中国广大南方地区的热工节能要求，具有普遍的适用性。其案例图示，详后续内容。

该系统也可在混凝土斜板进一步优化的前提下，以非流挂耐候彩色涂层替代块瓦。需要时，也使太阳能板（或膜）的安装更方便。

整体、局部，构造简约；透视、俯瞰，表观现代。

有条件时，XPS 板也可用 A 级耐火之 STP 绝热板（沪 J/T-169）替代，均为满粘施工（PVC 白胶）。

该系统兼顾保温与隔热，故可简称绝热系统。

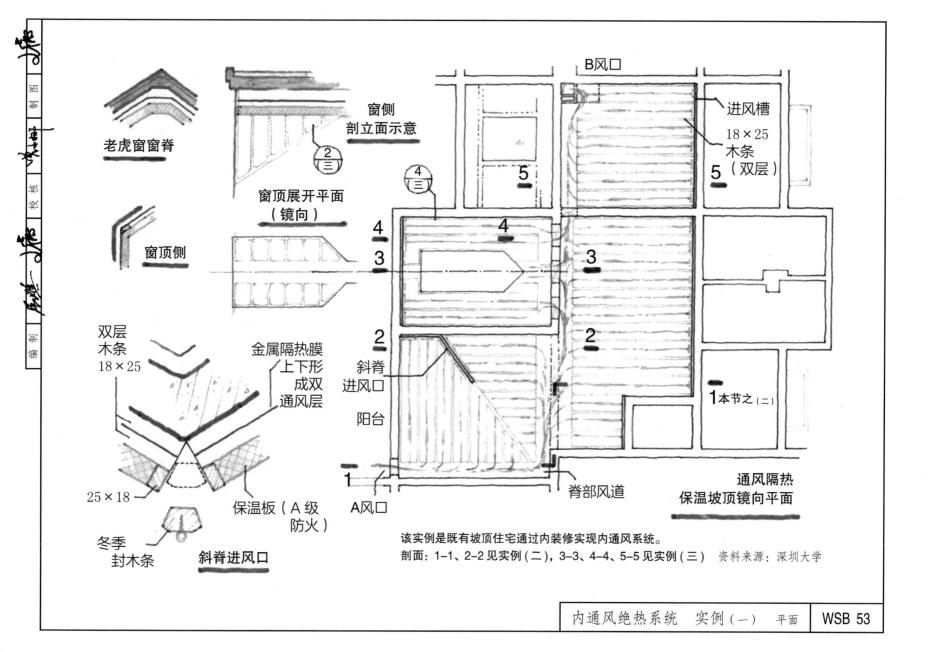

老虎窗窗脊

窗侧
剖立面示意

②
三

窗顶展开平面
（镜向）

窗顶侧

B风口

进风槽
18×25
木条
（双层）

④
三

5

5

双层
木条
18×25

金属隔热膜
上下形
成双
通风层

斜脊
进风口

4

4

3

3

阳台

2

2

25×18

冬季
封木条

保温板（A级
防火）

斜脊进风口

A风口

脊部风道

1本节之（二）

通风隔热
保温坡顶镜向平面

该实例是既有坡顶住宅通过内装修实现内通风系统。

剖面：1-1、2-2见实例（二），3-3、4-4、5-5见实例（三）　资料来源：深圳大学

内通风绝热系统　实例（一）　平面　WSB 53

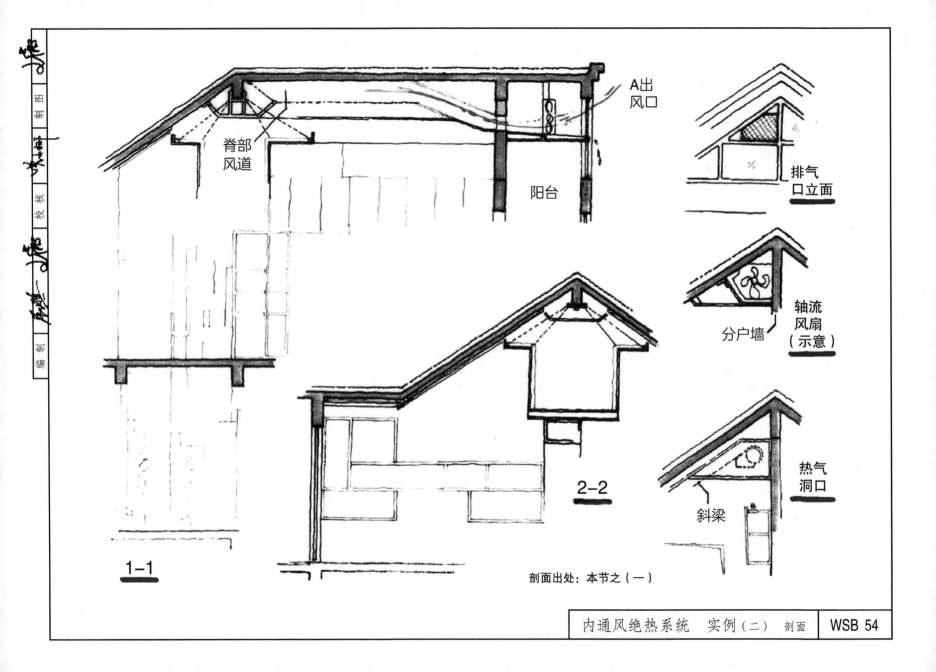

A出风口

脊部风道

阳台

排气口立面

轴流风扇（示意）

分户墙

热气洞口

斜梁

1-1

2-2

剖面出处：本节之（一）

内通风绝热系统　实例（二）　剖面　WSB 54

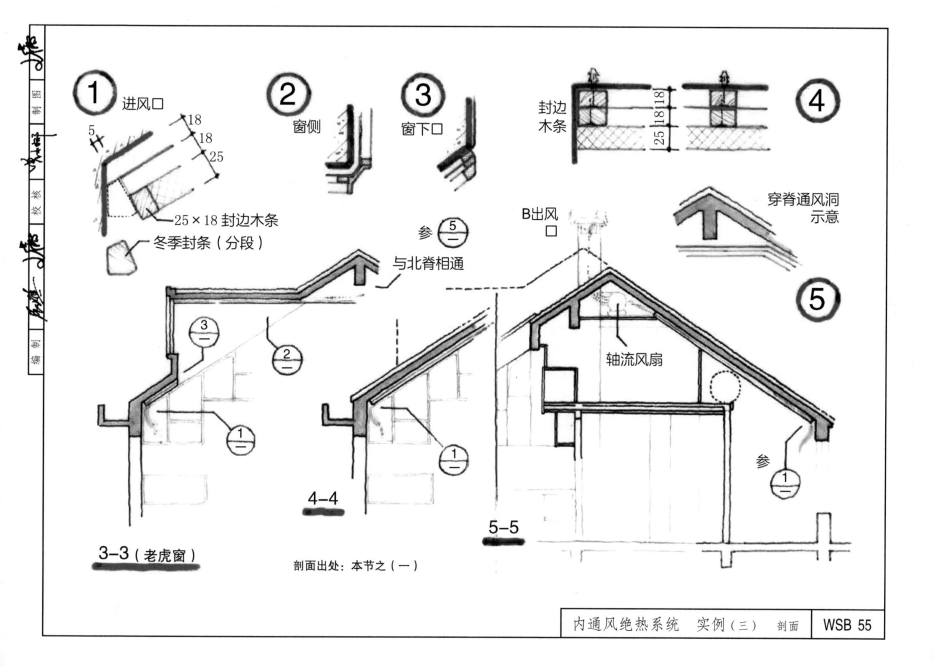

① 进风口

18
18
25
25×18 封边木条
冬季封条（分段）

② 窗侧

③ 窗下口

④ 封边木条
18 18
25

参 ⑤ 与北脊相通

B出风口

穿脊通风洞示意

⑤

轴流风扇

3-3（老虎窗）

4-4

5-5

参 ①

剖面出处：本节之（一）

内通风绝热系统　实例（三）　剖面　WSB 55

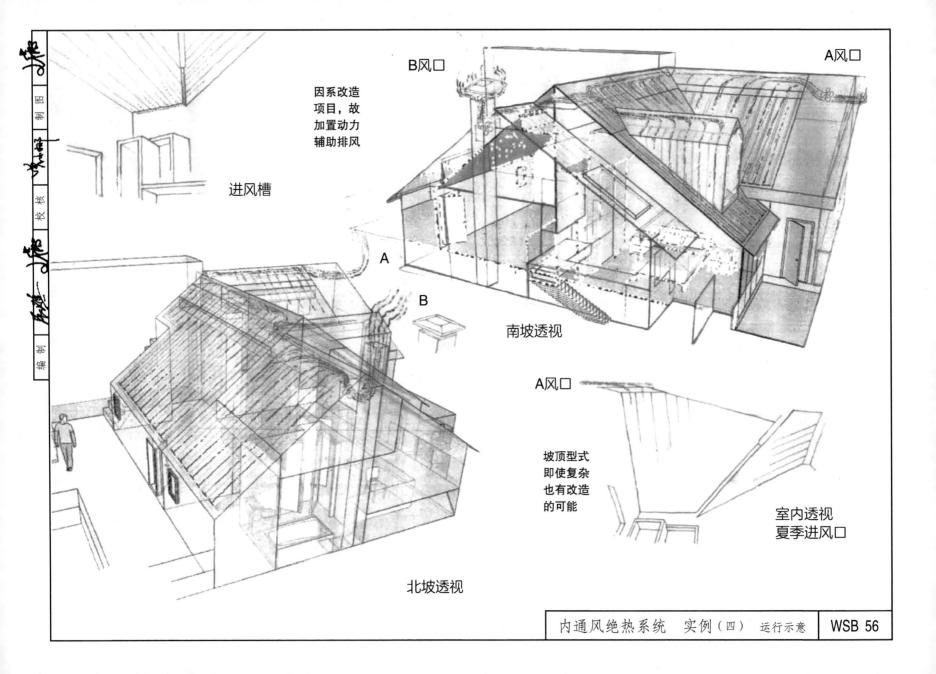

B风口

A风口

因系改造
项目，故
加置动力
辅助排风

进风槽

A

B

南坡透视

A风口

坡顶型式
即使复杂
也有改造
的可能

室内透视
夏季进风口

北坡透视

别墅

悬山

硬山

三坡

古典

洋民居

新洋房

民居

根据不同屋面形式，设计排风口。

内通风绝热系统　排风口形式 ｜ WSB 57

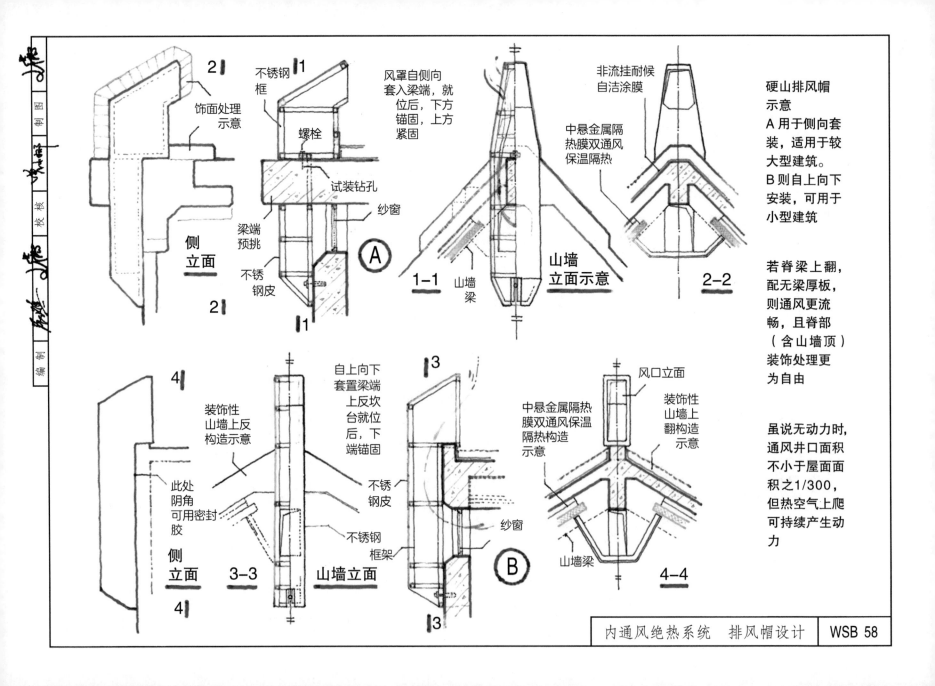

饰面处理示意

不锈钢框

螺栓

试装钻孔

纱窗

梁端预挑

不锈钢皮

侧立面

风罩自侧向套入梁端，就位后，下方锚固，上方紧固

非流挂耐候自洁涂膜

中悬金属隔热膜双通风保温隔热

硬山排风帽示意
A 用于侧向套装，适用于较大型建筑。
B 则自上向下安装，可用于小型建筑

1-1 山墙梁

山墙立面示意

2-2

若脊梁上翻，配无梁厚板，则通风更流畅，且脊部（含山墙顶）装饰处理更为自由

装饰性山墙上反构造示意

此处阴角可用密封胶

侧立面

3-3

自上向下套置梁端上反坎台就位后，下端锚固

不锈钢皮

不锈钢框架

山墙立面

纱窗

B

中悬金属隔热膜双通风保温隔热构造示意

风口立面

装饰性山墙上翻构造示意

山墙梁

4-4

虽说无动力时，通风井口面积不小于屋面面积之1/300，但热空气上爬可持续产生动力

内通风绝热系统 排风帽设计 WSB 58

下沉卫生间（平台） 泳池 人工湖 防渗工程

住宅之外，并无同层排水问题。

下沉卫生间，是同层排水最糟糕的方案。家家头顶"尿不湿"，结露、霉菌、异味。强化暗排、以排代防也非长久之计。

受其传染，泳池也搞下沉，管道配件陈旧，安装方法落后，不考虑维修，导致整个系统不合理。

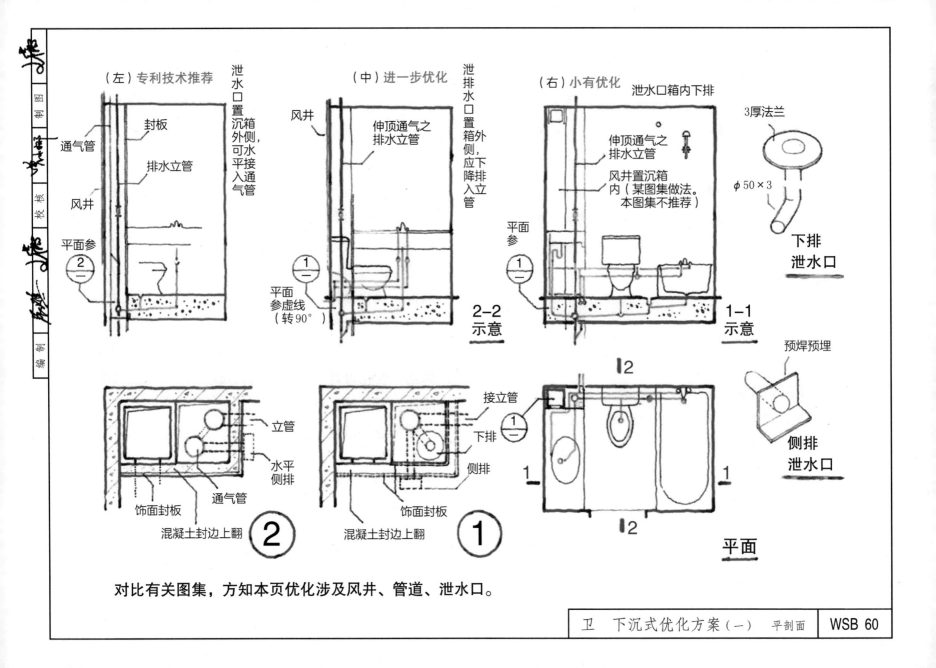

（左）专利技术推荐

泄水口置沉箱外侧，可水平接入通气管

封板

通气管

排水立管

风井

平面参 ②

（中）进一步优化

风井

伸顶通气之排水立管

泄排水口置箱外侧，应下降排入立管

平面参虚线（转90°）

2-2 示意

（右）小有优化

泄水口箱内下排

伸顶通气之排水立管

风井置沉箱内（某图集做法。本图集不推荐）

平面参 ①

1-1 示意

3厚法兰

$\phi 50 \times 3$

下排泄水口

立管

水平侧排

通气管

饰面封板

混凝土封边上翻 ②

接立管

下排

侧排

饰面封板

混凝土封边上翻 ①

平面 ①

平面

预焊预埋

侧排泄水口

对比有关图集，方知本页优化涉及风井、管道、泄水口。

卫　下沉式优化方案（一）　平剖面　　WSB 60

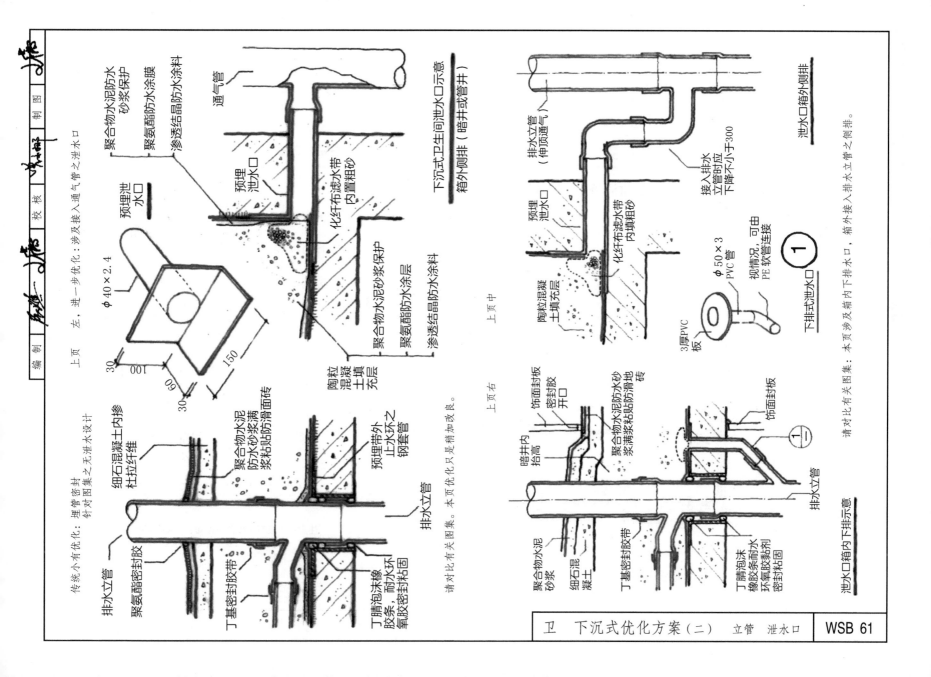

卫　下沉式优化方案（二）　立管　泄水口　WSB 61

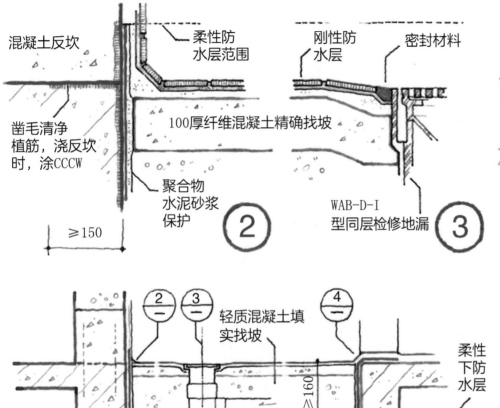

混凝土反坎

柔性防
水层范围

刚性防
水层

密封材料

室内地坪

120

凿毛清净
植筋，浇反坎
时，涂CCCW

100厚纤维混凝土精确找坡

聚合物
水泥砂浆
保护

WAB-D-I
型同层检修地漏

③

聚合物水泥防水
砂浆满浆坐铺，
（包括两侧满浆）

下防水层
（单组份聚
氨酯）

100

150

④

≥150

②

轻质混凝土填
实找坡

柔性
下防
水层

整平清净
直接涂刷
CCCW

② ③   ④

细石混凝
土找坡

≥160

（140） 82

聚合物纤维水泥砂浆保护兼坐置地漏外套

①

上防水层为聚合物水泥砂浆找
平，高分子益胶泥满浆粘贴小块
地砖。
下防水层为柔性，推荐单组份
聚氨酯；标准高，可加涂 CCCW。
施工全过程，防止明水浸入。

非住宅楼卫生间均不应下沉。

注意：对应有关规范及图集：方能了解优化点。
　　　即使最理想状态下，仍有约 60 高的渗
　　　积水不能排除。

卫　下沉式优化方案（三）　　泄水口　刚柔防水　　WSB 62

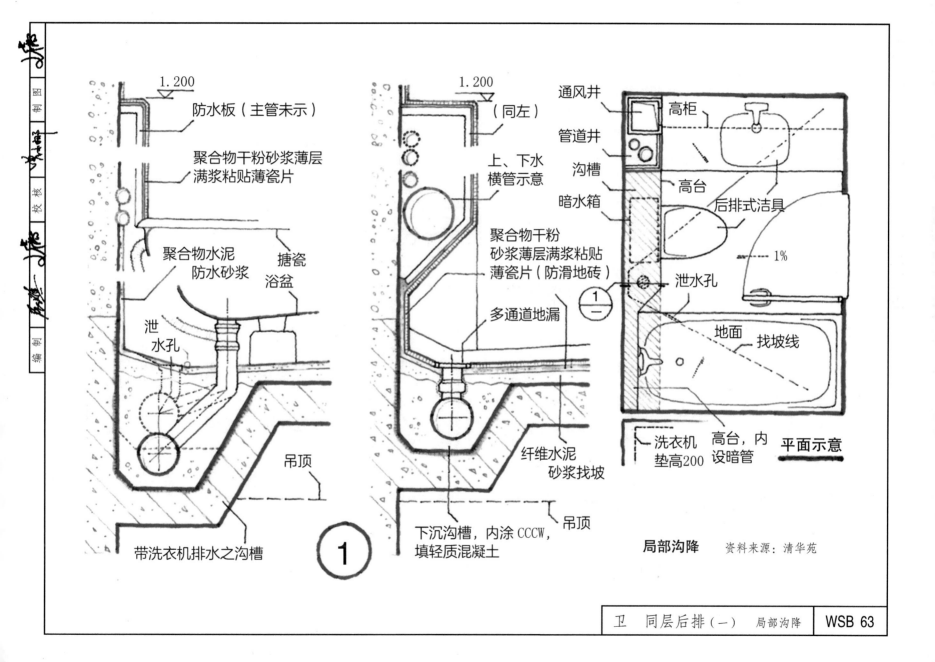

1.200

防水板（主管未示）

聚合物干粉砂浆薄层
满浆粘贴薄瓷片

聚合物水泥
防水砂浆

搪瓷
浴盆

泄
水孔

吊顶

带洗衣机排水之沟槽

1.200

（同左）

上、下水
横管示意

聚合物干粉
砂浆薄层满浆粘贴
薄瓷片（防滑地砖）

多通道地漏

纤维水泥
砂浆找坡

吊顶

下沉沟槽，内涂 CCCW，
填轻质混凝土

①

通风井

管道井

沟槽

暗水箱

高柜

高台

后排式洁具

1%

泄水孔

地面

找坡线

洗衣机
垫高200

高台，内
设暗管

平面示意

局部沟降   资料来源：清华苑

卫   同层后排（一）   局部沟降   WSB 63

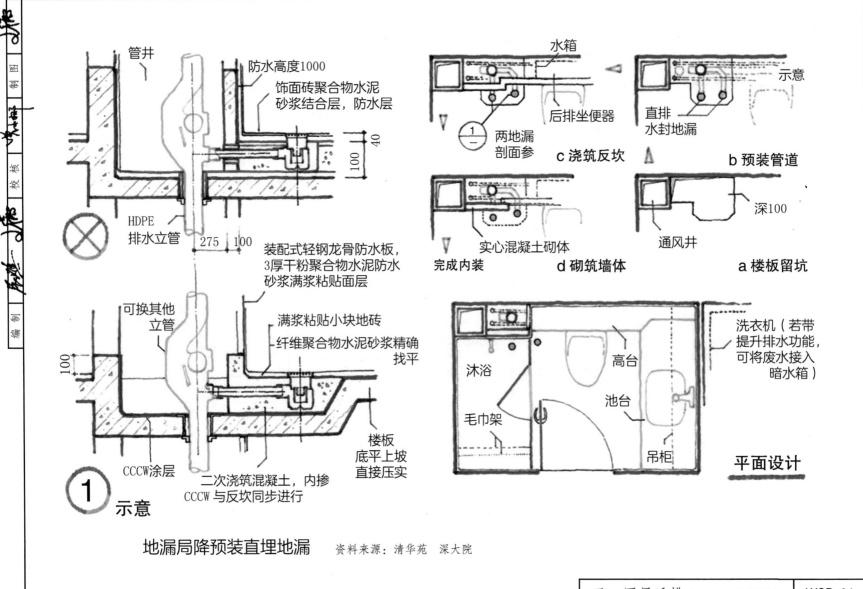

管井

防水高度1000

饰面砖聚合物水泥
砂浆结合层，防水层

HDPE
排水立管

275　100

装配式轻钢龙骨防水板，
3厚干粉聚合物水泥防水
砂浆满浆粘贴面层

可换其他
立管

满浆粘贴小块地砖

纤维聚合物水泥砂浆精确
找平

CCCW涂层

二次浇筑混凝土，内掺
CCCW与反坎同步进行

楼板
底平上坡
直接压实

① 示意

地漏局降预装直埋地漏

资料来源：清华苑　深大院

水箱

后排坐便器

两地漏
剖面参

c 浇筑反坎

示意

直排
水封地漏

b 预装管道

实心混凝土砌体

完成内装　　d 砌筑墙体

深100

通风井

a 楼板留坑

洗衣机（若带
提升排水功能，
可将废水接入
暗水箱）

沐浴

毛巾架

高台

池台

吊柜

平面设计

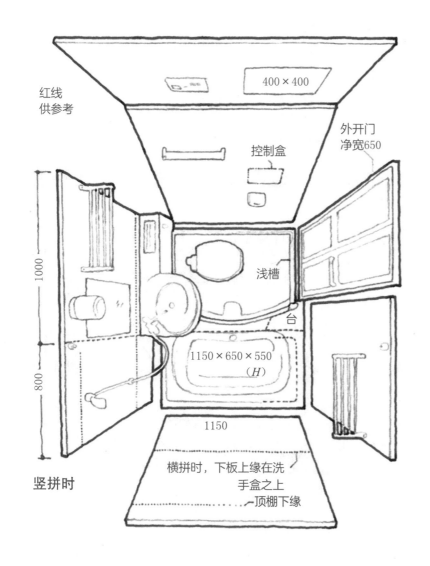

400 × 400

红线
供参考

外开门
净宽650

控制盒

1000

浅槽

台

800

1150 × 650 × 550
（H）

1150

竖拼时

横拼时，下板上缘在洗
手盒之上
顶棚下缘

本图介绍的是早年版的整体卫生间，现在也称集成式卫生间。

安装须在土建完工后进行，安装通道宽：直进700，拐弯950。

也可一面靠实墙，另三面安装罢，后封（轻钢龙骨墙板）。

2018年5月，实地观察日本5家酒店卫生间，其构造要点如下：临马桶设管井，井外侧封装饰板，隐于衣帽间，修拆复原均便。地面可升、可降、可平（低20）。地面坡度约为2%，明水经周边浅槽入地漏。预制件可竖拼也可横拼，亦可横竖兼有，拼缝皆精准。横拼时，地板与浴缸、洗手盆可连为一体；竖拼时，则可另装。带自动冲洗的马桶均为另装，其控制盒可与马桶分离，置于墙上，以省空间。密封防水与构造防水并举，密封之胶与条并举。对所有明暗水，可通过简洁之途径，经非露明地漏（或露明）排除。若干轻便饰面浮装薄板，形成多个宽大检查口，构造至简，装卸均十数秒而已，方便经常性保洁维修。

集成卫生间

土建预留条件请参阅附文
《住宅工业化——集成卫浴及外挂墙板》

卫　集成卫浴 　　WSB 65

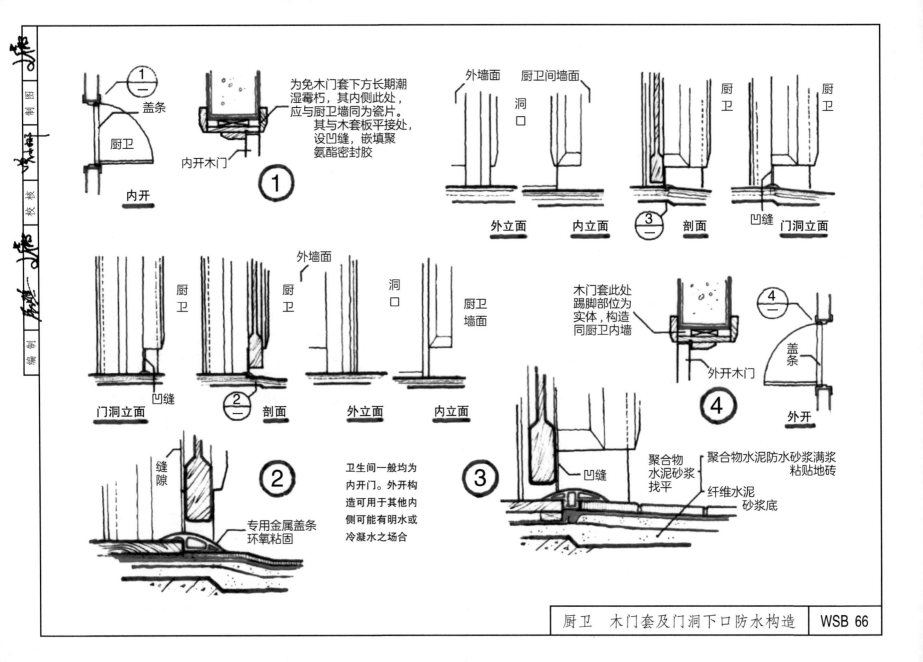

为免木门套下方长期潮
湿霉朽，其内侧此处，
应与厨卫墙同为瓷片。
其与木套板平接处，
设凹缝，嵌填聚
氨酯密封胶

盖条

厨卫

内开木门

内开

① ─

外墙面　　厨卫间墙面

洞口

厨卫　　　　厨卫

外立面　　内立面　　③ ─　剖面　　凹缝　门洞立面

外墙面

厨卫　　　厨卫

洞口　　　厨卫墙面

门洞立面　　凹缝　② ─　剖面　　外立面　　内立面

卫生间一般均为
内开门。外开构
造可用于其他内
侧可能有明水或
冷凝水之场合

缝隙

②

专用金属盖条
环氧粘固

木门套此处
踢脚部位为
实体，构造
同厨卫内墙

外开木门

④ ─

盖条

外开

③

凹缝

聚合物
水泥砂浆
找平

聚合物水泥防水砂浆满浆
粘贴地砖

纤维水泥
砂浆底

厨卫　木门套及门洞下口防水构造　　WSB 66

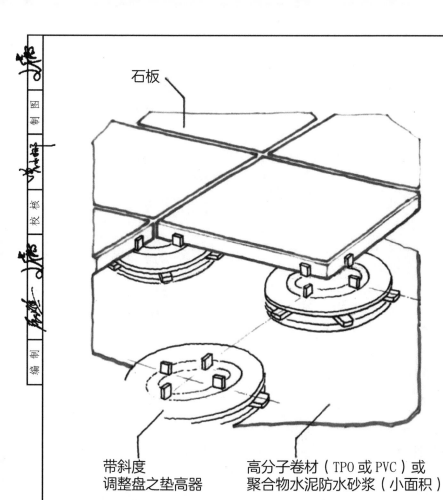

石板

带斜度
调整盘之垫高器

高分子卷材（TPO 或 PVC）或
聚合物水泥防水砂浆（小面积）

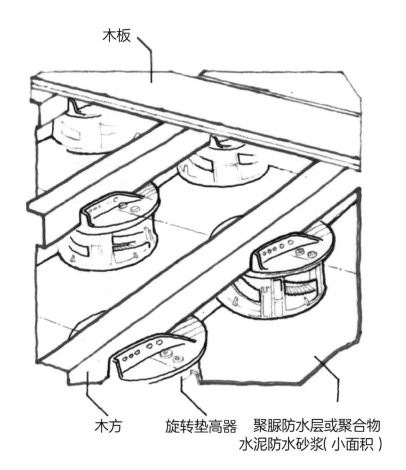

木板

木方　　旋转垫高器　聚脲防水层或聚合物
　　　　　　　　　　　水泥防水砂浆(小面积)

大面积使用该构造的条件是：基底细石混凝土用模条分格缝，高分子卷材或聚脲，只走人不行车，包括自行车、滑板等。

可用于廊台或隔热为主的小型平台或屋顶。若用于保温屋面，可施作于封闭压置层之上。

平台　架空隔热饰面 | WSB 67

案例Aa

下图是一个非常认真的精装设计。

但由于对回填内保温带来的麻烦认识不足——也许因不当之策划导致，接手时已难有作为。

黑色底线为原设计

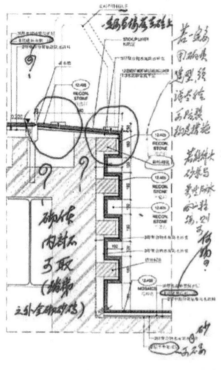

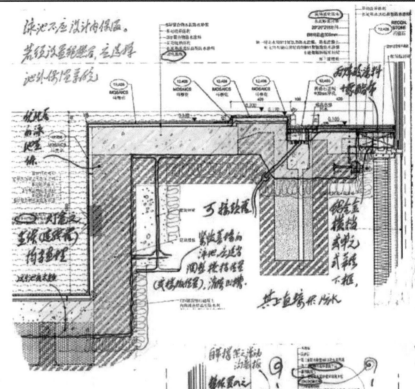

右图之改进设计也可参案例（三）之节点①

彩笔为优化建议

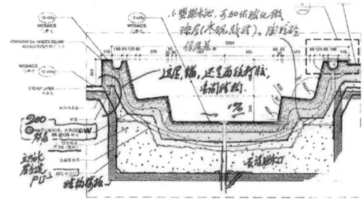

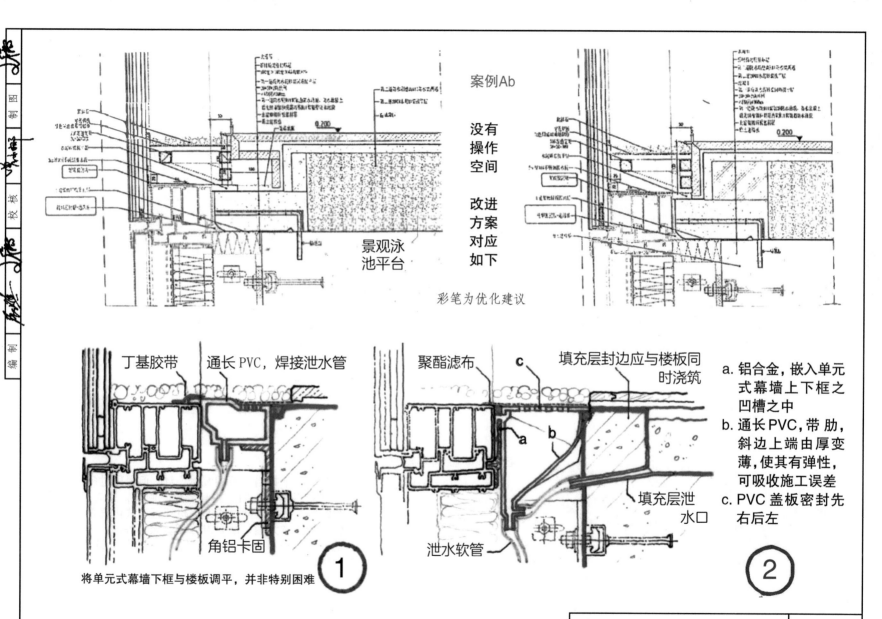

案例Ab

没有操作空间

改进方案对应如下

彩笔为优化建议

景观泳池平台

① 将单元式幕墙下框与楼板调平，并非特别困难

丁基胶带　通长PVC，焊接泄水管

角铝卡固

② PVC盖板密封先右后左

聚酯滤布　　c　　填充层封边应与楼板同时浇筑

a　b

填充层泄水口

泄水软管

a. 铝合金，嵌入单元式幕墙上下框之凹槽之中

b. 通长PVC，带肋，斜边上端由厚变薄，使其有弹性，可吸收施工误差

c. PVC盖板密封先右后左

泳池　流行设计（二）　案例Ab　　WSB 69

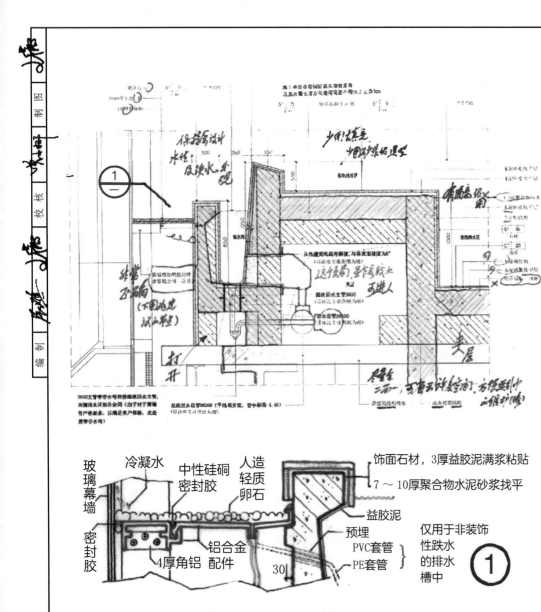

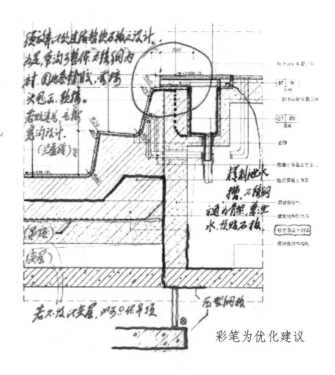

彩笔为优化建议

案例Ba

这也是一个相当认真的装修设计。但甩项过多，分界难以确定，加之重复浇筑、回填，造成不少缺陷，且无法通过构造、材料、工法化解之，使运行成本大增，所有维修都是破坏性的。此外，注意窄而深的空间内，施工维修均缺乏可操作性。

玻璃幕墙

冷凝水

中性硅硐密封胶

人造轻质卵石

饰面石材，3厚益胶泥满浆粘贴

7～10厚聚合物水泥砂浆找平

益胶泥

预埋
PVC套管
PE套管

仅用于非装饰性跌水的排水槽中

密封胶

4厚角铝
铝合金 配件

30

①

泳池　流行设计（三）　案例Ba　　WSB 70

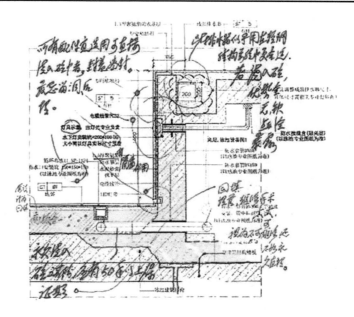

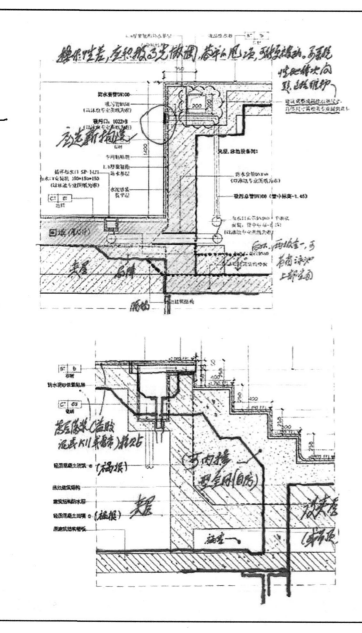

案例Bb

A、B 两例合并分析：

由业主主导的程序策划，导致错误的切割分包；错误的分包实践，误导标准的修编；

错误的标准，造成大面积的不合理设计；

不仅全程繁、慢、差、费，且令新建工程刚出生就患有基础性疾病，终生无药可医，寿命堪忧。因此，设计可在介入之初，即向甲方积极提供正确的咨询服务。

咨询要点请参阅：泳池设计的优化.中国建筑防水，2017（16）.

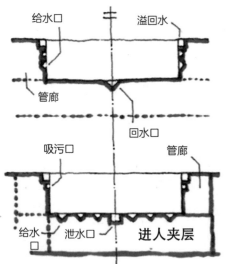

顺流式

埋地（局部板加厚埋管）比设置楼板更合理

逆流式

应设置楼板，且板下设夹层，进人，不推荐填充层

进人夹层

混合式以回水口兼泄水口，因对土建影响不大，故并入逆流式

适大型泳池

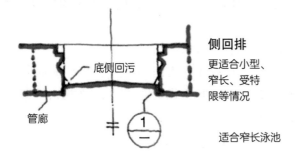

侧回排

更适合小型、窄长、受特限等情况

适合窄长泳池

不降板、无垫层、免设吸污口，可保留各式优点，弱化缺点，减少投资，施工简、维修便、管理易。

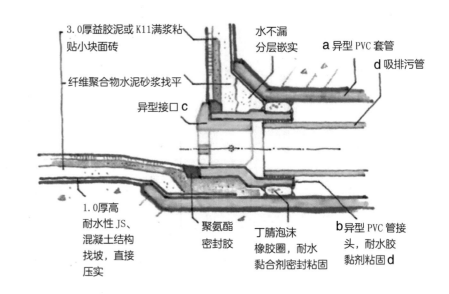

3.0厚益胶泥或K11满浆粘贴小块面砖

纤维聚合物水泥砂浆找平

异型接口 c

1.0厚高耐水性JS、混凝土结构找坡，直接压实

聚氨酯密封胶

丁腈泡沫橡胶圈，耐水黏合剂密封粘固

水不漏分层嵌实

a 异型PVC套管

d 吸排污管

b 异型PVC管接头，耐水胶黏剂粘固d

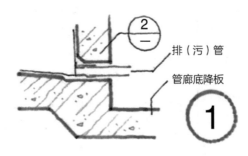

排（污）管

管廊底降板

底侧回排（污）水口 ② a b c 详下页

本设计旨在以非标准配件换取大系统的合理。着眼于土建、给排水、管理等各系统之整合。

分类及优缺点、适用范围详参给排水专业有关资料。

泳池资料来源：清华苑 深大院

泳池 **优化设计（一）** 系统 底侧回排（污）水口 **WSB 72**

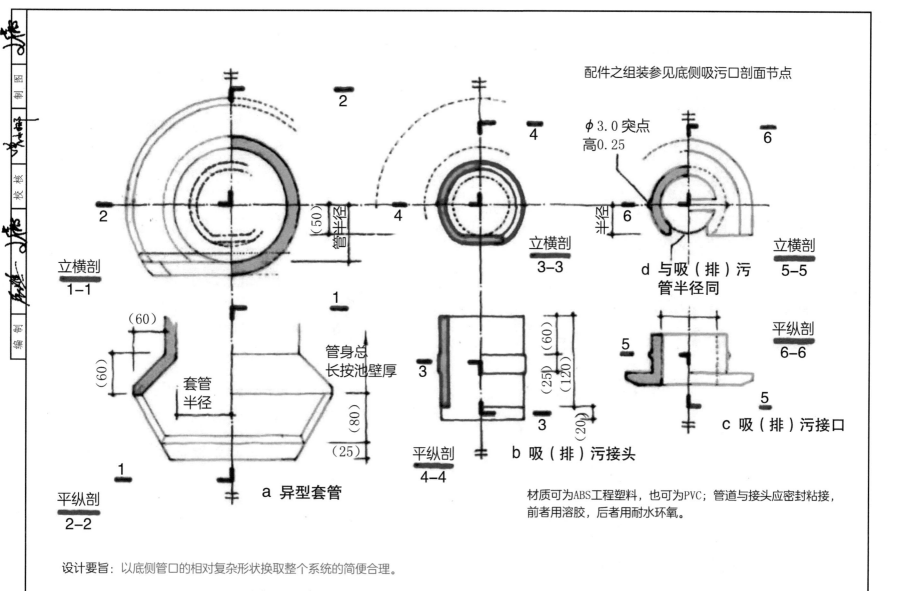

配件之组装参见底侧吸污口剖面节点

立横剖
1-1

平纵剖
2-2

a 异型套管

套管半径

管身总长按池壁厚

立横剖
3-3

平纵剖
4-4

b 吸（排）污接头

ϕ3.0突点
高0.25

立横剖
5-5

d 与吸（排）污管半径同

平纵剖
6-6

c 吸（排）污接口

材质可为ABS工程塑料，也可为PVC；管道与接头应密封粘接，前者用溶胶，后者用耐水环氧。

设计要旨：以底侧管口的相对复杂形状换取整个系统的简便合理。

泳池 优化设计（二）　水口配件设计方案　WSB 73

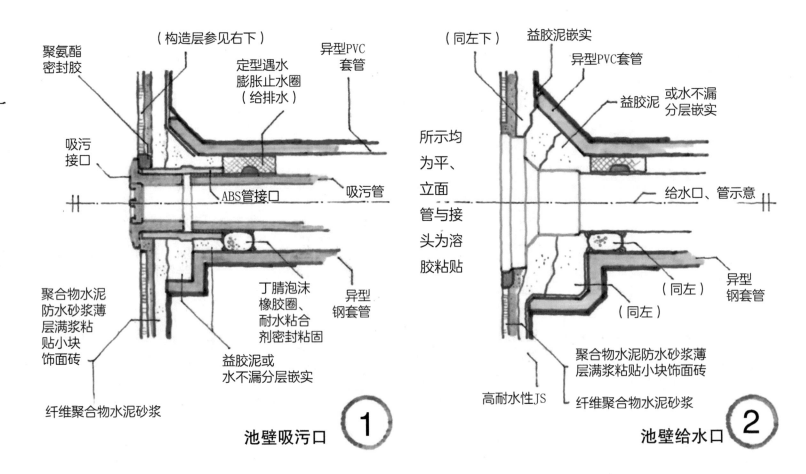

聚氨酯
密封胶

（构造层参见右下）

定型遇水
膨胀止水圈
（给排水）

异型PVC
套管

（同左下）

益胶泥嵌实

异型PVC套管

益胶泥

或水不漏
分层嵌实

吸污
接口

所示均
为平、
立面
管与接
头为溶
胶粘贴

给水口、管示意

ABS管接口

吸污管

聚合物水泥
防水砂浆薄
层满浆粘
贴小块
饰面砖

丁腈泡沫
橡胶圈、
耐水粘合
剂密封粘固

异型
钢套管

（同左）

异型
钢套管

（同左）

益胶泥或
水不漏分层嵌实

聚合物水泥防水砂浆薄
层满浆粘贴小块饰面砖

纤维聚合物水泥砂浆

高耐水性JS

纤维聚合物水泥砂浆

池壁吸污口 ①

池壁给水口 ②

水池应以刚性防水为主（CCCW、聚合物水泥防水砂浆）。唯一可选之涂膜，当为高耐水性JS，但必须给
出技术指标（可参照巴斯夫、中核北研、康波力特等少数厂家有关资料），并须列出详尽工法，确保硬质
块材面层的粘贴质量。
除防水构造及异型套管外，可参阅给排水专业图集。

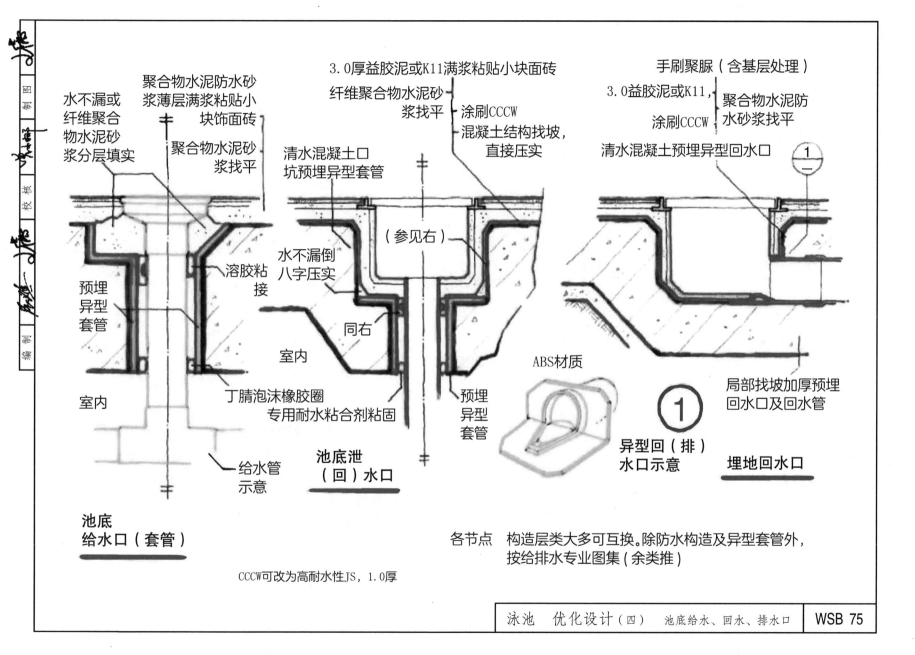

聚合物水泥防水砂浆薄层满浆粘贴小块饰面砖

水不漏或纤维聚合物水泥砂浆分层填实

聚合物水泥砂浆找平

3.0厚益胶泥或K11满浆粘贴小块面砖

纤维聚合物水泥砂浆找平

涂刷CCCW

混凝土结构找坡，直接压实

手刷聚脲（含基层处理）

3.0益胶泥或K11，涂刷CCCW

聚合物水泥防水砂浆找平

清水混凝土口坑预埋异型套管

清水混凝土预埋异型回水口

（参见右）

溶胶粘接

水不漏倒八字压实

预埋异型套管

室内

同右

室内

ABS材质

局部找坡加厚预埋回水口及回水管

丁腈泡沫橡胶圈专用耐水粘合剂粘固

池底泄（回）水口

预埋异型套管

异型回（排）水口示意

埋地回水口

①

给水管示意

池底给水口（套管）

CCCW可改为高耐水性JS，1.0厚

各节点 构造层类大多可互换。除防水构造及异型套管外，按给排水专业图集（余类推）

泳池 优化设计（四） 池底给水、回水、排水口 WSB 75

必要时还可附加"造浪"及加热系统

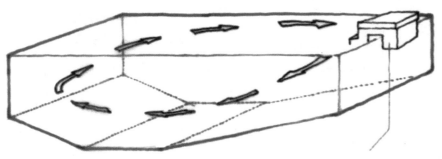

过滤系统示意

戴思乐过滤系统，滤水流量：$15 \sim 50m^3/h$，水质可达饮用水标准

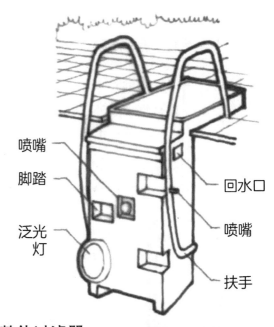

喷嘴
脚踏
泛光灯
回水口
喷嘴
扶手

整体过滤器　不需其他部（配）件

挑沿下专用固定勾夹

平板式过滤器　（兼作罗马台阶）

资料来源："戴思乐"

中、小型游泳池，特别是私人泳池，建议选用戴思乐系统。此系统采用装配式池壁，也可用混凝土池壁，需要的只是一个平整牢固的表面；其防水层为预订 PVC 无缝防水卷材，上端固定、密封，无埋件穿管，令防水构造节点几乎简化至零。

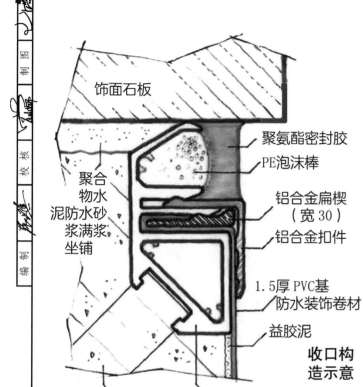

饰面石板

聚氨酯密封胶

PE泡沫棒

聚合物水泥防水砂浆满浆坐铺

铝合金扁楔（宽30）

铝合金扣件

1.5厚PVC基防水装饰卷材

益胶泥

收口构造示意

-30×3专用厚镀锌卡锚钢片

预埋专用收口配件。耐蚀铝合金或硬质PVC（适当增加壁厚）

卷材上端折回15，横向双道热风机焊（10+10+10），形成间距30、净宽30之浅袋。试铺时铝合金扁模预先插入浅袋，@约600～450，调后楔紧加密。终固，间距30或150。

成品排水器

②

①

管廊

卷材泳池局部剖面

铺设卷材，先收口，后立面，再池底；先大面，后细部。双道热风焊、机械固定，液态PVC密封接缝，局部或特种环氧粘固。

◁ ②

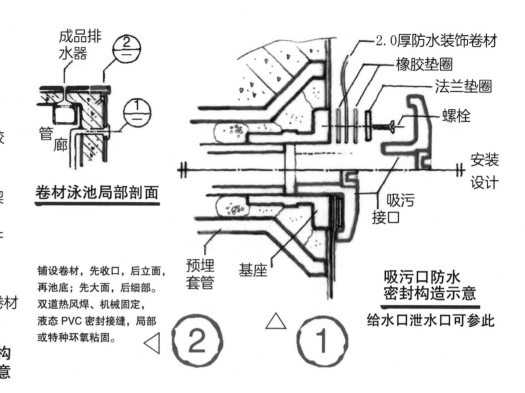

2.0厚防水装饰卷材

橡胶垫圈

法兰垫圈

螺栓

安装设计

吸污接口

预埋套管

基座

吸污口防水密封构造示意

给水口泄水口可参此

△ ①

如今"戴思乐"系统已不限于中小泳池，也被大型国际比赛泳池采用。设计要求混凝土池壁平整误差不大于2.0。精准预埋收口配件及各类水口套管、基座，且池壁薄层涂刮益胶泥2.0,与之平齐。防水饰面卷材，全程干作业，维护、维修方便，无须凿打破坏，进一步的讨论，详参《泳池卷材防水构造探讨》（《中国建筑防水》2019年第24期）。

资料来源：清华苑 深大院

泳池 卷材系统 关键节点 | **WSB 77**

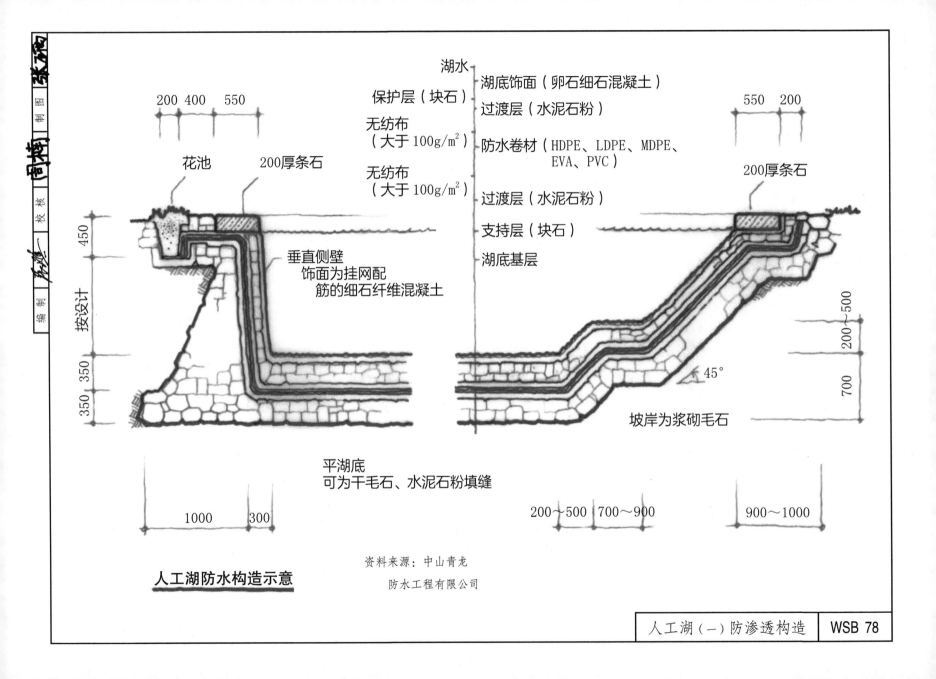

人工湖防水构造示意

平湖底
可为干毛石、水泥石粉填缝

湖水
保护层（块石）
无纺布
（大于100g/m²）
无纺布
（大于100g/m²）

花池　　　200厚条石

垂直侧壁
饰面为挂网配
筋的细石纤维混凝土

湖底饰面（卵石细石混凝土）
过渡层（水泥石粉）
防水卷材（HDPE、LDPE、MDPE、
　　　　　EVA、PVC）
过渡层（水泥石粉）
支持层（块石）
湖底基层

200厚条石

坡岸为浆砌毛石

45°

资料来源：中山青龙
防水工程有限公司

人工湖（一）防渗透构造　　WSB 78

太湖石

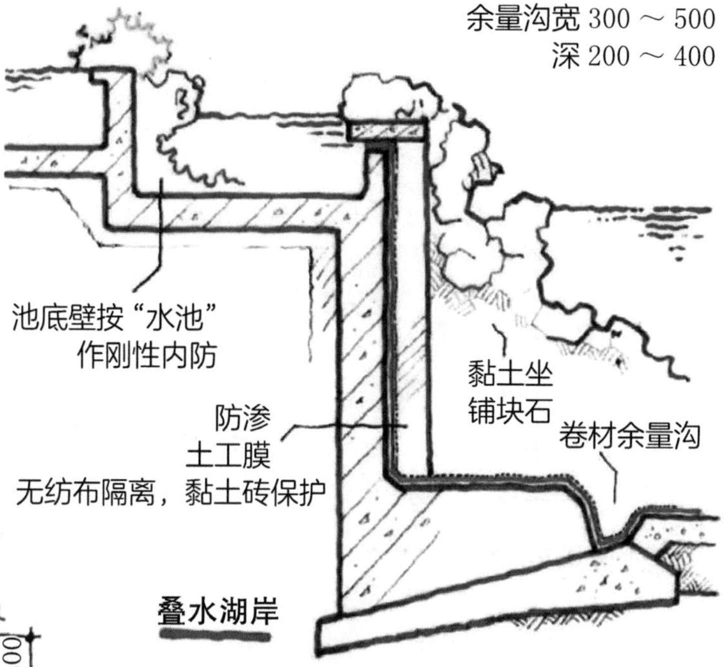

余量沟宽 300 ～ 500
深 200 ～ 400

湖水

黏土坐铺块石

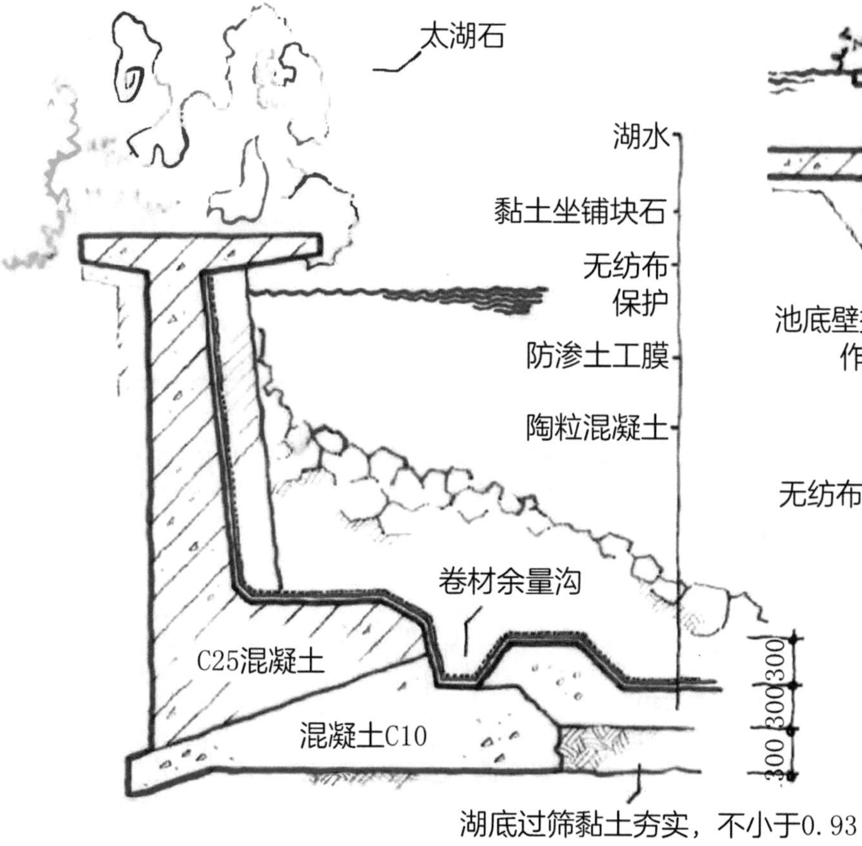

无纺布
保护

防渗土工膜

陶粒混凝土

池底壁按"水池"
作刚性内防

黏土坐
铺块石

防渗
土工膜

卷材余量沟

无纺布隔离，黏土砖保护

卷材余量沟

叠水湖岸

C25混凝土

混凝土C10

300 300 300

300

湖底过筛黏土夯实，不小于0.93

防渗土工膜推荐 HDPE、LDPE:
强韧、耐穿刺、适较大变形。

堆石湖岸

人工湖（二） 湖岸 WSB 79

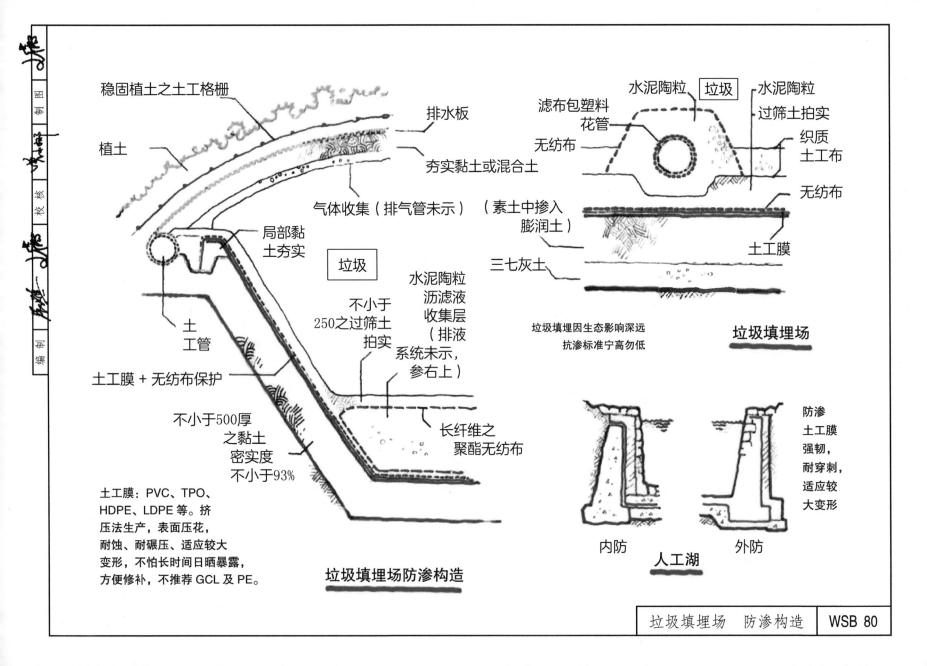

稳固植土之土工格栅

植土

排水板

夯实黏土或混合土

气体收集（排气管未示）

局部黏土夯实

垃圾

不小于250之过筛土拍实

水泥陶粒沥滤液收集层（排液系统未示，参右上）

土工管

土工膜＋无纺布保护

不小于500厚之黏土密实度不小于93%

长纤维之聚酯无纺布

土工膜：PVC、TPO、HDPE、LDPE等。挤压法生产，表面压花，耐蚀、耐碾压、适应较大变形，不怕长时间日晒暴露，方便修补，不推荐 GCL 及 PE。

垃圾填埋场防渗构造

滤布包塑料花管

水泥陶粒

垃圾

水泥陶粒

过筛土拍实

无纺布

织质土工布

（素土中掺入膨润土）

无纺布

三七灰土

土工膜

垃圾填埋因生态影响深远抗渗标准宁高勿低

垃圾填埋场

内防

外防

人工湖

防渗土工膜强韧，耐穿刺，适应较大变形

垃圾填埋场　防渗构造　WSB 80

建筑工业化，当下之重点在小户型安居房。安居房重点在卫生间。卫生间若取消二次装修、用户自理的模式，则基本上消灭了建设阶段的最大垃圾源，使住宅工业化基本到位。

对安居房，防水界可有如下作为：

1. 采用装配式及整体卫生间，并进一步解决好安装维修问题，以延长其使用寿命。
2. 砌体外墙：采用防水耐候透气自洁涂膜，优化外门窗安装技术。
3. 内墙：耐水耐菌耐清洗装饰涂料或益胶泥薄层满贴薄瓷片。
4. 外墙则可按幕墙设计，也可为混凝土外挂墙板。

预制外墙挂板系统，关键是板缝防水。板面即使设防水层，也应在工厂解决。较新的研究是分仓封堵灌浆或干脆将纵缝现场浇死，内贴接缝带，并无突破性进展。其共同的缺点是外侧人工打胶，脚手架一搭，工业化已然打折。若吊栏施胶，受天气影响大且因操作不便，多少都会使胶的密封质量保证率下降。运行后，耐老化问题突出（有研究认为，在设计合理、施工可靠的情况下，其密封性能也只能持续15年左右），检查维修也麻烦，定期检护的许多规定都难落实处。更重要的是，未形成有效等压空腔，风雨交加时，竖缝渗漏率高，渗入的水也没有简便的出路，易积久成患。

本节针对上述问题进行板缝创新构造设计，其要点如下：

a. 将密封胶移置室内，踢脚高度以上，且无障碍物之处。操作环境好，胶的工况佳，耐久可靠。

b. 如图之"三防两腔"构造。其中竖缝外侧，嵌置不锈钢条板，开敞式，构造防水。其后腔体类似等压空腔，使风雨交加时的渗水动力陡降，唯与水平缝交接处，所降有限，但水平缝设置的台阶式构造防水，可令进水停止前进。必要时，第二腔设置泄水管，将偶入之水导出，同时形成等压空腔。

c. 现场以吊装墙板为主工序，后续室内打胶，也变得从容。竖缝外嵌条板因施作快捷，故可采用多种手段，在适当时机嵌入。总体形成流水作业，现场不等误时。总体效果：安装时，与主工序配合从容，全程流畅，简明便捷；运行中，可维修性强，防水耐久可靠。

进一步的讨论，可参阅附录《住宅工业化——集成卫浴及外挂墙板》。

d. 开放式接缝，对设计制造安装的精度要求高，需全过程统筹考虑。

以上概念设计是在国标图集 16J110-2、16G333 的基础上进行的。

横缝位置的变动，引发安装节点的调整。整间板还涉及板型变化。竖向板关注了板侧胶圈收头及板下锚固。横向板增设了泄水系统。上述内容多以示意形式表达。

钢结构系统似可简化，但本图未及，容后改进。

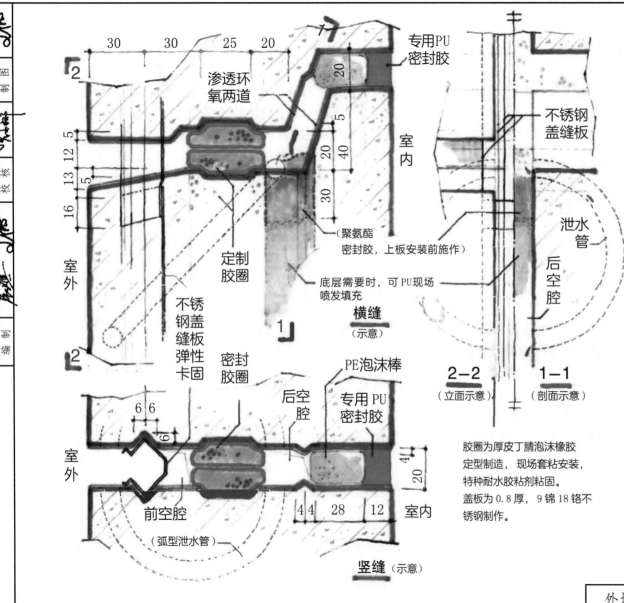

预制外墙挂板系统（整间板）关键是纵横板缝的防排水。本设计将密封胶改置室内便于操作处，板中保留传统预置密封胶圈，加高横缝台阶，纵缝"三防两腔"，横缝"两防一腔"。

纵缝"三防两腔"：不锈钢盖缝板，构造防水；保留板中之定制密封胶圈；室内一侧专用PU密封胶；"三防"中间形成前后两个等压空腔。

横缝外侧设坡，以排代防，未形成前腔；后腔则为陡坡。所有空腔应全贯通，底部须敞开，泄水口可目测检视。

后腔若受特殊条件所限(不含美观)，底部不能敞开，则应采用弧形预埋泄水管，安装时将管下部竖缝原设空腔内全部PU发泡填充，其上部邻泄水管口30以内，连同管口四周，填封密封胶，并在吊装第二块墙板之前完成。

图中标注：

专用PU密封胶
渗透环氧两道
室内
不锈钢盖缝板
泄水管
后空腔
定制胶圈
（聚氨酯密封胶，上板安装前施作）
底层需要时，可PU现场喷发填充
横缝（示意）

2—2（立面示意）　**1—1**（剖面示意）

室外
不锈钢盖缝板弹性卡固
密封胶圈
后空腔
PE泡沫棒
专用PU密封胶
室内

胶圈为厚皮丁腈泡沫橡胶定型制造，现场套粘安装，特种耐水胶粘剂粘固。
盖板为0.8厚，9锦18铬不锈钢制作。

前空腔
（弧型泄水管）
竖缝（示意）

外墙挂板（一）　板缝构造　　WSB 82

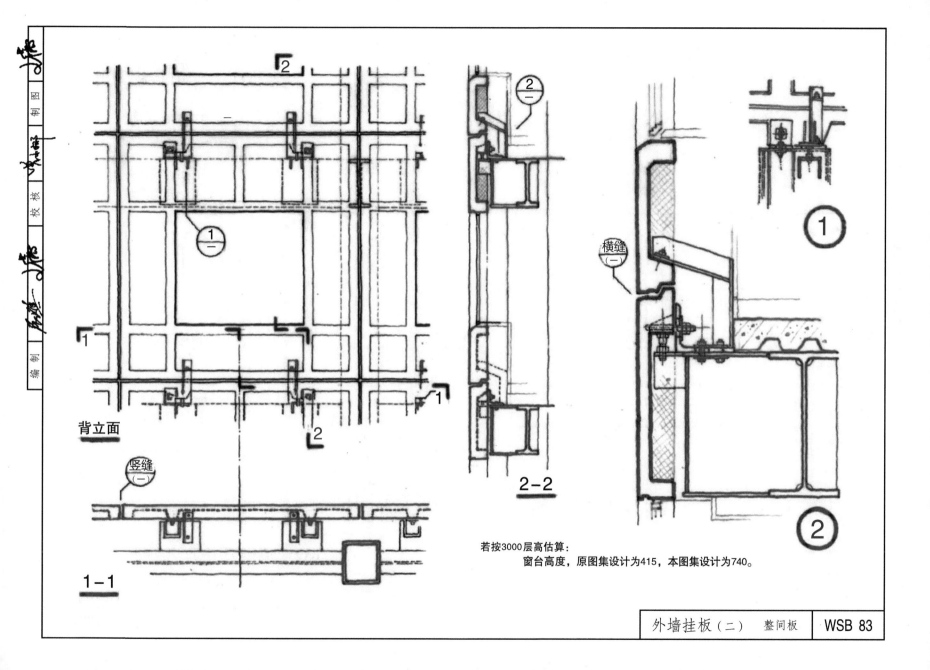

背立面

1-1

竖缝
（一）

2-2

横缝
（一）

若按3000层高估算：
　　窗台高度，原图集设计为415，本图集设计为740。

外墙挂板（二）　整间板　WSB 83

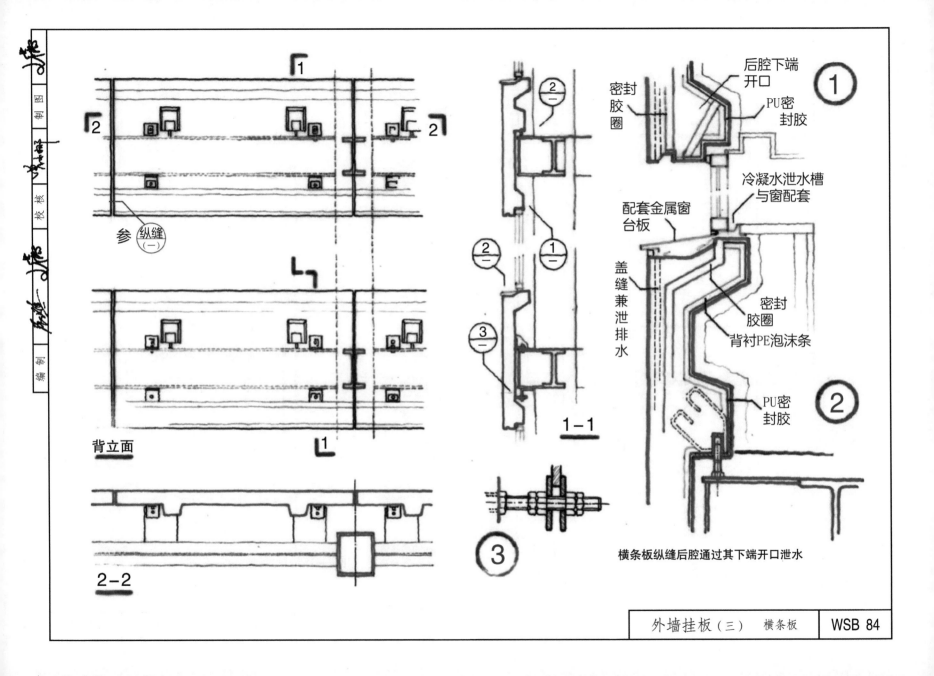

背立面

参 纵缝
(一)

2-2

背衬PE泡沫条

密封胶圈

后腔下端
开口

PU密
封胶

冷凝水泄水槽
与窗配套

配套金属窗
台板

盖缝兼泄排水

密封
胶圈

PU密
封胶

1-1

横条板纵缝后腔通过其下端开口泄水

外墙挂板（三）　横条板　　WSB 84

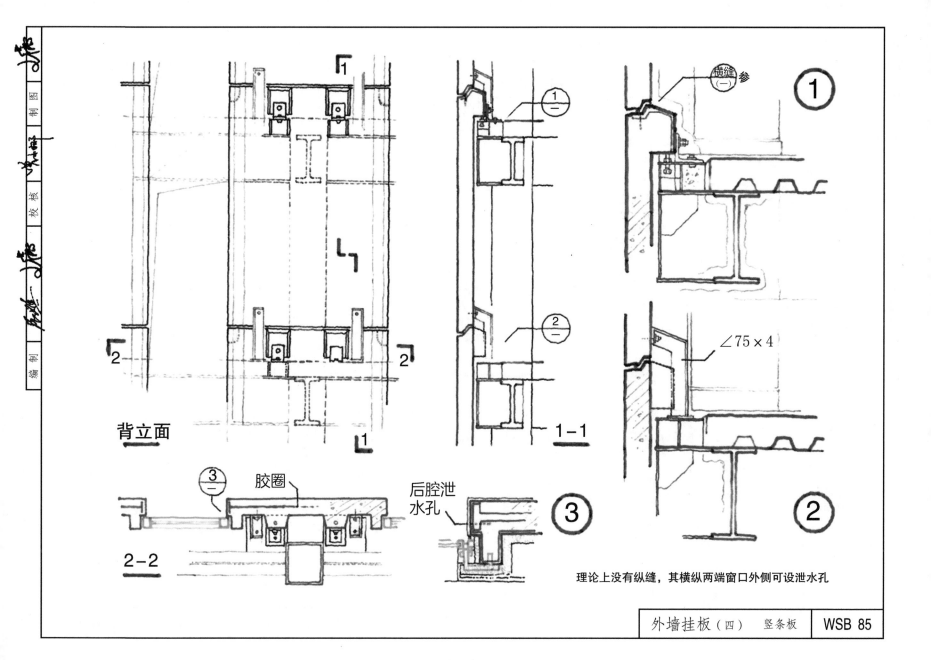

背立面

2—2

胶圈

后腔泄
水孔

横缝 参
(一)

$\angle 75 \times 4$

1—1

①

②

③

理论上没有纵缝，其横纵两端窗口外侧可设泄水孔

外墙挂板（四） 竖条板 | WSB 85

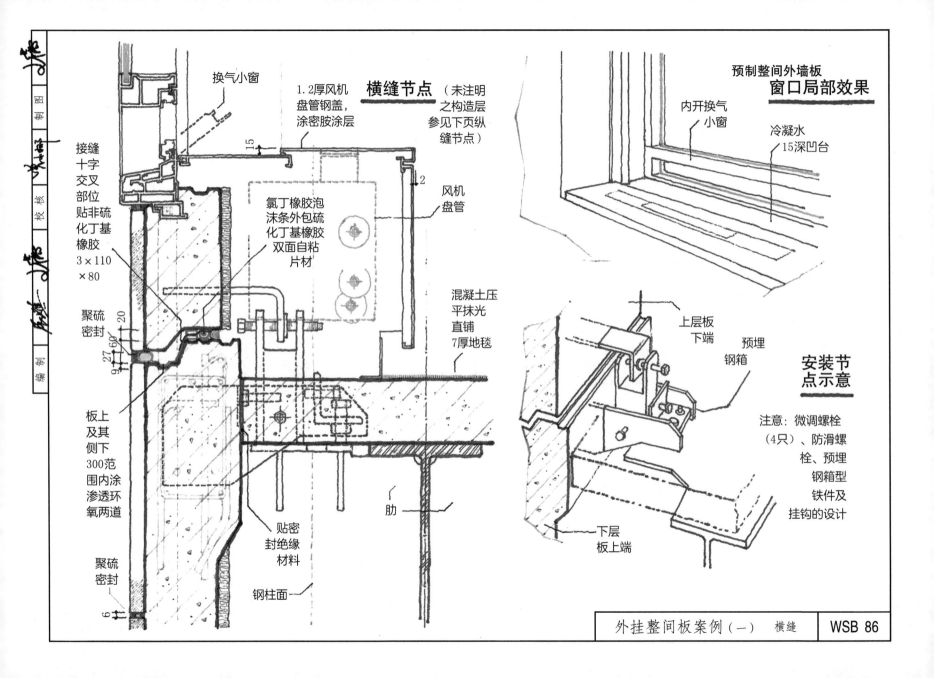

换气小窗

1.2厚风机盘管钢盖，涂密胺涂层

横缝节点（未注明之构造层参见下页纵缝节点）

接缝十字交叉部位贴非硫化丁基橡胶 3×110×80

氯丁橡胶泡沫条外包硫化丁基橡胶双面自粘片材

15

2

风机盘管

混凝土压平抹光直铺7厚地毯

聚硫密封

20
60
27
9

板上及其侧下300范围内涂渗透环氧两道

贴密封绝缘材料

肋

钢柱面

聚硫密封

6

预制整间外墙板窗口局部效果

内开换气小窗

冷凝水15深凹台

安装节点示意

上层板下端

预埋钢箱

注意：微调螺栓（4只）、防滑螺栓、预埋钢箱型铁件及挂钩的设计

下层板上端

外挂整间板案例（一）　横缝　　WSB 86

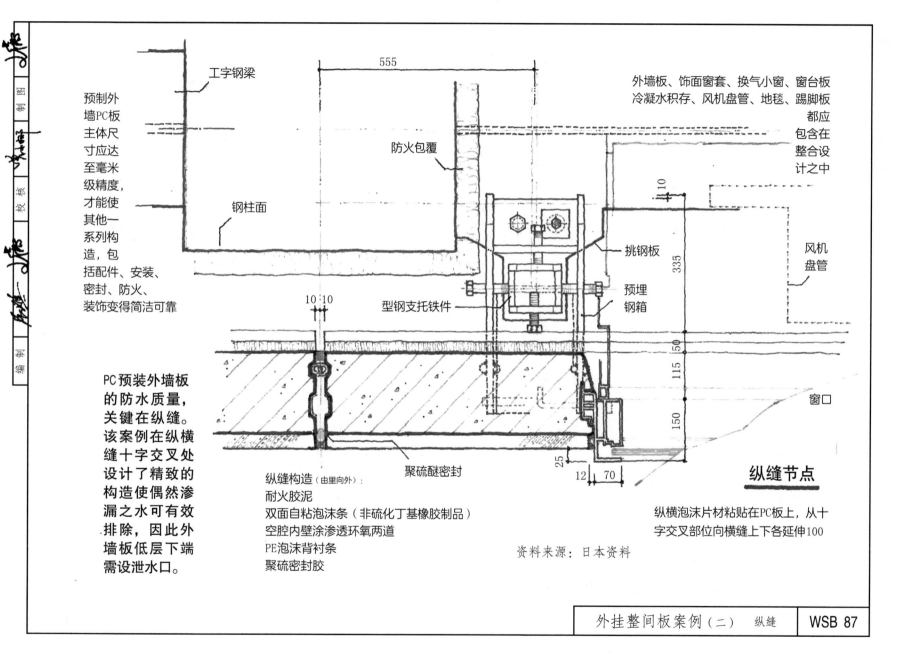

预制外墙PC板主体尺寸应达至毫米级精度，才能使其他一系列构造，包括配件、安装、密封、防火、装饰变得简洁可靠

555

工字钢梁

防火包覆

钢柱面

外墙板、饰面窗套、换气小窗、窗台板冷凝水积存、风机盘管、地毯、踢脚板都应包含在整合设计之中

挑钢板

风机盘管

型钢支托铁件

预埋钢箱

10:10

335

10

50

115

150

25

12 70

PC预装外墙板的防水质量，关键在纵缝。该案例在纵横缝十字交叉处设计了精致的构造使偶然渗漏之水可有效排除，因此外墙板低层下端需设泄水口。

纵缝构造（由里向外）：
耐火胶泥
双面自粘泡沫条（非硫化丁基橡胶制品）
空腔内壁涂渗透环氧两道
PE泡沫背衬条
聚硫密封胶

聚硫醚密封

窗口

纵缝节点

纵横泡沫片材粘贴在PC板上，从十字交叉部位向横缝上下各延伸100

资料来源：日本资料

外挂整间板案例（二）　　纵缝　　WSB 87

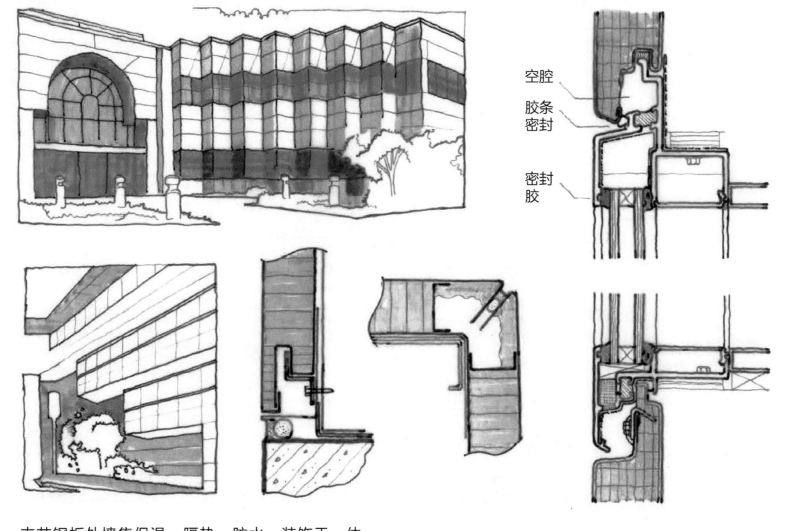

空腔

胶条
密封

密封
胶

夹芯钢板外墙集保温、隔热、防水、装饰于一体，
高度工业化，适用于现代风格的公共建筑。

夹芯钢板实例 | WSB 88

玻璃幕墙　金属幕墙（开缝）

玻璃幕墙

最大限度地工厂预制，尽量减少现场施胶。

东西向玻璃，内贴多层镀银隔热膜（比如"威固"），是较简便有效的节能措施。

幕墙封顶节点，宜构造防水为主，施胶密封为辅；与实墙衔接处，宜密封胶防水为主，构造防水为辅。

幕墙所有节点，注意暗水排除构造。

金属幕墙

开缝金属幕墙主防水层建议靠近迎水面。内衬墙宜由幕墙公司连带设计，推荐双幕系统（迷你型）。

金属幕墙一节要表达的主要信息是：一流的造型，要配一流的构造。

防水只论及几道防水层的概念是很幼稚的错误。

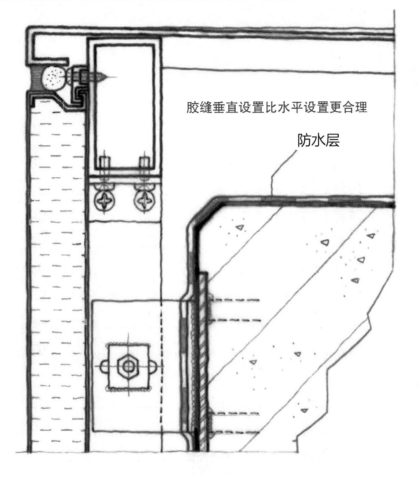

胶缝垂直设置比水平设置更合理

防水层

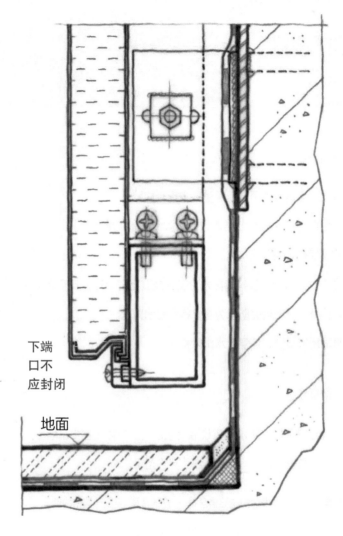

下端口不应封闭

地面

蜂窝铝板幕墙女儿墙封顶（上端节点）　　　幕墙下端节点

酸性硅酮 不能用于金属、混凝土、夹胶玻璃等基材表面。

中性硅酮 夏季施工时应避开太阳直射或高温时段（35℃以上）

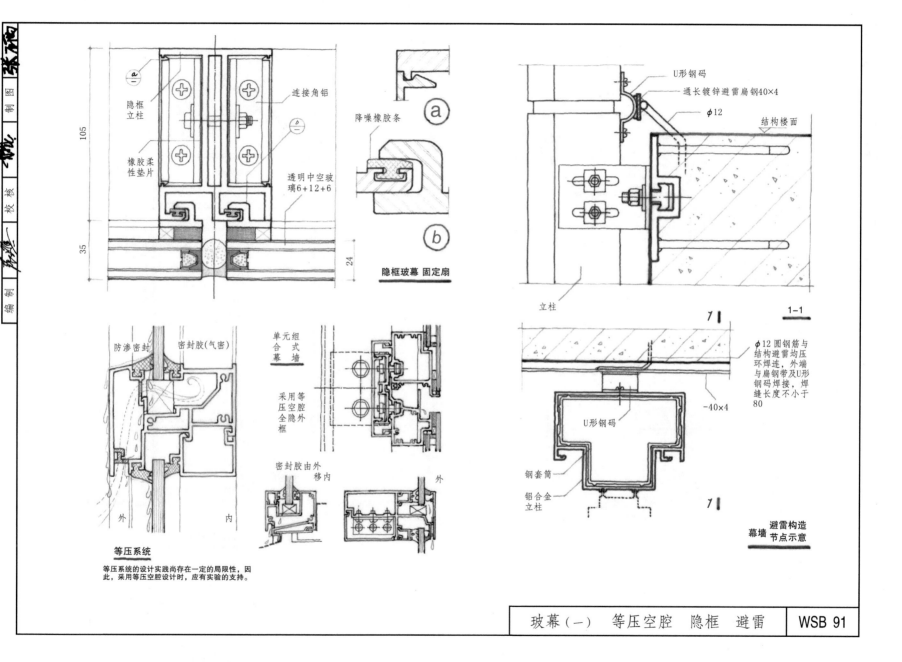

隐框立柱

连接角铝

降噪橡胶条

橡胶柔性垫片

透明中空玻璃6+12+6

105

35

24

隐框玻幕 固定扇

ⓐ

ⓑ

U形钢码

通长镀锌避雷扁钢40×4

φ12

结构楼面

立柱

1—1

防渗密封

密封胶（气密）

单元组合式幕墙

采用等压空腔全隐外框

密封胶由外移内

外

内

外

等压系统

等压系统的设计实践尚存在一定的局限性，因此，采用等压空腔设计时，应有实验的支持。

φ12圆钢筋与结构避雷均压环焊连，外端与扁钢带及U形钢码焊接，焊缝长度不小于80

-40×4

U形钢码

钢套筒

铝合金立柱

避雷构造
幕墙　节点示意

玻幕（一）　等压空腔　隐框　避雷　　WSB 91

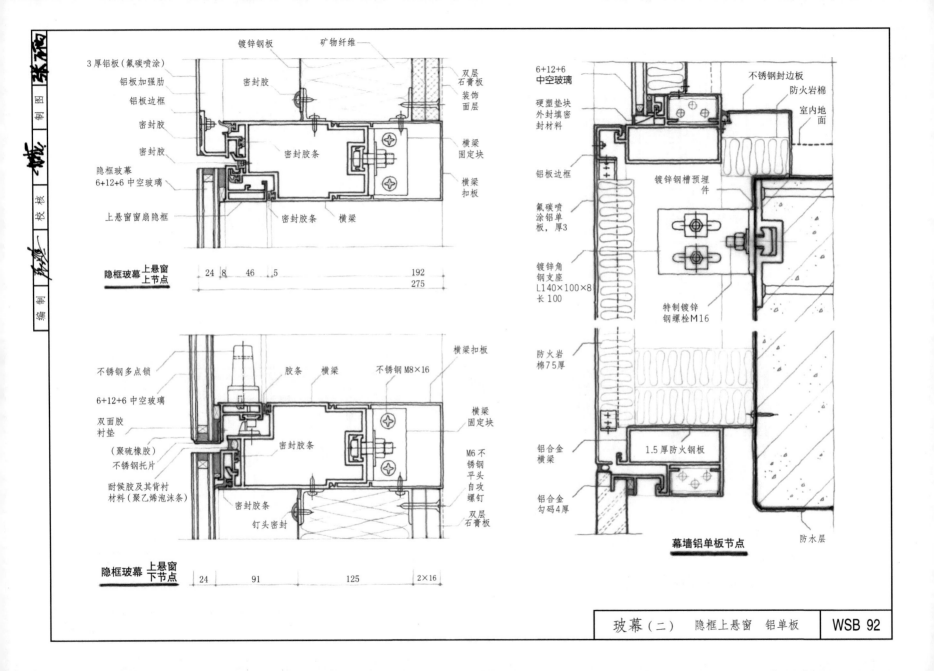

3厚铝板（氟碳喷涂）
铝板加强肋
铝板边框
密封胶
密封胶
隐框玻幕
6+12+6中空玻璃
上悬窗窗扇隐框

镀锌钢板
矿物纤维
密封胶

双层石膏板
装饰面层

横梁固定块
横梁扣板

密封胶条
密封胶条
横梁

隐框玻幕　上悬窗上节点

24 | 8 | 46 | 5 | 192
275

不锈钢多点锁
6+12+6中空玻璃
双面胶衬垫
（聚硫橡胶）
不锈钢托片
耐候胶及其背衬材料（聚乙烯泡沫条）

胶条　横梁
不锈钢M8×16
横梁扣板

密封胶条
钉头密封

横梁固定块
M6不锈钢平头自攻螺钉
双层石膏板

隐框玻幕　上悬窗下节点

24 | 91 | 125 | 2×16

6+12+6
中空玻璃

硬塑垫块
外封填密封材料
铝板边框

氟碳喷涂铝单板，厚3

镀锌角钢支座
L140×100×8
长100

特制镀锌钢螺栓M16

不锈钢封边板
防火岩棉
室内地面

镀锌钢槽预埋件

防火岩棉75厚

铝合金横梁
铝合金勾码4厚

1.5厚防火钢板

防水层

幕墙铝单板节点

玻幕（二）　隐框上悬窗　铝单板　WSB 92

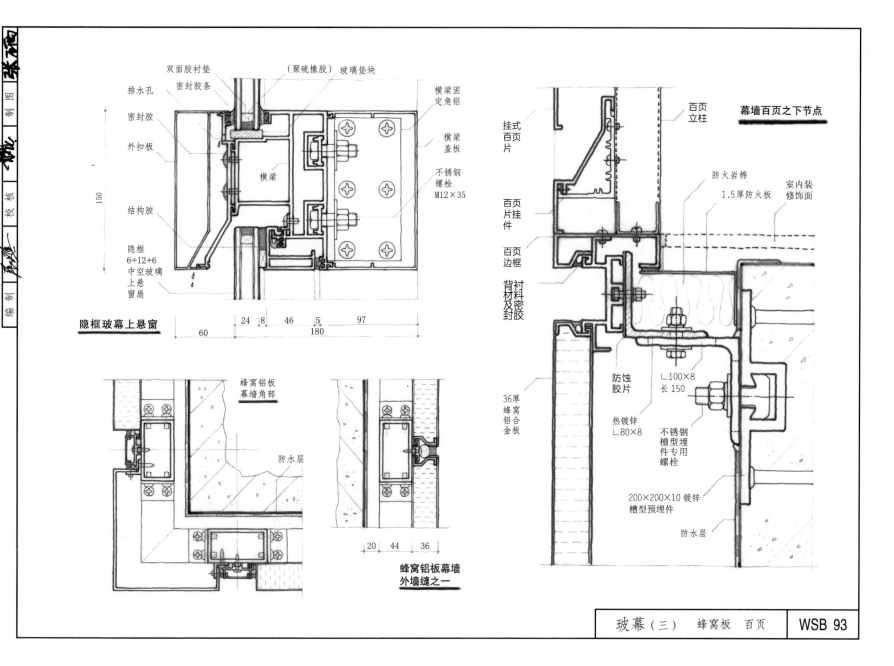

双面胶衬垫 　（聚硫橡胶）玻璃垫块
密封胶条
排水孔　　　　　　　　　　　横梁固定角铝
密封胶
外扣板　　　　　　　　　　　横梁盖板
横梁
不锈钢螺栓 M12×35
结构胶
隐框 6+12+6 中空玻璃上悬窗扇

150

隐框玻幕上悬窗

24　8　46　5　97
60　　　180

蜂窝铝板幕墙角部

防水层

蜂窝铝板幕墙角部

20　44　36
蜂窝铝板幕墙外墙缝之一

百页立柱
幕墙百页之下节点
挂式百页片
防火岩棉
1.5厚防火板　室内装修饰面
百页片挂件
百页边框
背衬材料及密封胶
防蚀胶片　∟100×8 长150
36厚蜂窝铝合金板
热镀锌 ∟80×8　不锈钢槽型埋件专用螺栓
200×200×10 镀锌槽型预埋件
防水层

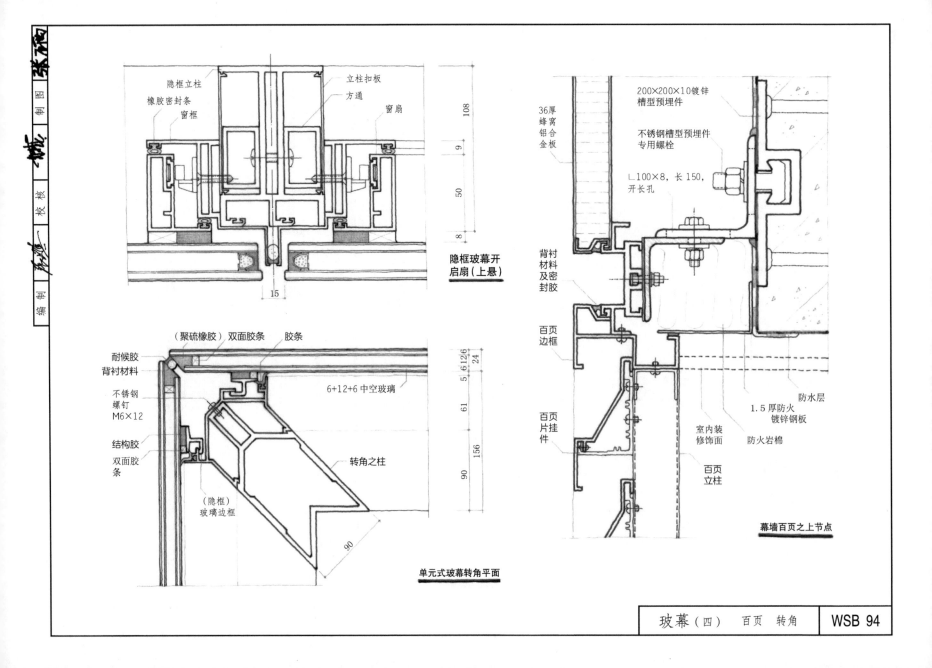

张预

张预

隐框立柱
橡胶密封条
窗框

立柱扣板
方通
窗扇

108
9
50
8
15

隐框玻幕开启扇（上悬）

（聚硫橡胶）双面胶条　胶条

耐候胶
背衬材料

不锈钢螺钉
M6×12

结构胶
双面胶条

（隐框）玻璃边框

6+12+6 中空玻璃

转角之柱

5 6 12 6
24
61
156
90
90

单元式玻幕转角平面

36厚蜂窝铝合金板

200×200×10镀锌槽型预埋件

不锈钢槽型预埋件专用螺栓

∟100×8，长150，开长孔

背衬材料及密封胶

百页边框

百页片挂件

百页立柱

室内装修饰面

防水层
1.5厚防火镀锌钢板
防火岩棉

幕墙百页之上节点

玻幕（四）　百页　转角　　WSB 94

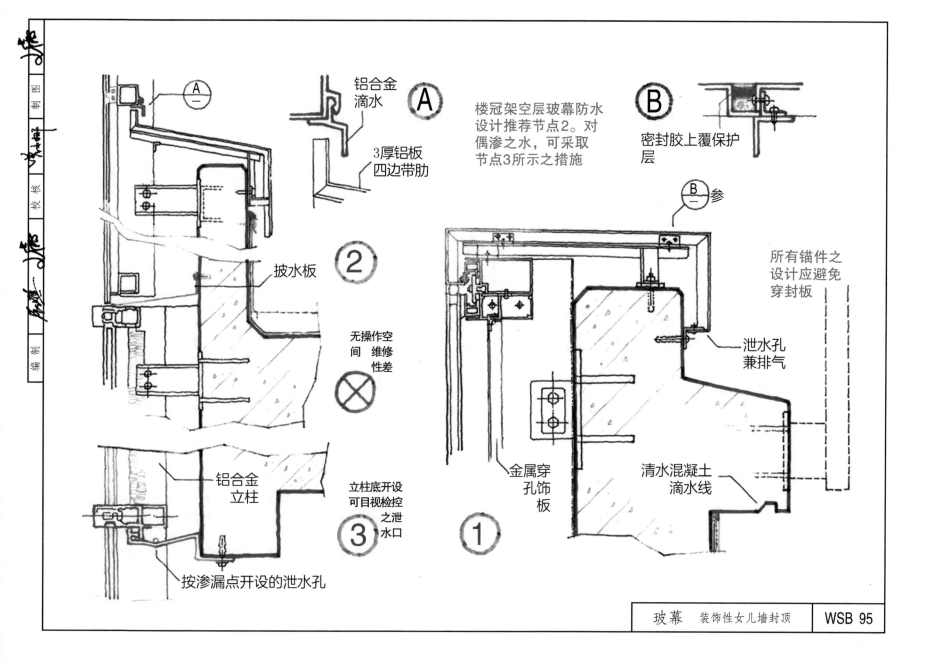

铝合金
滴水

(A)

3厚铝板
四边带肋

楼冠架空层玻幕防水
设计推荐节点2。对
偶渗之水，可采取
节点3所示之措施

(B)

密封胶上覆保护
层

(A)

(2)

披水板

(B)参

无操作空
间 维修
性差

⊗

所有锚件之
设计应避免
穿封板

铝合金
立柱

立柱底开设
可目视检控
之泄
水口

(3)

泄水孔
兼排气

(1)

按渗漏点开设的泄水孔

金属穿
孔饰板

清水混凝土
滴水线

玻幕　装饰性女儿墙封顶　　WSB 95

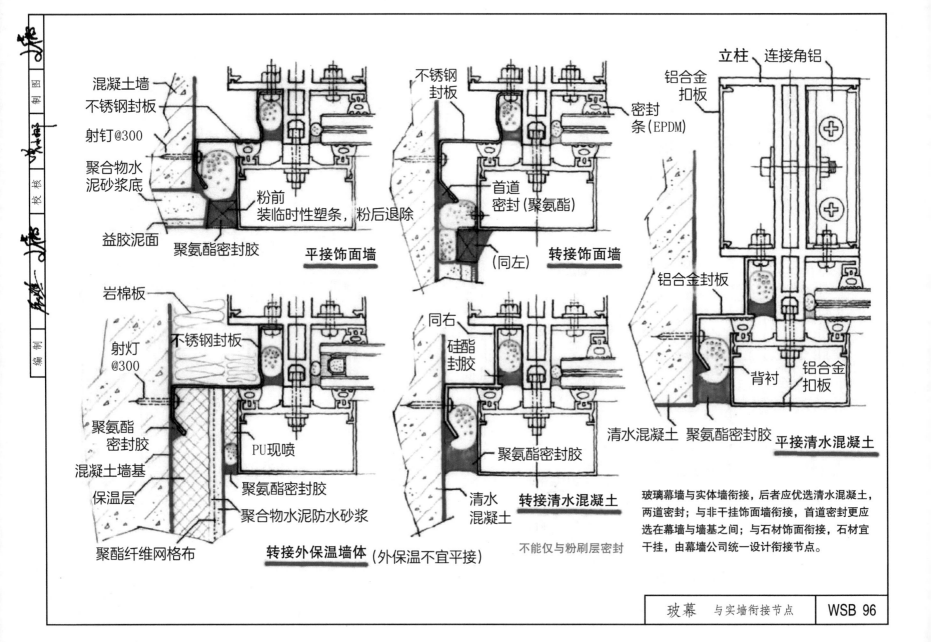

混凝土墙
不锈钢封板
射钉@300
聚合物水泥砂浆底
益胶泥面
聚氨酯密封胶
粉前装临时性塑条，粉后退除

平接饰面墙

不锈钢封板
密封条(EPDM)
首道密封(聚氨酯)
(同左)

转接饰面墙

立柱 连接角铝
铝合金扣板
铝合金封板
背衬
铝合金扣板
清水混凝土 聚氨酯密封胶

平接清水混凝土

岩棉板
不锈钢封板
射灯@300
聚氨酯密封胶
混凝土墙基
保温层
PU现喷
聚合物水泥防水砂浆
聚酯纤维网格布

转接外保温墙体(外保温不宜平接)

同右
硅酯封胶
聚氨酯密封胶
清水混凝土

转接清水混凝土

不能仅与粉刷层密封

玻璃幕墙与实体墙衔接，后者应优选清水混凝土，两道密封；与非干挂饰面墙衔接，首道密封更应选在幕墙与墙基之间；与石材饰面衔接，石材宜干挂，由幕墙公司统一设计衔接节点。

玻幕 与实墙衔接节点　　WSB 96

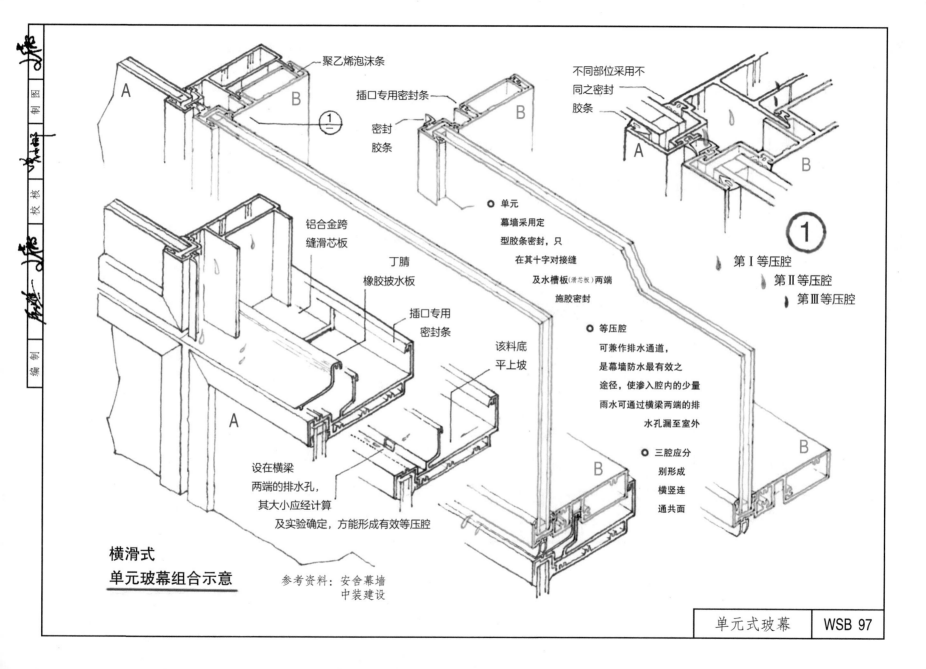

聚乙烯泡沫条

插口专用密封条

密封
胶条

不同部位采用不
同之密封
胶条

铝合金跨
缝滑芯板

丁腈
橡胶披水板

插口专用
密封条

该料底
平上坡

设在横梁
两端的排水孔,
其大小应经计算
及实验确定,方能形成有效等压腔

○ 单元
幕墙采用定
型胶条密封,只
在其十字对接缝
及水槽板(滑芯板)两端
施胶密封

○ 等压腔
可兼作排水通道,
是幕墙防水最有效之
途径,使渗入腔内的少量
雨水可通过横梁两端的排
水孔漏至室外

○ 三腔应分
别形成
横竖连
通共面

第Ⅰ等压腔
第Ⅱ等压腔
第Ⅲ等压腔

横滑式
单元玻幕组合示意

参考资料:安舍幕墙
中装建设

单元式玻幕 | WSB 97

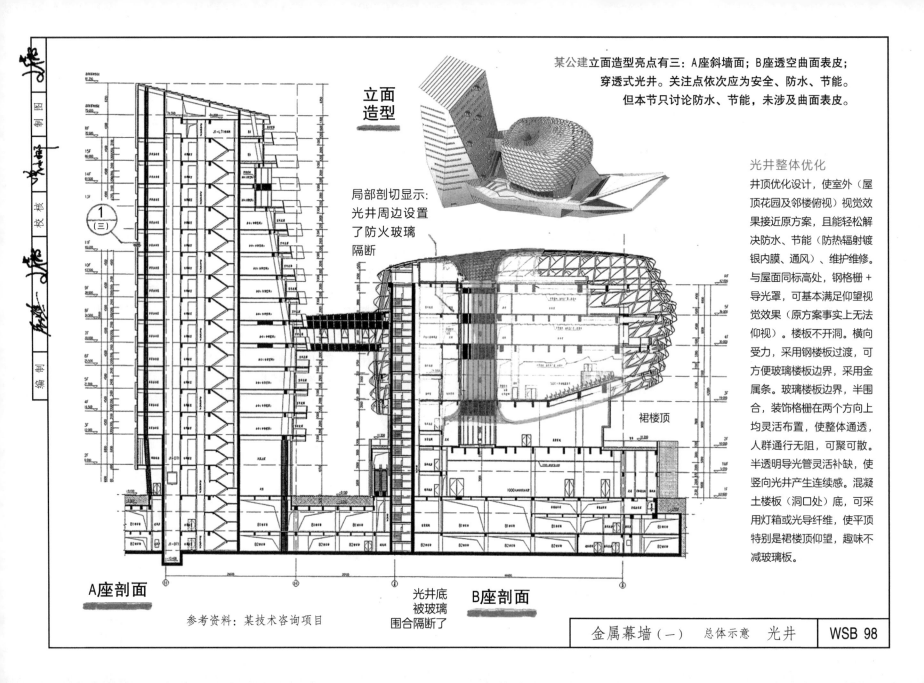

某公建立面造型亮点有三：A座斜墙面；B座透空曲面表皮；穿透式光井。关注点依次应为安全、防水、节能。但本节只讨论防水、节能，未涉及曲面表皮。

立面造型

局部剖切显示:
光井周边设置了防火玻璃隔断

光井整体优化

井顶优化设计，使室外（屋顶花园及邻楼俯视）视觉效果接近原方案，且能轻松解决防水、节能（防热辐射镀银内膜、通风）、维护维修。与屋面同标高处，钢格栅＋导光罩，可基本满足仰望视觉效果（原方案事实上无法仰视）。楼板不开洞。横向受力，采用钢楼板过渡，可方便玻璃楼板边界，采用金属条。玻璃楼板边界，半围合，装饰格栅在两个方向上均灵活布置，使整体通透，人群通行无阻，可聚可散。半透明导光管灵活补缺，使竖向光井产生连续感。混凝土楼板（洞口处）底，可采用灯箱或光导纤维，使平顶特别是裙楼顶仰望，趣味不减玻璃板。

裙楼顶

A座剖面

B座剖面

光井底被玻璃围合隔断了

参考资料：某技术咨询项目

金属幕墙（一）　总体示意　光井　| WSB 98

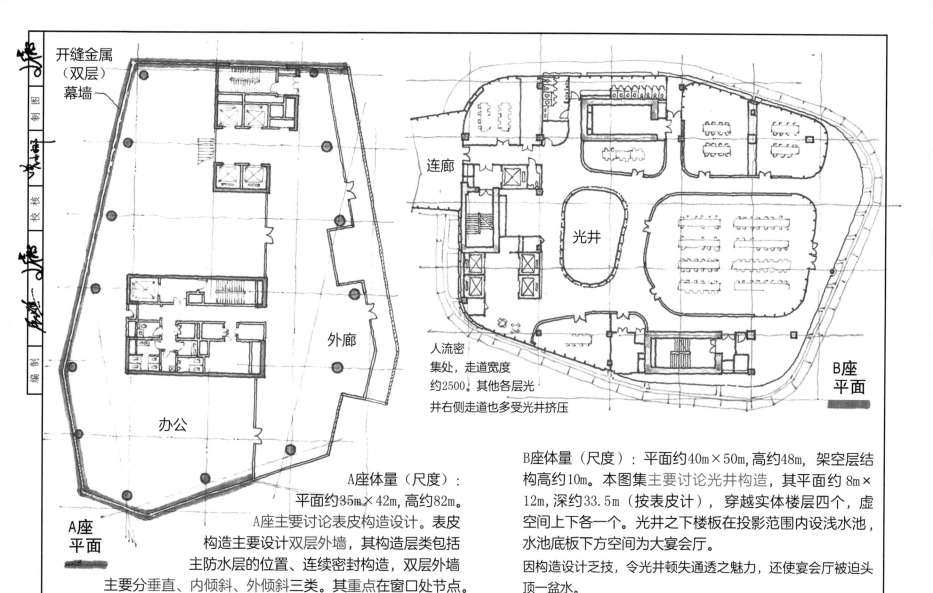

开缝金属
（双层）
幕墙

连廊

光井

外廊

办公

人流密
集处，走道宽度
约2500。其他各层光
井右侧走道也多受光井挤压

A座
平面

B座
平面

A座体量（尺度）：
平面约35m×42m，高约82m。
A座主要讨论表皮构造设计。表皮
构造主要设计双层外墙，其构造层类包括
主防水层的位置、连续密封构造，双层外墙
主要分垂直、内倾斜、外倾斜三类。其重点在窗口处节点。

B座体量（尺度）：平面约40m×50m，高约48m，架空层结
构高约10m。本图集主要讨论光井构造，其平面约8m×
12m，深约33.5m（按表皮计），穿越实体楼层四个，虚
空间上下各一个。光井之下楼板在投影范围内设浅水池，
水池底板下方空间为大宴会厅。
因构造设计乏技，令光井顿失通透之魅力，还使宴会厅被迫头
顶一盆水。

金属幕墙（二）　概述　平面　WSB 99

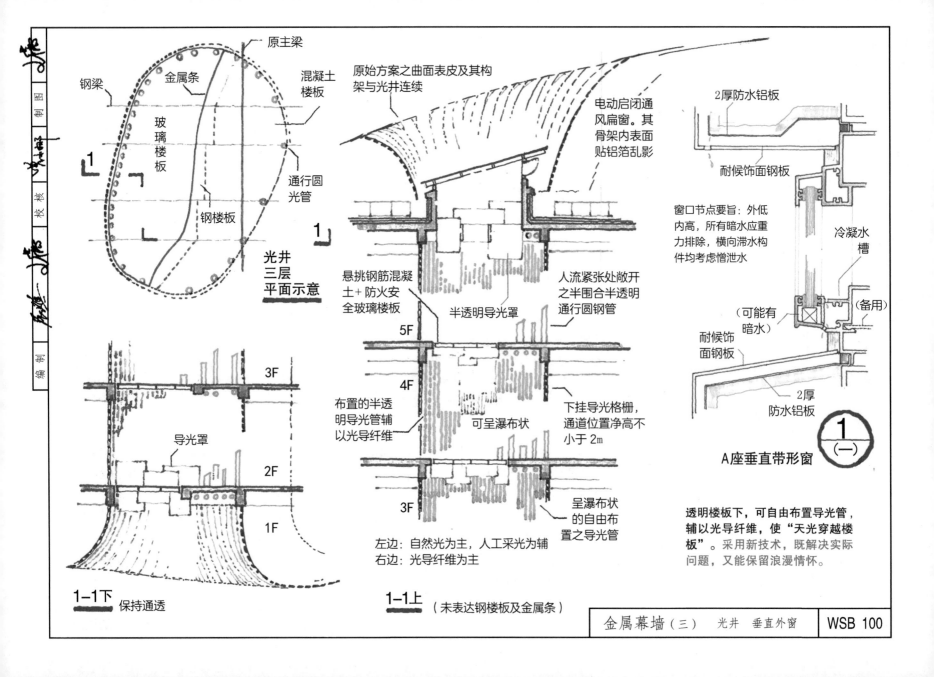

原主梁

钢梁
金属条
混凝土楼板

玻璃楼板

通行圆光管

钢楼板

**光井
三层
平面示意**

原始方案之曲面表皮及其构架与光井连续

电动启闭通风扁窗。其骨架内表面贴铝箔乱影

2厚防水铝板

耐候饰面钢板

窗口节点要旨：外低内高，所有暗水应重力排除，横向滞水构件均考虑憎泄水

冷凝水槽

（可能有暗水）

（备用）

耐候饰面钢板

2厚防水铝板

悬挑钢筋混凝土＋防火安全玻璃楼板

半透明导光罩

人流紧张处敞开之半围合半透明通行圆钢管

5F

4F

布置的半透明导光管辅以光导纤维

可呈瀑布状

下挂导光格栅，通道位置净高不小于2m

3F

呈瀑布状的自由布置之导光管

A座垂直带形窗

导光罩

3F

2F

1F

1-1下 保持通透

1-1上（未表达钢楼板及金属条）

左边：自然光为主，人工采光为辅
右边：光导纤维为主

透明楼板下，可自由布置导光管，辅以光导纤维，使"天光穿越楼板"。采用新技术，既解决实际问题，又能保留浪漫情怀。

$\frac{1}{(一)}$

| 金属幕墙（三） 光井 垂直外窗 | WSB 100 |

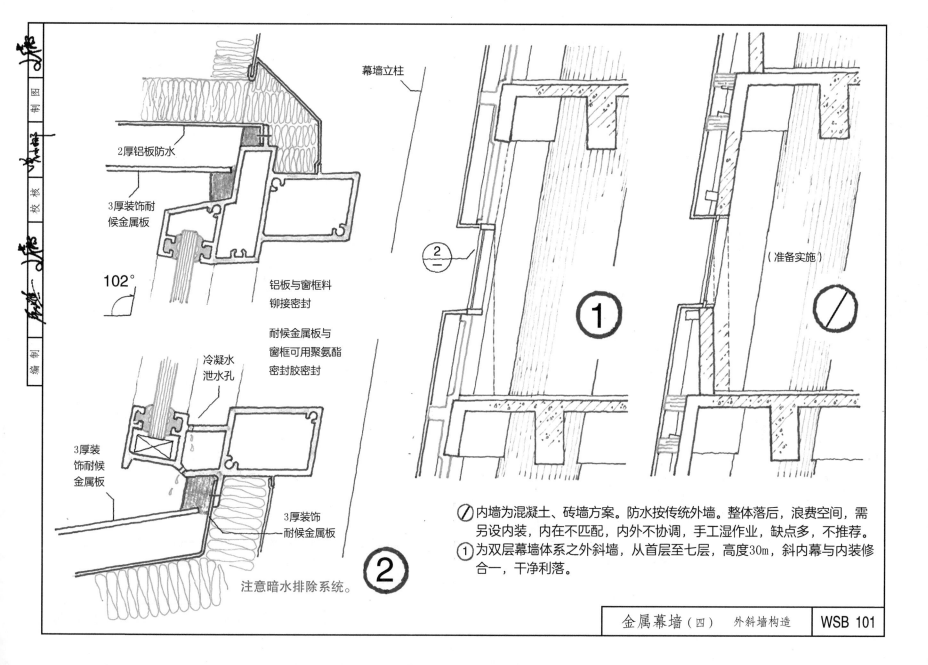

2厚铝板防水

3厚装饰耐候金属板

102°

铝板与窗框料铆接密封

耐候金属板与窗框可用聚氨酯密封胶密封

冷凝水泄水孔

3厚装饰耐候金属板

3厚装饰耐候金属板

注意暗水排除系统。

②

幕墙立柱

②/—

①

（准备实施）

⊘

⊘内墙为混凝土、砖墙方案。防水按传统外墙。整体落后，浪费空间，需另设内装，内在不匹配，内外不协调，手工湿作业，缺点多，不推荐。

①为双层幕墙体系之外斜墙，从首层至七层，高度30m，斜内幕与内装修合一，干净利落。

金属幕墙（四）　　外斜墙构造　　WSB 101

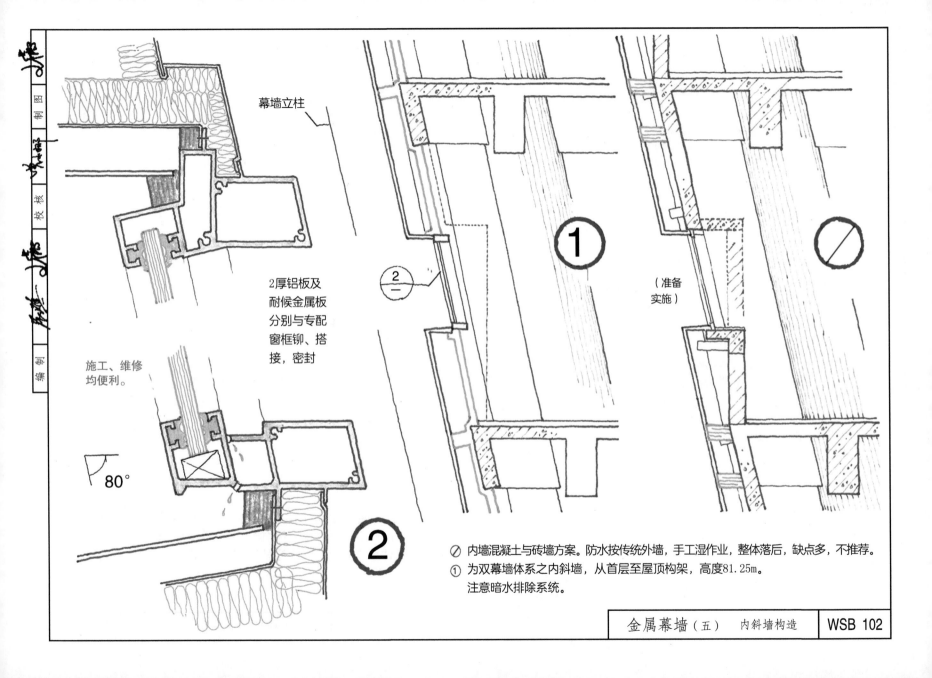

幕墙立柱

2厚铝板及
耐候金属板
分别与专配
窗框铆、搭
接，密封

施工、维修
均便利。

80°

②

（准备
实施）

①

⊘ 内墙混凝土与砖墙方案。防水按传统外墙，手工湿作业，整体落后，缺点多，不推荐。
① 为双幕墙体系之内斜墙，从首层至屋顶构架，高度81.25m。
　注意暗水排除系统。

金属幕墙（五）　内斜墙构造　WSB 102

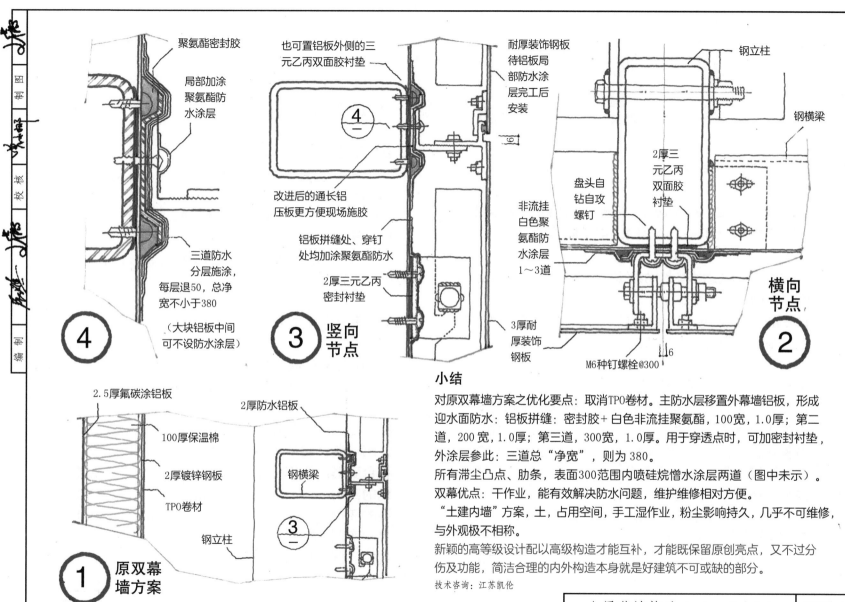

聚氨酯密封胶

局部加涂聚氨酯防水涂层

三道防水分层施涂，每层退50，总净宽不小于380

（大块铝板中间可不设防水涂层）

④

也可置铝板外侧的三元乙丙双面胶衬垫

改进后的通长铝压板更方便现场施胶

铝板拼缝处、穿钉处均加涂聚氨酯防水

2厚三元乙丙密封衬垫

③ 竖向节点

耐厚装饰钢板待铝板局部防水涂层完工后安装

钢立柱

钢横梁

2厚三元乙丙双面胶衬垫

盘头自钻自攻螺钉

非流挂白色聚氨酯防水涂层1～3道

3厚耐厚装饰钢板

M6种钉螺栓@300

② 横向节点

2.5厚氟碳涂铝板

100厚保温棉

2厚镀锌钢板

TPO卷材

钢立柱

2厚防水铝板

钢横梁

③

① 原双幕墙方案

小结

对原双幕墙方案之优化要点：取消TPO卷材。主防水层移置外幕墙铝板，形成迎水面防水：铝板拼缝：密封胶＋白色非流挂聚氨酯，100宽，1.0厚；第二道，200宽，1.0厚；第三道，300宽，1.0厚。用于穿透点时，可加密封衬垫，外涂层参此：三道总"净宽"，则为380。

所有滞尘凸点、肋条，表面300范围内喷硅烷憎水涂层两道（图中未示）。

双幕优点：干作业，能有效解决防水问题，维护维修相对方便。

"土建内墙"方案，土，占用空间，手工湿作业，粉尘影响持久，几乎不可维修，与外观极不相称。

新颖的高等级设计配以高级构造才能互补，才能既保留原创亮点，又不过分伤及功能，简洁合理的内外构造本身就是好建筑不可或缺的部分。

技术咨询：江苏凯伦

变形缝 传统构造　封压分合构造　实例

传统构造需要精准施作，才能奏效。

封压分合构造，是建立在粘锚及嵌锚技术基础上的、适应各种类型变形缝的技术，主要针对土建粗糙之顽疾而研发。其最高境界是工厂化生产、商品化供应，可室内组装，运营后可调、可修，寿命长。

嵌锚技术 2009 年通过科技鉴定时的结论是："国际先进"。现已进化到第四代，并获美国发明专利授权。

1.0 版的嵌（粘）锚构造，经十多年的应用，从南到北，有冬有夏，总计超过三十多个项目、累计达 3000 延米，成功率几达百分百。

缝的实例，采用的是三十年前的技术，
约二十年后加建拆除时，仍完好无渗漏，证明施作认真是首要的，因此收入。

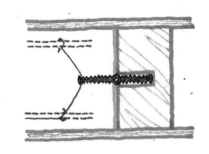

在浇筑混凝土前固定止水带的方法（Tamms Industries 提供）

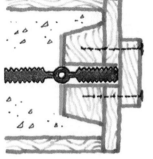

带企口
接缝的模板系统（Tamms Industries 提供）

说明：

五十年前，木模虽弱，渗漏少而小。现在，木材不缺，理应更好，故作简单介绍。各图均系美国资料。该图虽欠规范，照抄重描，未作修改，但其表达的牢靠程度，已"跃然纸上"，无须赘述。

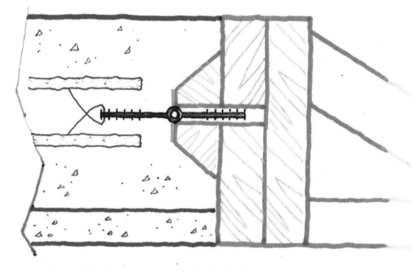

止水带中间的定心部应与接缝中心重合，以确保不变形

现场安装PVC或橡胶止水带，应使用制造商提供的专用焊接设备进行末端熔融搭接，形成整体无缝

资料来源：［美］迈克尔·T.库巴尔．建筑防水手册》（张勇译）．

先浇混凝土一侧止水带的安装（J.P.Specialties提供）

拉线位置不能超过第二肋

绿色为
本图集建议加设的 XPS 板

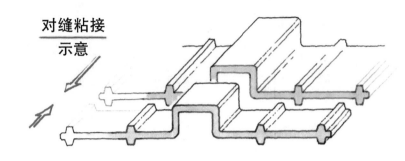

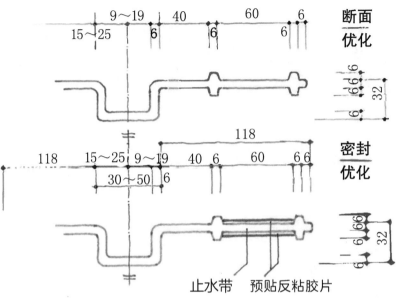

断面
优化

9～19　40　60　6

15～25　6　6　6

6 6 6
32
6

密封
优化

118

118　15～25　9～19　40　6　60　6 6

30～50　6

6 6 6 6
32
6 6

止水带　预贴反粘胶片

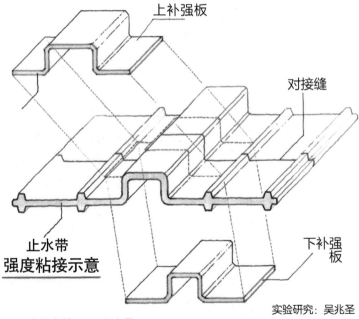

上补强板

对接缝

止水带
强度粘接示意

下补强
板

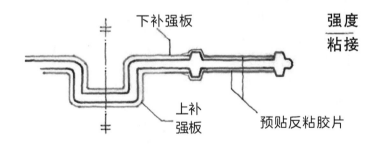

强度
粘接

下补强板

上补
强板

预贴反粘胶片

该技术基于PVC止水带。
成都赛特的橡胶止水带亦开发出类似接缝密封优化技术。

实验研究：吴兆圣

详参：止水带现场粘接新技术．中国建筑防水，2011（2）．

（变形缝）　**中置式止水带（二）**　现场对接　**WSB 106**

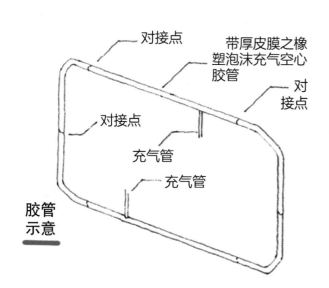

对接点

带厚皮膜之橡塑泡沫充气空心胶管

对接点

对接点

充气管

充气管

胶管示意

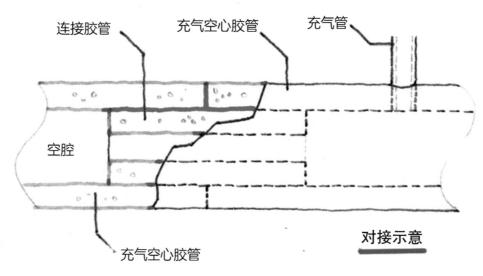

连接胶管　　　充气空心胶管　　　充气管

空腔

充气空心胶管

对接示意

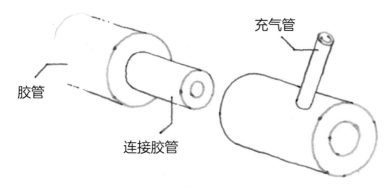

充气管

胶管

连接胶管

充气空心胶管的基本介绍，可参阅：地下室变形缝堵漏新技术．中国建筑防水，2010（21）．

充气胶管特别适合因施工粗劣形成的不规则变形缝。当缝宽窄不一时，建议缝两侧先施胶，胶管推挤入缝，使胶堆积于管下两侧。遂略充气，令胶管自动调整就位后，再充气，使其各部形成等压挤密状态后，封堵充气管，管上两侧再补胶。必要时，在胶管内实施"进口化液注浆"（详本节有关部分），形成黏弹性密封体。

资料来源：吴兆圣

（变形缝）　**充气胶管现场密封对接示意**

WSB 107

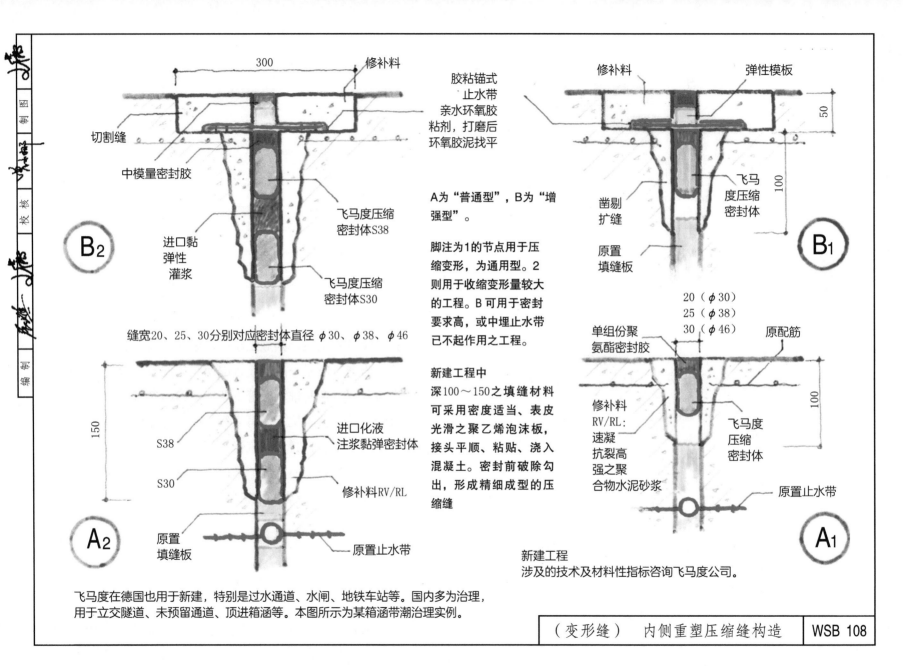

300　　修补料

切割缝

中模量密封胶

进口黏弹性灌浆

飞马度压缩密封体S38

飞马度压缩密封体S30

缝宽20、25、30分别对应密封体直径 φ30、φ38、φ46

150

S38

S30

进口化液注浆黏弹密封体

修补料RV/RL

原置填缝板

原置止水带

飞马度在德国也用于新建，特别是过水通道、水闸、地铁车站等。国内多为治理，用于立交隧道、未预留通道、顶进箱涵等。本图所示为某箱涵带潮治理实例。

胶粘锚式止水带亲水环氧胶粘剂，打磨后环氧胶泥找平

A为"普通型"，B为"增强型"。

脚注为1的节点用于压缩变形，为通用型。2则用于收缩变形量较大的工程。B可用于密封要求高，或中埋止水带已不起作用之工程。

新建工程中深100～150之填缝材料可采用密度适当、表皮光滑之聚乙烯泡沫板，接头平顺、粘贴、浇入混凝土。密封前破除勾出，形成精细成型的压缩缝

新建工程涉及的技术及材料性指标咨询飞马度公司。

修补料　　弹性模板

50

凿剔扩缝

飞马度压缩密封体

原置填缝板

100

20（φ30）
25（φ38）
30（φ46）

原配筋

单组份聚氨酯密封胶

修补料RV/RL：速凝抗裂高强之聚合物水泥砂浆

飞马度压缩密封体

原置止水带

100

（变形缝）　内侧重塑压缩缝构造

WSB 108

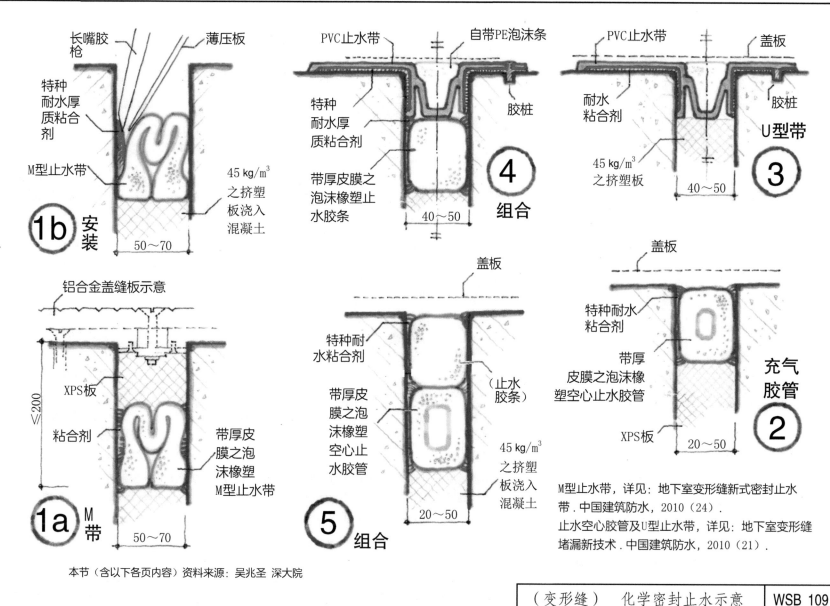

长嘴胶枪　薄压板

特种耐水厚质粘合剂

M型止水带

45 kg/m³ 之挤塑板浇入混凝土

50～70

①b 安装

PVC止水带　　自带PE泡沫条

特种耐水厚质粘合剂

带厚皮膜之泡沫橡塑止水胶条

胶桩

40～50

④ 组合

PVC止水带　　盖板

耐水粘合剂

胶桩

U型带

45 kg/m³ 之挤塑板

40～50

③

铝合金盖缝板示意

XPS板

≤200

粘合剂

带厚皮膜之泡沫橡塑M型止水带

50～70

①a M带

盖板

特种耐水粘合剂

带厚皮膜之泡沫橡塑空心止水胶管

（止水胶条）

45 kg/m³ 之挤塑板浇入混凝土

20～50

⑤ 组合

盖板

特种耐水粘合剂

带厚皮膜之泡沫橡塑空心止水胶管

XPS板

20～50

充气胶管

②

M型止水带，详见：地下室变形缝新式密封止水带. 中国建筑防水，2010（24）.
止水空心胶管及U型止水带，详见：地下室变形缝堵漏新技术. 中国建筑防水，2010（21）.

本节（含以下各页内容）资料来源：吴兆圣 深大院

（变形缝）化学密封止水示意　　WSB 109

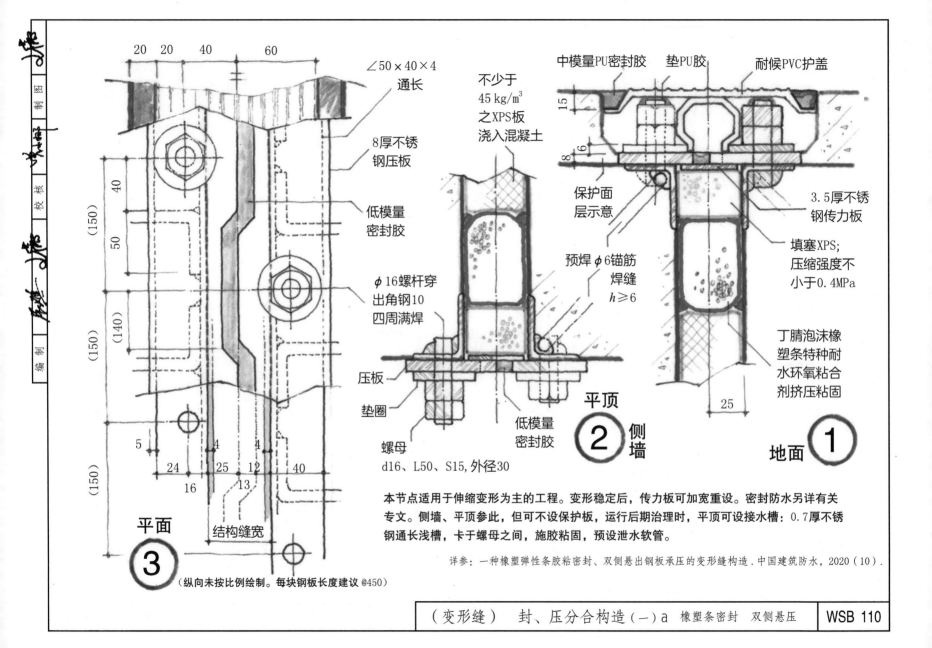

20　20　40　60

∠50×40×4
通长

8厚不锈
钢压板

低模量
密封胶

φ16螺杆穿
出角钢10
四周满焊

40

(150)

50

(140)

(150)

(150)

5　4　4

24　25　12　40

16　13

结构缝宽

平面

③

(纵向未按比例绘制。每块钢板长度建议@450)

不少于
45 kg/m³
之XPS板
浇入混凝土

保护面
层示意

预焊φ6锚筋
焊缝
h≥6

压板

垫圈

低模量
密封胶

螺母
d16、L50、S15, 外径30

平顶

② 侧墙

中模量PU密封胶　垫PU胶　耐候PVC护盖

15

8　6

3.5厚不锈
钢传力板

填塞XPS;
压缩强度不
小于0.4MPa

丁腈泡沫橡
塑条特种耐
水环氧粘合
剂挤压粘固

25

地面 **①**

本节点适用于伸缩变形为主的工程。变形稳定后，传力板可加宽重设。密封防水另详有关专文。侧墙、平顶参此，但可不设保护板，运行后期治理时，平顶可设接水槽：0.7厚不锈钢通长浅槽，卡于螺母之间，施胶粘固，预设泄水软管。

详参：一种橡塑弹性条胶粘密封、双侧悬出钢板承压的变形缝构造.中国建筑防水，2020（10）.

（变形缝）　封、压分合构造（一）a　橡塑条密封　双侧悬压　　WSB 110

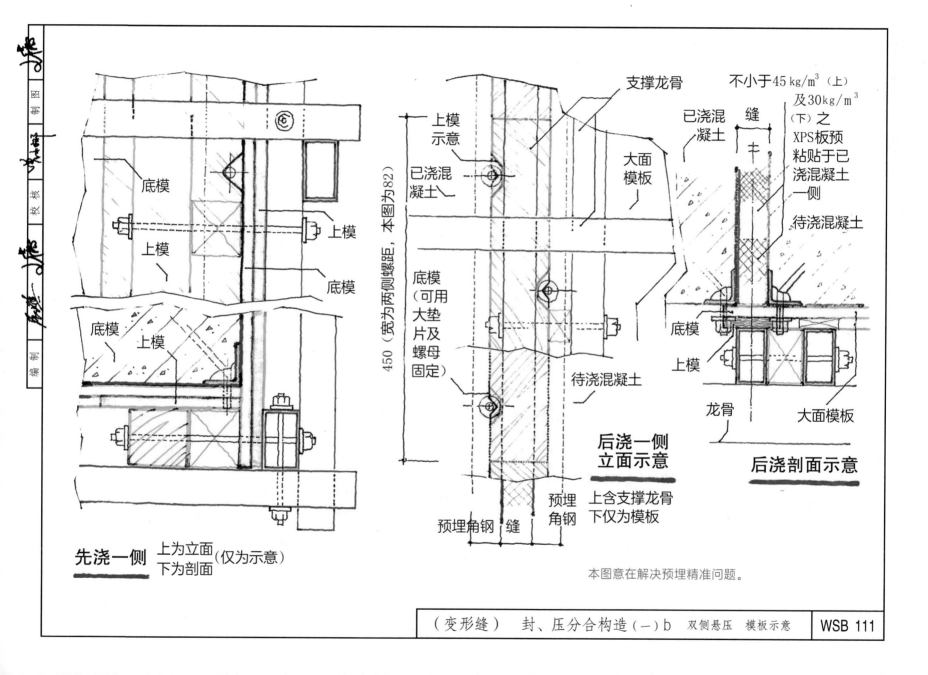

不小于45 kg/m³（上）
及30 kg/m³（下）之XPS板预粘贴于已浇混凝土一侧

支撑龙骨

已浇混凝土

大面模板

待浇混凝土

底模

上模

龙骨

大面模板

后浇剖面示意

上模示意

已浇混凝土

底模（可用大垫片及螺母固定）

待浇混凝土

450（宽为两侧螺距，本图为82）

后浇一侧立面示意

上含支撑龙骨下仅为模板

预埋角钢　缝　预埋角钢

底模

上模

底模

上模

底模

上模

先浇一侧 上为立面（仅为示意）下为剖面

本图意在解决预埋精准问题。

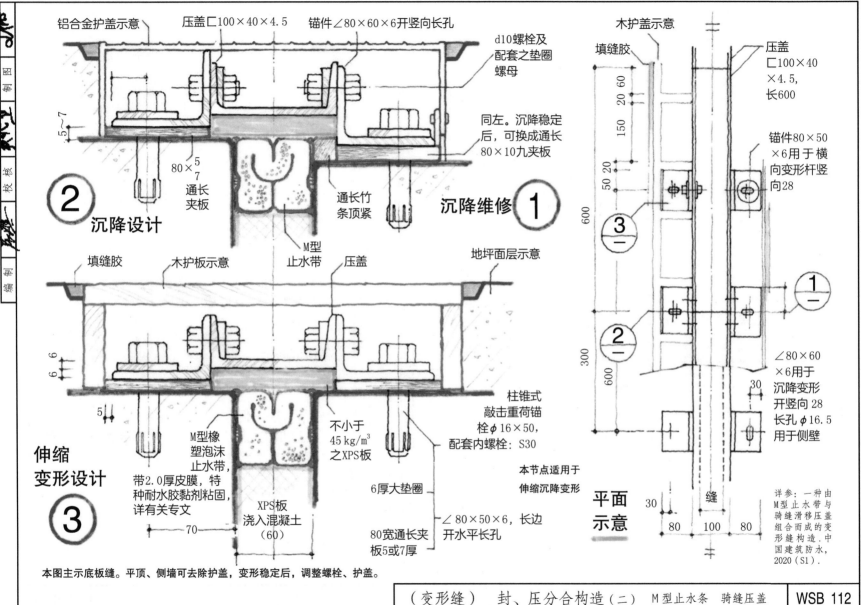

铝合金护盖示意　　压盖匚100×40×4.5　　锚件∠80×60×6开竖向长孔

d10螺栓及配套之垫圈螺母

5~7

80×5/7 通长夹板

② 沉降设计

通长竹条顶紧

同左。沉降稳定后，可换成通长80×10九夹板

沉降维修 ①

M型止水带

填缝胶　　木护板示意　　M型止水带　　压盖　　地坪面层示意

6 6

5

伸缩变形设计 ③

M型橡塑泡沫止水带
带2.0厚皮膜，特种耐水胶黏剂粘固，详有关专文

XPS板浇入混凝土（60）

6厚大垫圈

80宽通长夹板5或7厚

柱锥式敲击重荷锚栓φ16×50，配套内螺栓：S30

不小于45 kg/m³之XPS板

∠80×50×6，长边开水平长孔

本节点适用于伸缩沉降变形

70

本图主示底板缝。平顶、侧墙可去除护盖，变形稳定后，调整螺栓、护盖。

木护盖示意

填缝胶

压盖匚100×40×4.5，长600

20 60 20 150 50 20 600 300 600

锚件80×50×6用于横向变形杆竖向28

③—

①—

②—

∠80×60×6用于沉降变形开竖向28长孔φ16.5用于侧壁

平面示意

30 缝 30 80 100 80

详参：一种由M型止水带与骑缝滑移压盖组合而成的变形缝构造．中国建筑防水，2020（S1）．

（变形缝）　封、压分合构造（二）　M型止水条　骑缝压盖　　　WSB 112

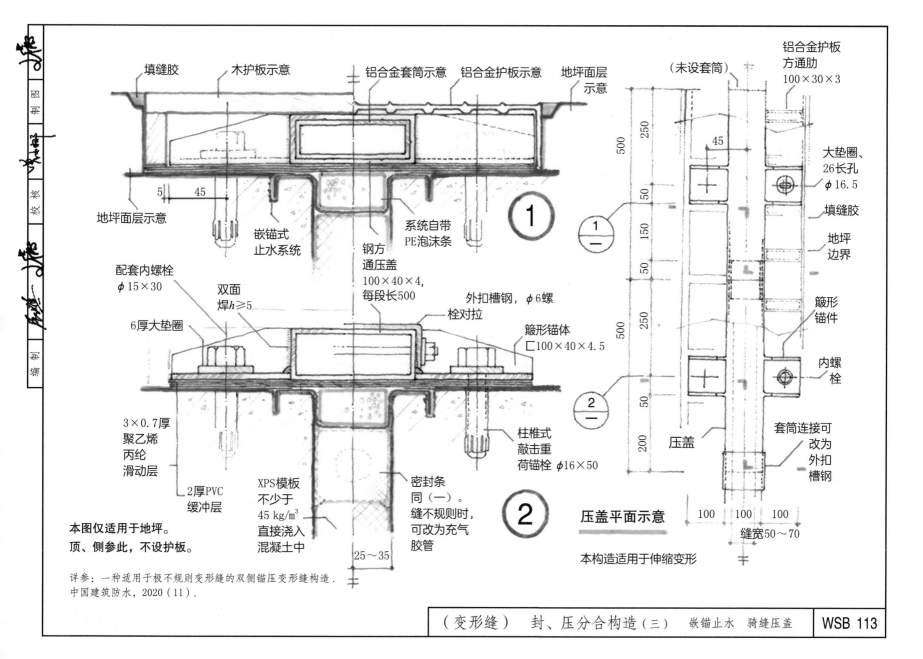

填缝胶
木护板示意
铝合金套筒示意
铝合金护板示意
地坪面层示意

地坪面层示意
嵌锚式止水系统
钢方通压盖
$100 \times 40 \times 4$,
每段长500
系统自带
PE泡沫条

铝合金护板
方通肋
$100 \times 30 \times 3$

（未设套筒）

500
250
45
50
150
50
250
500
200

① / 一

② / 一

压盖

大垫圈、
26长孔
$\phi 16.5$

填缝胶

地坪边界

箍形锚件

内螺栓

套筒连接可改为外扣槽钢

压盖平面示意

本构造适用于伸缩变形

① （圈）

配套内螺栓
$\phi 15 \times 30$

双面焊$h \geqslant 5$

6厚大垫圈

外扣槽钢，$\phi 6$螺栓对拉

箍形锚体
$\square 100 \times 40 \times 4.5$

3×0.7厚
聚乙烯
丙纶
滑动层

2厚PVC
缓冲层

XPS模板
不少于
$45 \ kg/m^3$
直接浇入
混凝土中

柱椎式
敲击重
荷锚栓$\phi 16 \times 50$

密封条
同（一）。
缝不规则时，
可改为充气
胶管

$25 \sim 35$

② （圈）

本图仅适用于地坪。
顶、侧参此，不设护板。

详参：一种适用于极不规则变形缝的双侧锚压变形缝构造.
中国建筑防水，2020（11）.

5
45

100
100
100

缝宽$50 \sim 70$

（变形缝） 封、压分合构造（三）　嵌锚止水　骑缝压盖　WSB 113

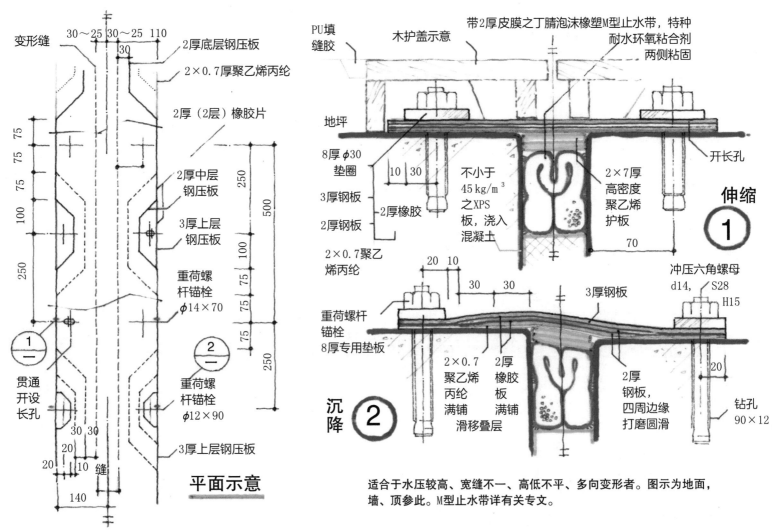

平面示意

PU填缝胶

木护盖示意

带2厚皮膜之丁腈泡沫橡塑M型止水带，特种耐水环氧粘合剂两侧粘固

地坪

8厚 ϕ30 垫圈

3厚钢板

2厚钢板

2×0.7聚乙烯丙纶

2厚橡胶

不小于 45 kg/m³ 之XPS板，浇入混凝土

开长孔

2×7厚高密度聚乙烯护板

伸缩 ①

重荷螺杆锚栓 8厚专用垫板

冲压六角螺母 d14, S28 H15

3厚钢板

沉降 ②

2×0.7聚乙烯丙纶满铺滑移叠层

2厚橡胶板满铺

2厚钢板，四周边缘打磨圆滑

钻孔 90×12

适合于水压较高、宽缝不一、高低不平、多向变形者。图示为地面，墙、顶参此。M型止水带详有关专文。

变形缝

2厚底层钢压板

2×0.7厚聚乙烯丙纶

2厚（2层）橡胶片

2厚中层钢压板

3厚上层钢压板

重荷螺杆锚栓 ϕ14×70

贯通开设长孔

重荷螺杆锚栓 ϕ12×90

3厚上层钢压板

缝

本节所有锚栓可咨询"慧鱼"（江苏太仓）

详参：一种适用多向变形的粘锚分离组合的层压滑动橡胶钢板变形缝构造.中国建筑防水，2020（S2）.

（变形缝）　**封、压分合构造**（四）　M型止水条　滑移叠层压板

WSB 114

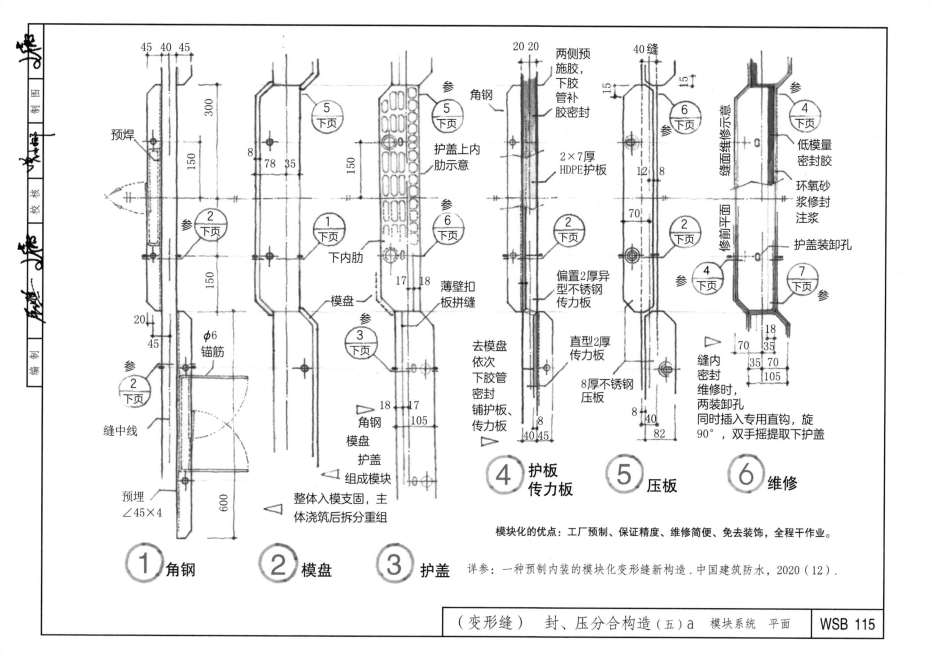

两侧预施胶，下胶管补胶密封

角钢

2×7厚HDPE护板

护盖上内肋示意

下内肋

模盘

薄壁扣板拼缝

预焊

$\phi 6$锚筋

缝中线

预埋 $\angle 45\times 4$

偏置2厚异型不锈钢传力板

直型2厚传力板

8厚不锈钢压板

去模盘依次下胶管密封铺护板、传力板

角钢模盘护盖组成模块

整体入模支固，主体浇筑后拆分重组

缝面维修示意

修前平面

护盖装卸孔

低模量密封胶

环氧砂浆修封注浆

缝内密封维修时，两装卸孔同时插入专用直钩，旋90°，双手摇提取下护盖

① 角钢

② 模盘

③ 护盖

④ 护板 传力板

⑤ 压板

⑥ 维修

模块化的优点：工厂预制、保证精度、维修简便、免去装饰，全程干作业。

详参：一种预制内装的模块化变形缝新构造．中国建筑防水，2020（12）.

（变形缝）封、压分合构造（五）a 模块系统 平面

WSB 115

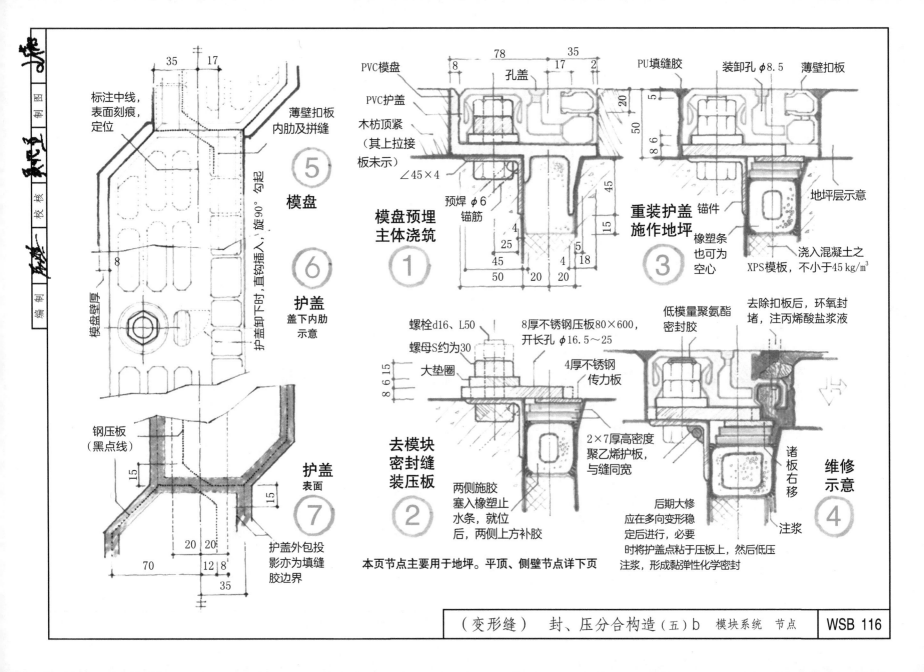

标注中线，
表面刻痕，
定位

薄壁扣板
内肋及拼缝

⑤
模盘

护盖卸下时，直钩插入，旋90°勾起

模盘壁厚

⑥
护盖
盖下内肋
示意

钢压板
（黑点线）

15

15

⑦
护盖
表面

护盖外包投
影亦为填缝
胶边界

70   12 8
35

PVC模盘
PVC护盖
木枋顶紧
（其上拉接
板未示）

∠45×4

预焊 φ6
锚筋

孔盖

**模盘预埋
主体浇筑**
①

78   35
8   17   2

20

50
8 6

5

45

15

4
25
5
45   4 18
50   20   20

PU填缝胶

装卸孔 φ8.5

薄壁扣板

5

20
8 6

锚件

地坪层示意

橡塑条
也可为
空心

浇入混凝土之
XPS模板，不小于45 kg/m³

**重装护盖
施作地坪**
③

螺栓d16、L50
螺母S约为30
大垫圈

8 6 15

8厚不锈钢压板80×600，
开长孔 φ16.5～25

4厚不锈钢
传力板

2×7厚高密度
聚乙烯护板，
与缝同宽

**去模块
密封缝
装压板**
②

两侧施胶
塞入橡塑止
水条，就位
后，两侧上方补胶

去除扣板后，环氧封
堵，注丙烯酸盐浆液

低模量聚氨酯
密封胶

诸板右移

注浆

后期大修
应在多向变形稳
定后进行，必要
时将护盖点粘于压板上，然后低压
注浆，形成黏弹性化学密封

**维修
示意**
④

本页节点主要用于地坪。平顶、侧壁节点详下页

（变形缝）封、压分合构造（五）b　模块系统　节点　WSB 116

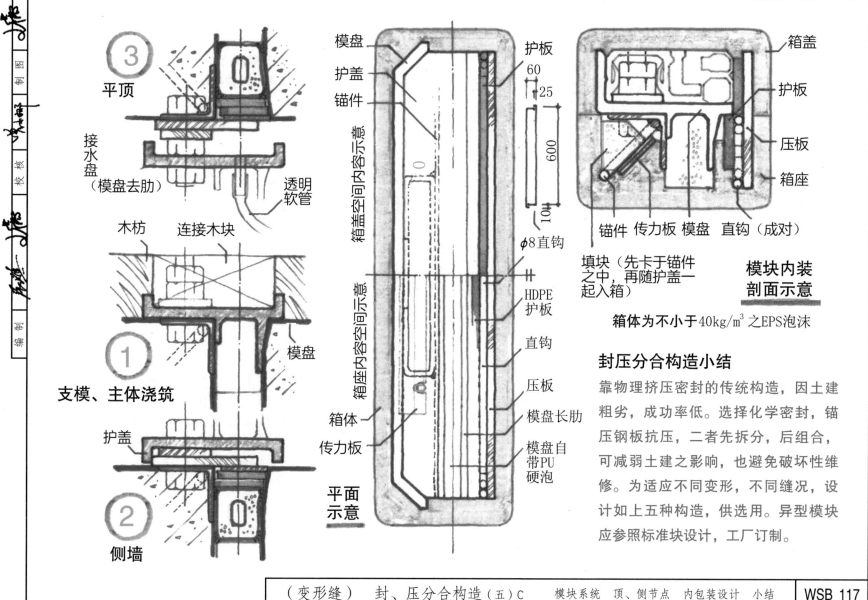

③ 平顶

接水盘
（模盘去肋）

透明软管

木枋　连接木块

① 支模、主体浇筑

模盘

护盖

② 侧墙

模盘
护盖
锚件

箱盖空间内容示意

60
25
600
10

箱盖内容空间示意

箱座内容空间示意

φ8直钩

HDPE
护板

直钩

压板

模盘长肋

箱体

传力板

模盘自
带PU
硬泡

平面
示意

护板

箱盖

护板

压板

箱座

锚件　传力板　模盘　直钩（成对）

填块（先卡于锚件
之中，再随护盖一
起入箱）

**模块内装
剖面示意**

箱体为不小于$40kg/m^3$之EPS泡沫

封压分合构造小结

靠物理挤压密封的传统构造，因土建粗劣，成功率低。选择化学密封，锚压钢板抗压，二者先拆分，后组合，可减弱土建之影响，也避免破坏性维修。为适应不同变形，不同缝况，设计如上五种构造，供选用。异型模块应参照标准块设计，工厂订制。

（变形缝）封、压分合构造（五）C　　模块系统　顶、侧节点　内包装设计　小结

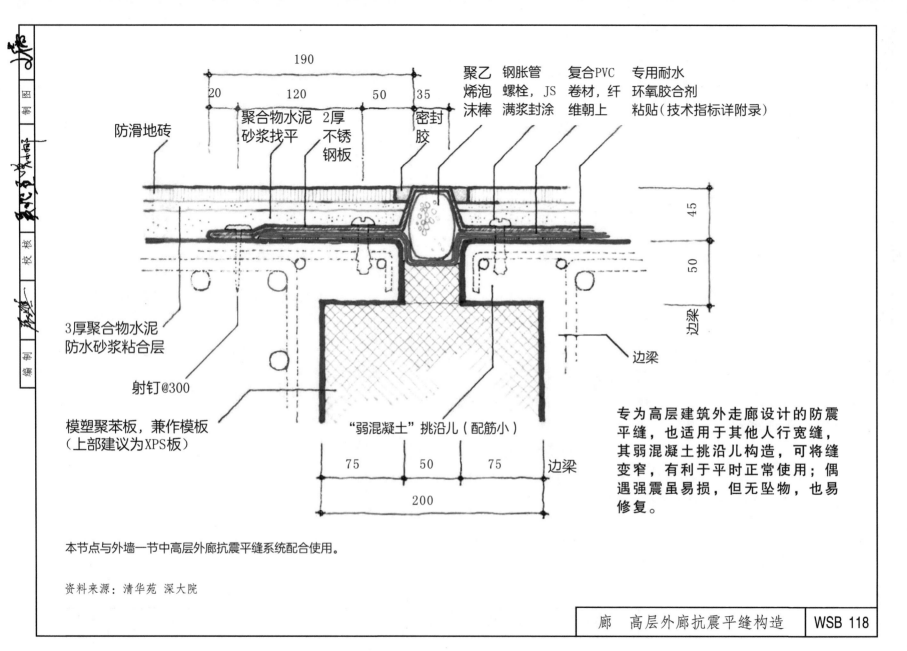

防滑地砖

聚合物水泥
砂浆找平

2厚
不锈
钢板

密封
胶

聚乙
烯泡
沫棒

钢胀管
螺栓，JS
满浆封涂

复合PVC
卷材，纤
维朝上

专用耐水
环氧胶合剂
粘贴（技术指标详附录）

190

20   120   50   35

45

50

边梁

3厚聚合物水泥
防水砂浆粘合层

射钉@300

模塑聚苯板，兼作模板
（上部建议为XPS板）

"弱混凝土"挑沿儿（配筋小）

75   50   75   边梁

200

边梁

专为高层建筑外走廊设计的防震
平缝，也适用于其他人行宽缝，
其弱混凝土挑沿儿构造，可将缝
变窄，有利于平时正常使用；偶
遇强震虽易损，但无坠物，也易
修复。

本节点与外墙一节中高层外廊抗震平缝系统配合使用。

资料来源：清华苑 深大院

廊　高层外廊抗震平缝构造

WSB 118

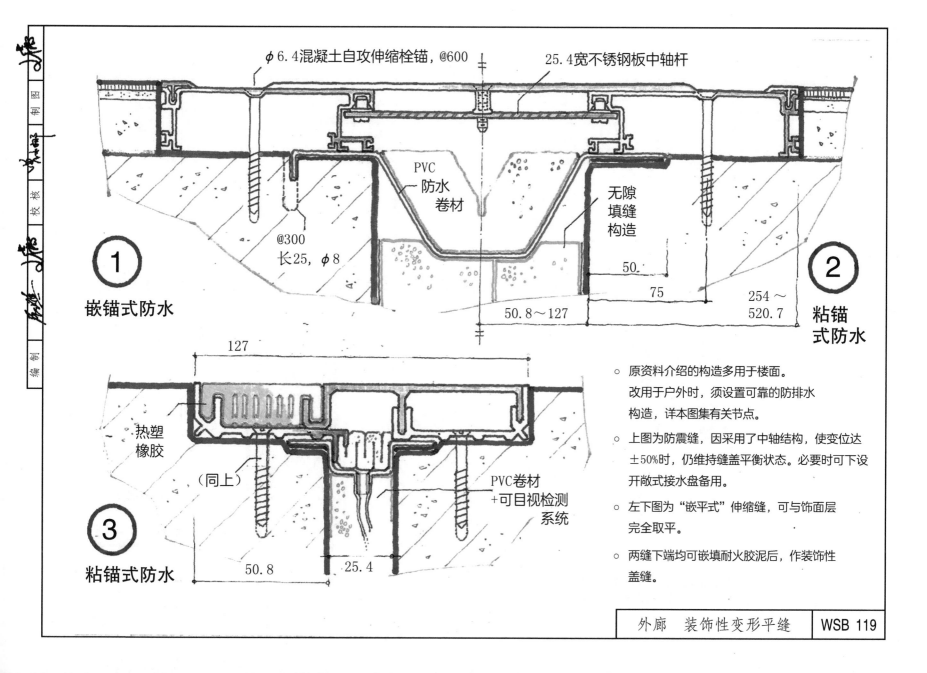

φ6.4混凝土自攻伸缩栓锚，@600　　　　　　25.4宽不锈钢板中轴杆

PVC
防水
卷材

无隙
填缝
构造

@300
长25，φ8

① 嵌锚式防水

② 粘锚式防水

50.

75

50.8～127

254～
520.7

127

热塑
橡胶

（同上）

③ 粘锚式防水

PVC卷材
+可目视检测
系统

50.8　　　25.4

○ 原资料介绍的构造多用于楼面。
　改用于户外时，须设置可靠的防排水
　构造，详本图集有关节点。

○ 上图为防震缝，因采用了中轴结构，使变位达
　±50%时，仍维持缝盖平衡状态。必要时可下设
　开敞式接水盘备用。

○ 左下图为"嵌平式"伸缩缝，可与饰面层
　完全取平。

○ 两缝下端均可嵌填耐火胶泥后，作装饰性
　盖缝。

外廊　装饰性变形平缝　　WSB 119

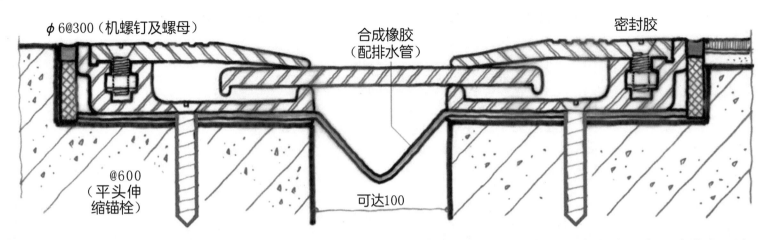

φ6@300（机螺钉及螺母）　　　合成橡胶（配排水管）　　　密封胶

@600（平头伸缩锚栓）

可达100

该室内平缝适用于地震频发之地区。若用于半室外，应设计排水系统

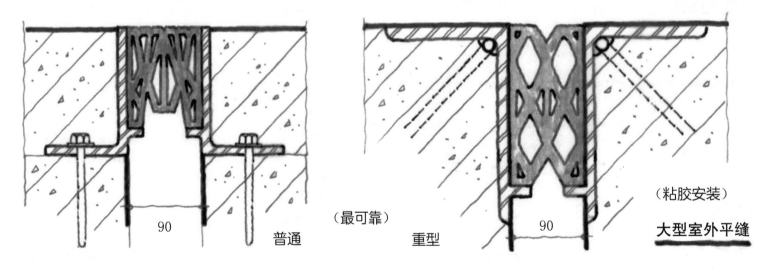

90　普通　（最可靠）　重型　90　（粘胶安装）

大型室外平缝

本图所示，适用于变形大且活动频繁之室外平台，如半室外停车场、人行桥台等。材质：热塑三元乙丙橡胶

平台变形缝实例　　WSB 120

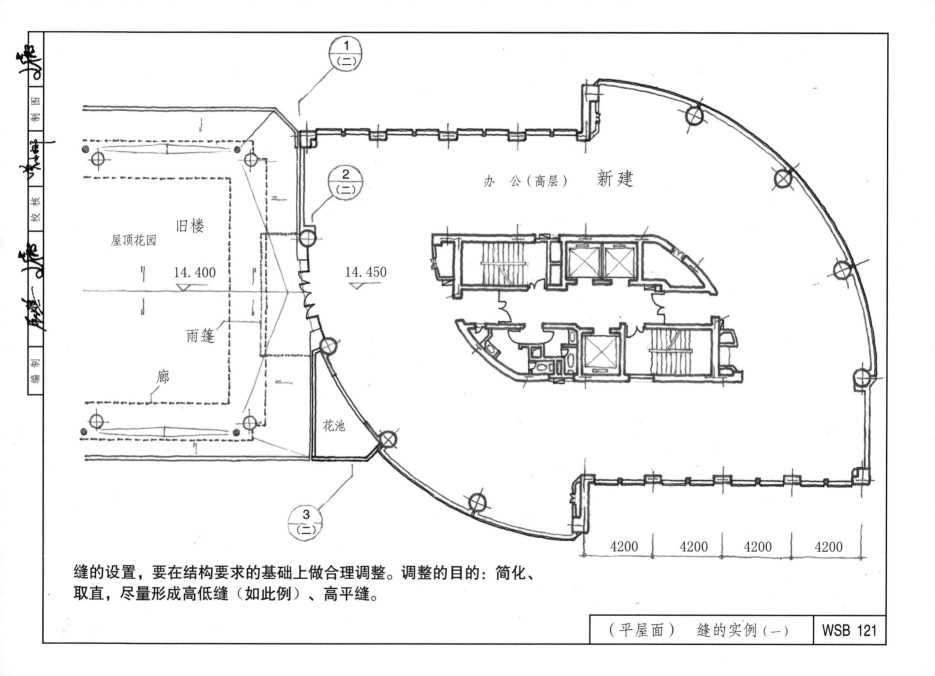

①
(二)

②
(二)

③
(二)

办 公（高层）　新建

旧楼

屋顶花园

14.400

雨篷

廊

14.450

花池

4200　4200　4200　4200

缝的设置，要在结构要求的基础上做合理调整。调整的目的：简化、取直，尽量形成高低缝（如此例）、高平缝。

（平屋面）　缝的实例（一）　WSB 121

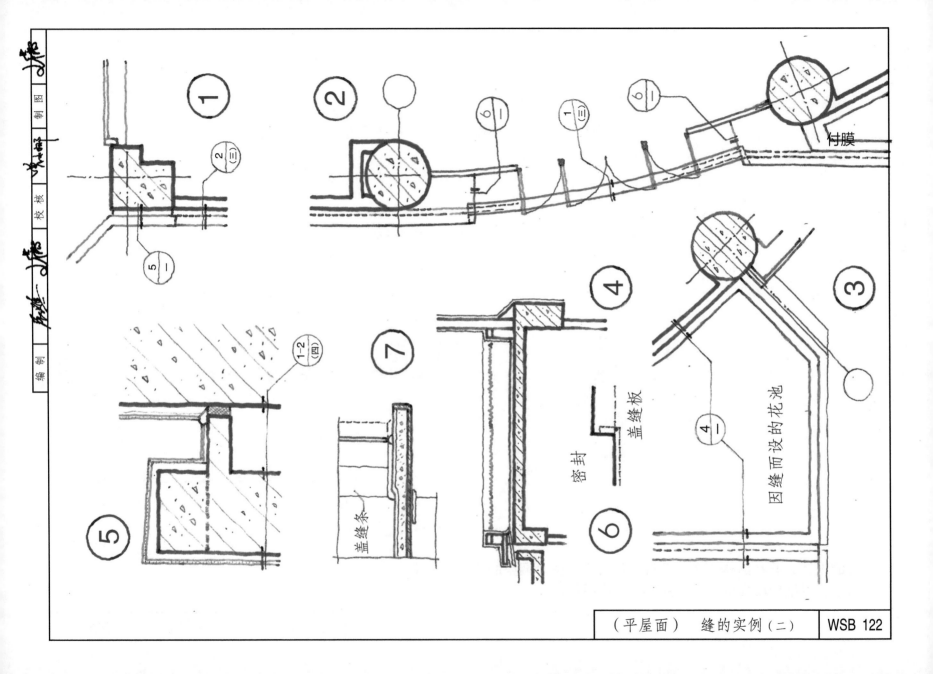

付膜

密封

盖缝板

盖缝条

因缝而设的花池

（平屋面） 缝的实例（二）　WSB 122

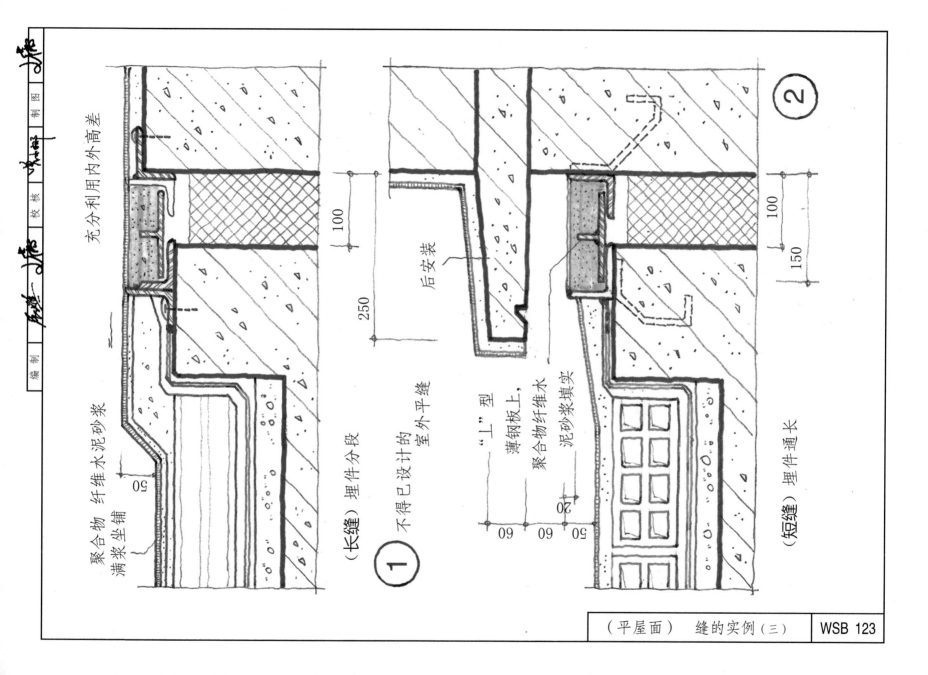

充分利用内外高差

聚合物 纤维 水泥 砂浆
满浆坐铺

50

（长缝） 埋件分段

① 不得已设计的室外平缝

后安装

“L”型
薄钢板上，
聚合物纤维水
泥砂浆填实

20

60　60　50

（短缝） 埋件通长

100

250

100

150

②

（平屋面）　缝的实例（三）　　WSB 123

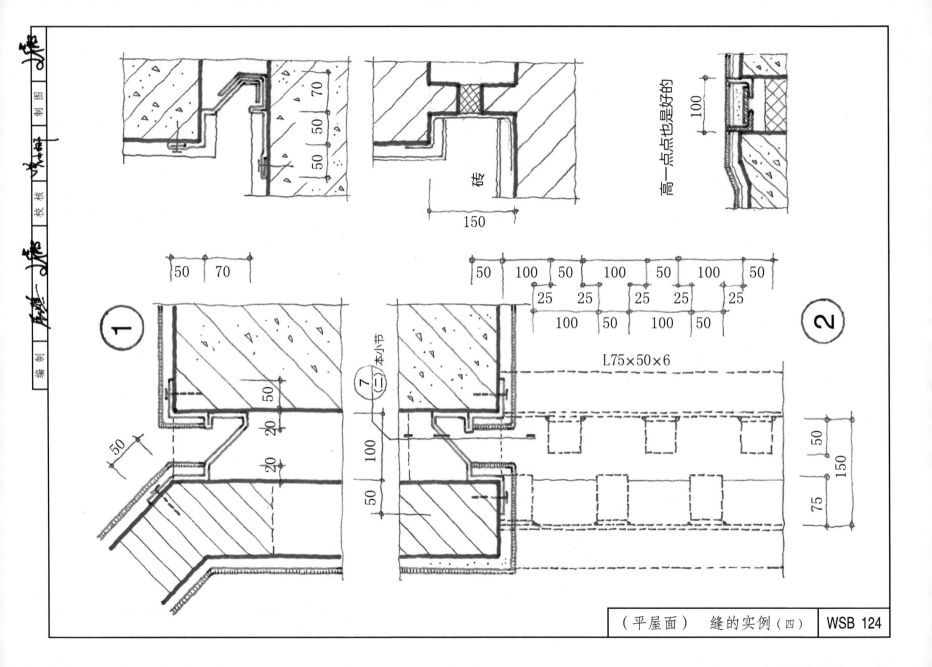

后浇带　收口网　模板　超前止水　后接通道

大多数的地下室已很少设计变形缝，后浇带的重要性大大提高。

市场上流行的快易收口网，研发入市时，承诺拆除，后变成尽量拆，再变为不可拆，现为无法拆。这种有悖于结构原理、只图方便的现场措施，甚至被收入结构标准图集。无法拆净的收口网，导水引发的渗漏，通常由专业公司反复注浆，才能验收过关。多花的百万量级的费用，即便可由坚持"免拆网们"承责，但长年排水的隐患，就只有甲方自担了。因此，本节花费气力，不求根治，只讨个明白。

实际上，后浇带质量的第一要素是界面清理，除非采用了正规的免拆收口网。坚守质量的施工企业，直到近年，仍要求凿毛、清净、去渣、排水，并将少量分散明水蘸除，甚或动用工业鼓风机。但对多数工程来说，将传统木模优化，更不失为一种好选择，只需行业内有识之士的大力推动。

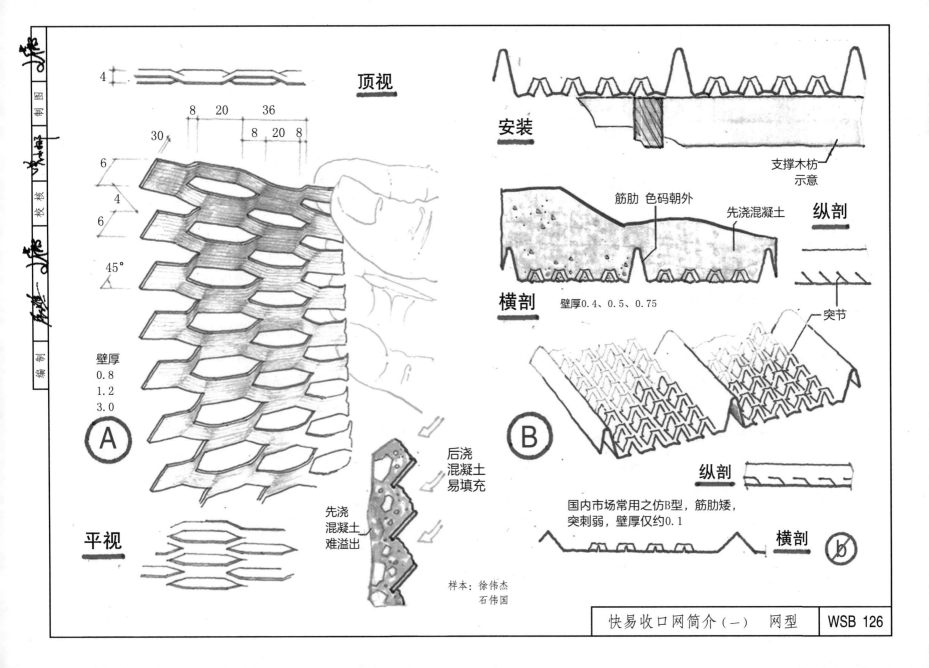

顶视

4

8 20 36
8 20 8
30
6
4
6
45°

壁厚
0.8
1.2
3.0

Ⓐ

平视

后浇
混凝土
易填充

先浇
混凝土
难溢出

样本：徐伟杰
石伟国

安装

支撑木枋
示意

筋肋 色码朝外   先浇混凝土

纵剖

横剖   壁厚0.4、0.5、0.75

突节

Ⓑ

纵剖

国内市场常用之仿B型，筋肋矮，
突刺弱，壁厚仅约0.1   横剖

ⓑ

快易收口网简介（一） 网型   WSB 126

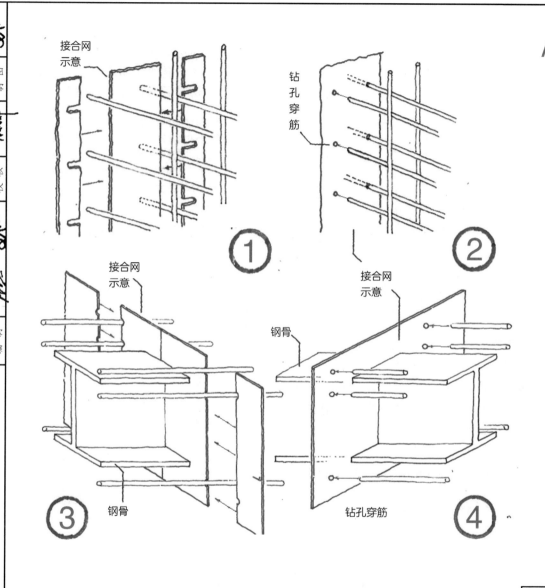

接合网
示意

钻孔穿筋

① ②

接合网
示意

钢骨

接合网
示意

钢骨

钻孔穿筋

③ ④

A型快易收口网。原始资料译称"混凝土网状接合板"，用于建筑工程时简称"结合网"。用于核电多层墙、桥墩、防波堤等大体积混凝土及隧道叠合墙时则称"免拆网孔模板"。优点是用料单一，可点焊固定，安装简单，能高精度施工。安装时，以横向长孔方向为水平方向，相对于混凝土流动方向，网呈45°角，牢牢固定在钢筋钢骨之上，避免浇筑时产生移动。

不存在需要拆除之物。

①②节点用于钢筋混凝土，其中①为先绑钢筋，后装网，再配装模板，浇筑混凝土。②则先网后模，钻孔插筋。

③④节点用于钢骨混凝土，其中③为先筋后网，④为先网后筋。

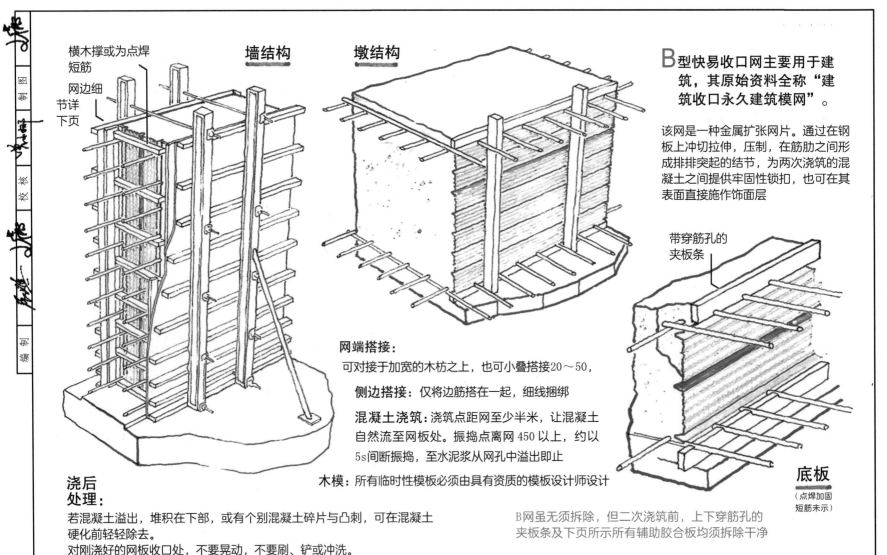

横木撑或为点焊短筋

网边细节详下页

墙结构

墩结构

B型快易收口网主要用于建筑，其原始资料全称"建筑收口永久建筑模网"。

该网是一种金属扩张网片。通过在钢板上冲切拉伸，压制，在筋肋之间形成排排突起的结节，为两次浇筑的混凝土之间提供牢固性锁扣，也可在其表面直接施作饰面层

带穿筋孔的夹板条

网端搭接：
可对接于加宽的木枋之上，也可小叠搭接20～50，

侧边搭接： 仅将边筋搭在一起，细线捆绑

混凝土浇筑： 浇筑点距网至少半米，让混凝土自然流至网板处。振捣点离网450以上，约以5s间断振捣，至水泥浆从网孔中溢出即止

木模： 所有临时性模板必须由具有资质的模板设计师设计

底板
（点焊加固短筋未示）

浇后处理：
若混凝土溢出，堆积在下部，或有个别混凝土碎片与凸刺，可在混凝土硬化前轻轻除去。
对刚浇好的网板收口处，不要晃动，不要刷、铲或冲洗。
移除木盖板条，小心不要损坏边角。

B网虽无须拆除，但二次浇筑前，上下穿筋孔的夹板条及下页所示所有辅助胶合板均须拆除干净

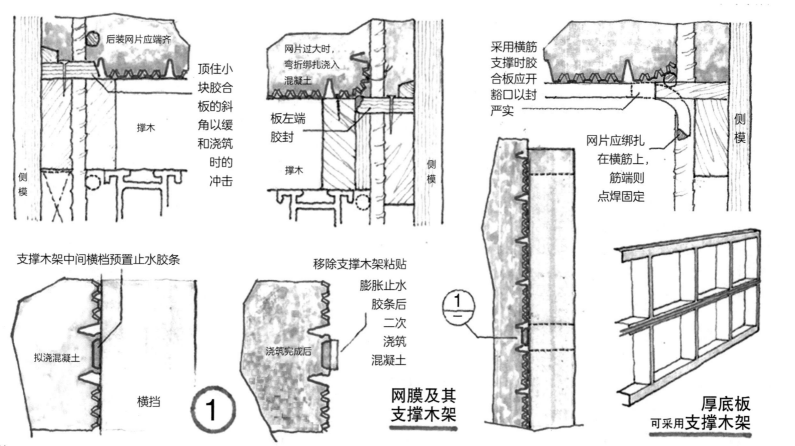

顶住小块胶合板的斜角以缓和浇筑时的冲击

后装网片应端齐

撑木

侧模

网片过大时，弯折绑扎浇入混凝土

板左端胶封

撑木

侧模

采用横筋支撑时胶合板应开豁口以封严实

网片应绑扎在横筋上，筋端则点焊固定

侧模

支撑木架中间横档预置止水胶条

拟浇混凝土

横挡

移除支撑木架粘贴膨胀止水胶条后二次浇筑混凝土

浇筑完成后

网膜及其支撑木架

厚底板可采用支撑木架

小结

较大工程的后浇带底板，配筋粗而密，支拆模困难；若结构为钢骨混凝土，则更困难；重要工程还要考虑除锈问题，难上加难。因此推荐A型接合网。该网为系列产品，标准尺寸为900×1800，壁厚有0.8、1.2两种，用于重型构筑物时应为3.0厚。高流动性混凝土，宜采用小型网状板。实际上，底板后浇带及跳仓法施工的大型基础不宜采用高流动性混凝土。

B型收口模网引入国内后，因低价导致产品异化，不仅壁厚减薄、突刺简化、肋高降低，支撑系统的密封性更被简化至放弃，使"永久"变"临时"，若不拆除干净，渗漏无疑。

某大型工程采用三层薄网，且未拆除，致临网混凝土质疏，造成蜂窝空腔，剪力降低，渗漏严重。提请注意：快易收口网的原始资料中，并没有直接证据表明可以用于有防水要求的后浇带。因此用于后浇带，更应严格按安装细节操作，取消止水钢板，拆净辅助木条，并设法加置遇水膨胀胶（条）。否则按传统木模

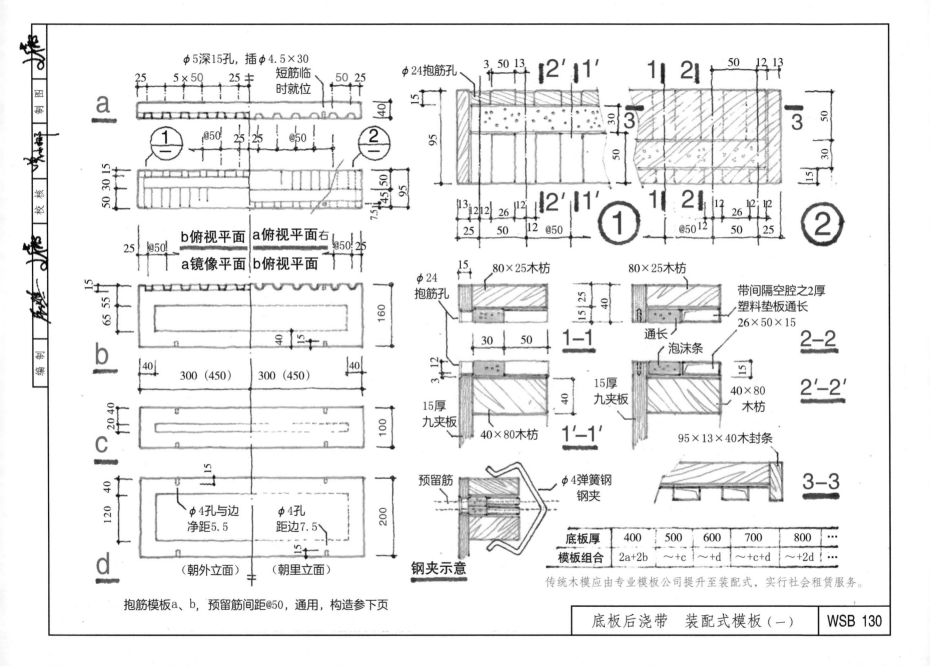

φ5深15孔，插φ4.5×30
短筋临时就位

a

① / — ②

b俯视平面 a俯视平面右

a镜像平面 b俯视平面

b

c

d

（朝外立面） （朝里立面）

φ4孔与边净距5.5

φ4孔距边7.5

抱筋模板a、b，预留筋间距@50，通用，构造参下页

φ24抱筋孔

② 2′ 1′ 1 2

1 2

2′ 1′ 1 2

① ②

φ24抱筋孔

80×25木枋

80×25木枋

带间隔空腔之2厚塑料垫板通长

26×50×15

通长

泡沫条

1–1

2–2

15厚九夹板

40×80木枋

1′–1′

15厚九夹板

40×80木枋

2′–2′

95×13×40木封条

3–3

预留筋

φ4弹簧钢钢夹

钢夹示意

底板厚	400	500	600	700	800	…
模板组合	2a+2b	～+c	～+d	～+c+d	～+2d	…

传统木模应由专业模板公司提升至装配式，实行社会租赁服务。

底板后浇带 装配式模板（一） WSB 130

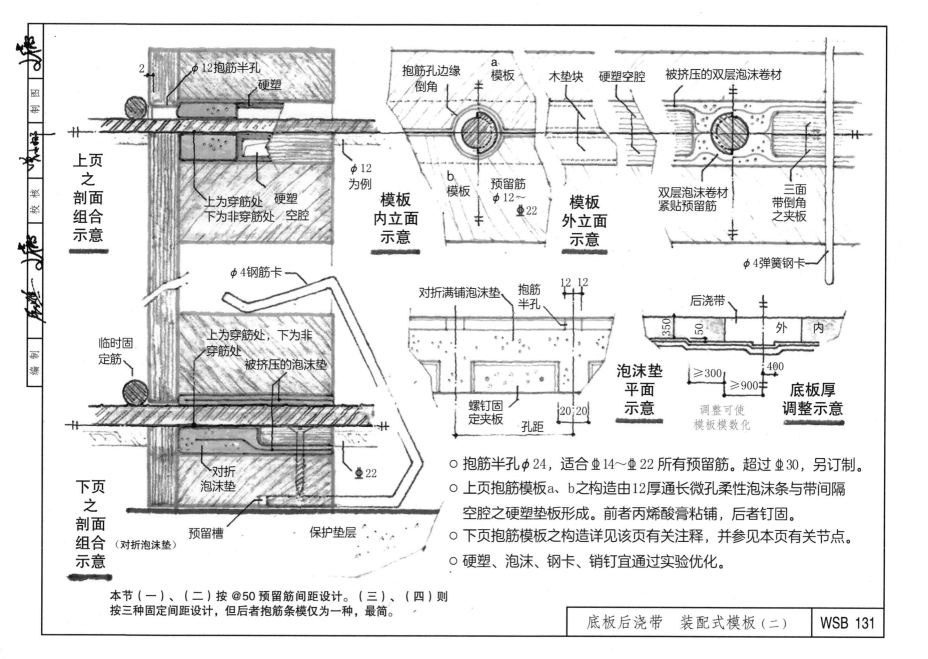

2

φ12抱筋半孔

硬塑

上为穿筋处　硬塑
下为非穿筋处　空腔

上页之剖面组合示意

以φ12为例

φ4钢筋卡

临时固定筋

上为穿筋处，下为非穿筋处

被挤压的泡沫垫

下页之剖面组合示意

对折泡沫垫

预留槽

保护垫层

（对折泡沫垫）

抱筋孔边缘倒角

a 模板

b 模板

模板内立面示意

预留筋φ12～Φ22

木垫块　硬塑空腔

模板外立面示意

被挤压的双层泡沫卷材

双层泡沫卷材紧贴预留筋

三面带倒角之夹板

φ4弹簧钢卡

对折满铺泡沫垫　抱筋半孔

12　12

螺钉固定夹板

孔距

20　20

泡沫垫平面示意

后浇带

350

50

外　内

≥300

400

≥900

底板厚调整示意

调整可使模板模数化

Φ22

○ 抱筋半孔φ24，适合Φ14～Φ22所有预留筋。超过Φ30，另订制。

○ 上页抱筋模板a、b之构造由12厚通长微孔柔性泡沫条与带间隔空腔之硬塑垫板形成。前者丙烯酸膏粘铺，后者钉固。

○ 下页抱筋模板之构造详见该页有关注释，并参见本页有关节点。

○ 硬塑、泡沫、钢卡、销钉宜通过实验优化。

本节（一）、（二）按 @50预留筋间距设计。（三）、（四）则
按三种固定间距设计，但后者抱筋条模仅为一种，最简。

底板后浇带　装配式模板（二）　　WSB 131

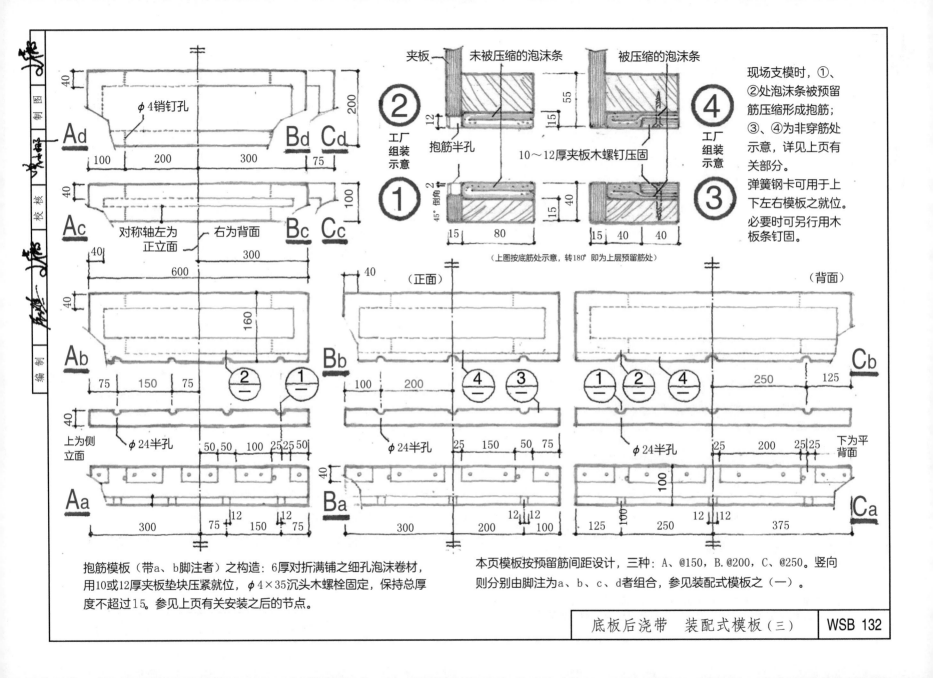

现场支模时，①、②处泡沫条被预留筋压缩形成抱筋；③、④为非穿筋处示意，详见上页有关部分。

弹簧钢卡可用于上下左右模板之就位。必要时可另行用木板条钉固。

（上图按底筋处示意，转180°即为上层预留筋处）

φ4销钉孔

200

100 200 300 75

100

对称轴左为正立面　右为背面

300

600

160

75 150 75

②　①

φ24半孔

50 50 100 25 25 50

上为侧立面

300 75 12 150 12 75

Ad Bd Cd Ac Bc Cc Ab Aa

夹板　未被压缩的泡沫条　被压缩的泡沫条

55

12　抱筋半孔　15　15

45° 倒角 2　40

15 80　15 40 40

10～12厚夹板木螺钉压固

②工厂组装示意　①　④工厂组装示意　③

（正面）

40

100 200

④　③

φ24半孔

25 150 50 75

300 200 100

12 12

40

100

（背面）

250 125

①　②　④

φ24半孔

25 200 25 25

下为平背面

125 250 375

12 12

Bb Cb Ba Ca

抱筋模板（带a、b脚注者）之构造：6厚对折满铺之细孔泡沫卷材，用10或12厚夹板垫块压紧就位，φ4×35沉头木螺栓固定，保持总厚度不超过15。参见上页有关安装之后的节点。

本页模板按预留筋间距设计，三种：A、@150，B.@200，C、@250。竖向则分别由脚注为a、b、c、d者组合，参见装配式模板之（一）。

底板后浇带　装配式模板（三）　WSB 132

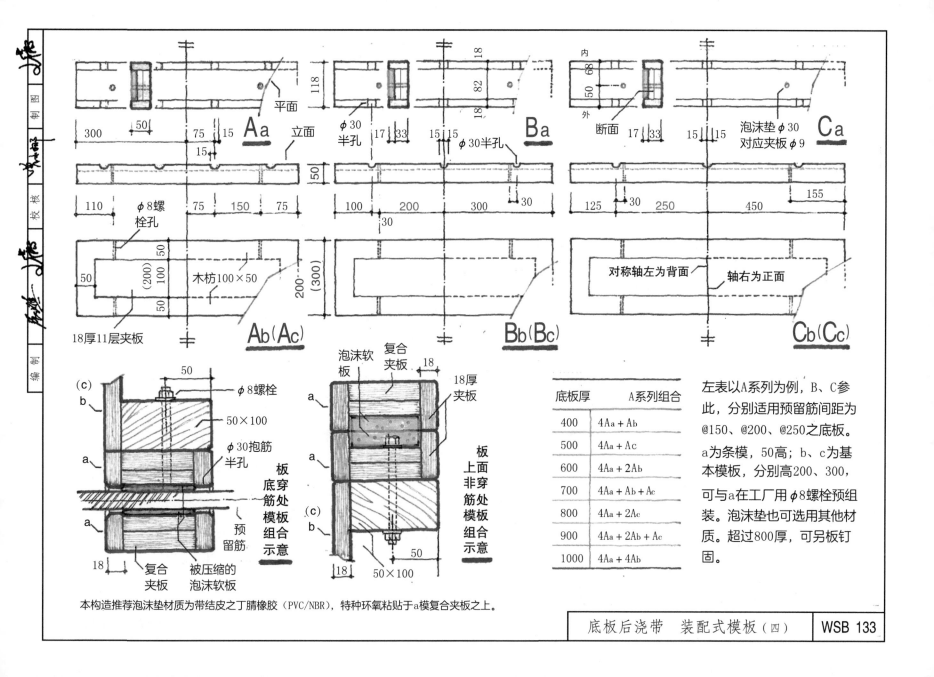

底板厚	A系列组合
400	4Aa + Ab
500	4Aa + Ac
600	4Aa + 2Ab
700	4Aa + Ab + Ac
800	4Aa + 2Ac
900	4Aa + 2Ab + Ac
1000	4Aa + 4Ab

左表以A系列为例，B、C参此，分别适用预留筋间距为@150、@200、@250之底板。

a为条模，50高；b、c为基本模板，分别高200、300，可与a在工厂用φ8螺栓预组装。泡沫垫也可选用其他材质。超过800厚，可另板钉固。

本构造推荐泡沫垫材质为带结皮之丁腈橡胶（PVC/NBR），特种环氧粘贴于a模复合夹板之上。

底板后浇带　装配式模板（四）　　WSB 133

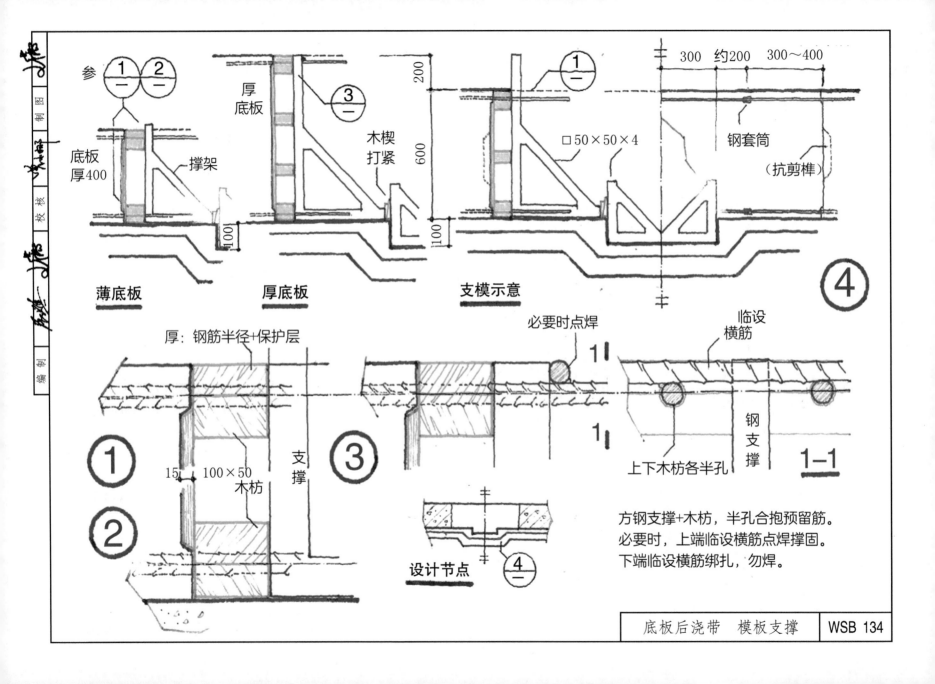

底板后浇带　模板支撑　WSB 134

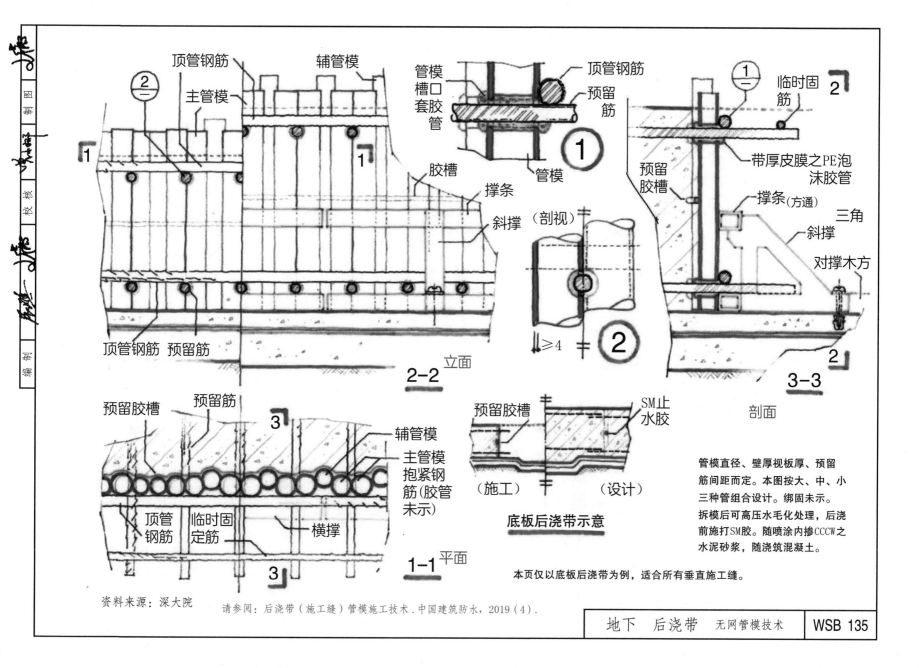

顶管钢筋　辅管模　管模槽口套胶管　顶管钢筋　临时固筋

主管模　预留筋

②　胶槽　带厚皮膜之PE泡沫胶管

1　撑条　预留胶槽　撑条(方通)　三角

斜撑　管模　斜撑

（剖视）　对撑木方

顶管钢筋　预留筋

2-2 立面　≥4　②　3-3 剖面

预留胶槽　预留筋　SM止水胶

3　辅管模　预留胶槽

主管模抱紧钢筋(胶管未示)

顶管钢筋　临时固定筋　横撑

（施工）　（设计）

底板后浇带示意

1-1 平面

管模直径、壁厚视板厚、预留筋间距而定。本图按大、中、小三种管组合设计。绑固未示。拆模后可高压水毛化处理，后浇前施打SM胶。随喷涂内掺CCCW之水泥砂浆，随浇筑混凝土。

本页仅以底板后浇带为例，适合所有垂直施工缝。

资料来源：深大院

请参阅：后浇带（施工缝）管模施工技术．中国建筑防水，2019（4）．

地下　后浇带　无网管模技术　WSB 135

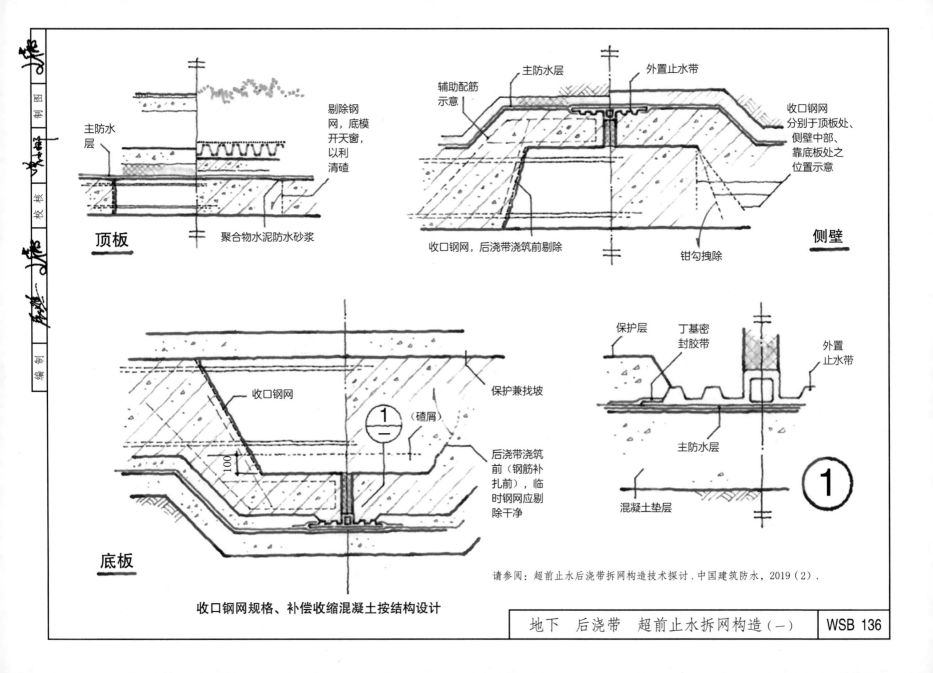

主防水层

剔除钢网，底模开天窗，以利清碴

顶板

聚合物水泥防水砂浆

辅助配筋示意

主防水层

外置止水带

收口钢网分别于顶板处、侧壁中部、靠底板处之位置示意

收口钢网，后浇带浇筑前剔除

钳勾拽除

侧壁

收口钢网

保护兼找坡

100

后浇带浇筑前（钢筋补扎前），临时钢网应剔除干净

1 （碴屑）

底板

收口钢网规格、补偿收缩混凝土按结构设计

保护层

丁基密封胶带

外置止水带

主防水层

混凝土垫层

1

请参阅：超前止水后浇带拆网构造技术探讨.中国建筑防水，2019（2）.

地下 后浇带 超前止水拆网构造（一）

WSB 136

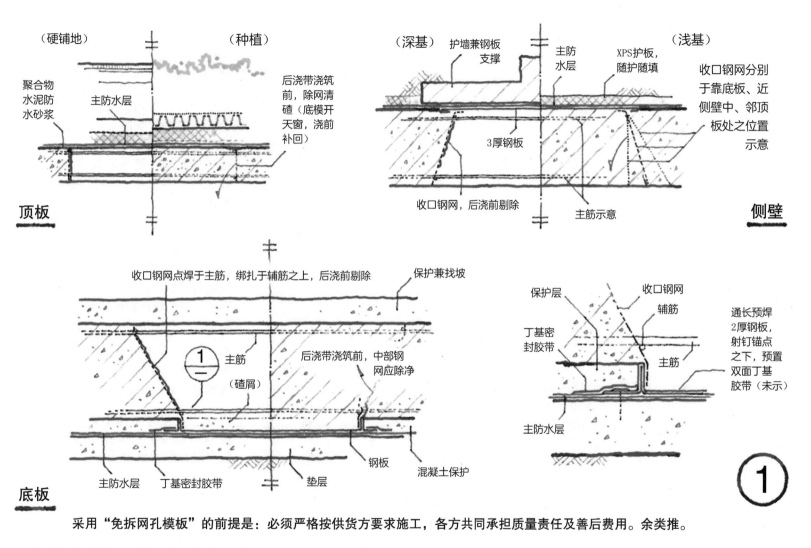

（硬铺地）　（种植）

聚合物
水泥防
水砂浆

主防水层

后浇带浇筑
前，除网清
碴（底模开
天窗，浇前
补回）

顶板

（深基）护墙兼钢板
　　　支撑

主防
水层

XPS护板，
随护随填

（浅基）

3厚钢板

收口钢网，后浇前剔除

主筋示意

收口钢网分别
于靠底板、近
侧壁中、邻顶
板处之位置
示意

侧壁

收口钢网点焊于主筋，绑扎于辅筋之上，后浇前剔除

保护兼找坡

主筋

（碴屑）

后浇带浇筑前，中部钢
网应除净

主防水层　丁基密封胶带

垫层

钢板

混凝土保护

底板

保护层

丁基密
封胶带

收口钢网

辅筋

通长预焊
2厚钢板，
射钉锚点
之下，预置
双面丁基
胶带（未示）

主筋

主防水层

①

采用"免拆网孔模板"的前提是：必须严格按供货方要求施工，各方共同承担质量责任及善后费用。余类推。

请参阅：超前止水后浇带拆网构造技术探讨.中国建筑防水，2019（2）.

地下　后浇带　超前止水拆网构造（二）　　WSB 137

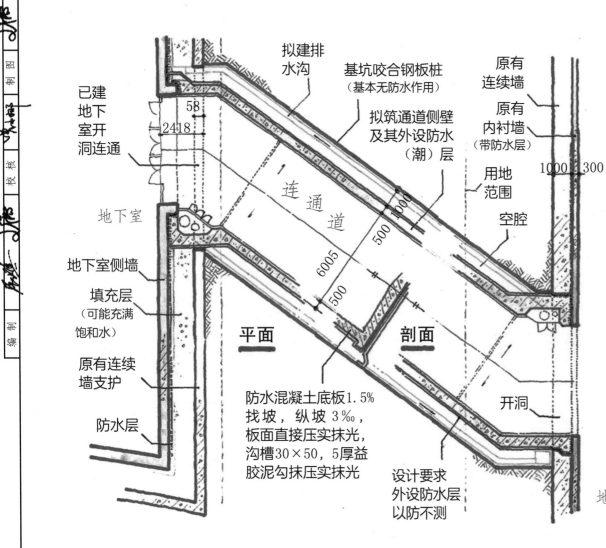

拟建排水沟

基坑咬合钢板桩
（基本无防水作用）

已建
地下
室开
洞连通

拟筑通道侧壁
及其外设防水
（潮）层

原有
连续墙

原有
内衬墙
（带防水层）

用地
范围

空腔

58
2418

连通道

地下室

1000 1000

500 1000

地下室侧墙

6005

填充层
（可能充满
饱和水）

500

平面

剖面

原有连续
墙支护

1000 300

防水层

防水混凝土底板1.5%
找坡，纵坡3‰，
板面直接压实抹光，
沟槽30×50，5厚益
胶泥勾抹压实抹光

开洞

设计要求
外设防水层
以防不测

地下室

该案例系已建成投入运营的大
型地下室，两侧分属不同单位，
为使用方便，加建连通道。

基本方案： 采用咬合钢板桩支
护，大开挖，外防外贴，操作空
间宽1000。内设排水沟。

存在的问题： 若需永久排水，
有风险。若回填，难密实。若不
密实，节点防水压力大。

防水难点： 开凿洞口四周，与通
道混凝土的连接，难以形成连续外
包防水，特别是左侧约2m厚填充层，
可能有饱和水，应全程采取有效降
排水，且须快速封堵作业。

优化设计要点： 接头处植筋凿毛清
净，采用CCCW防水涂层，搭接长
度不小于1200，施打SM胶，预注
浆系统（详WSA之257页）。

进一步优化方案详下页。其要点
是通道混凝土主体采用内掺自修
复全刚自防水混凝土。

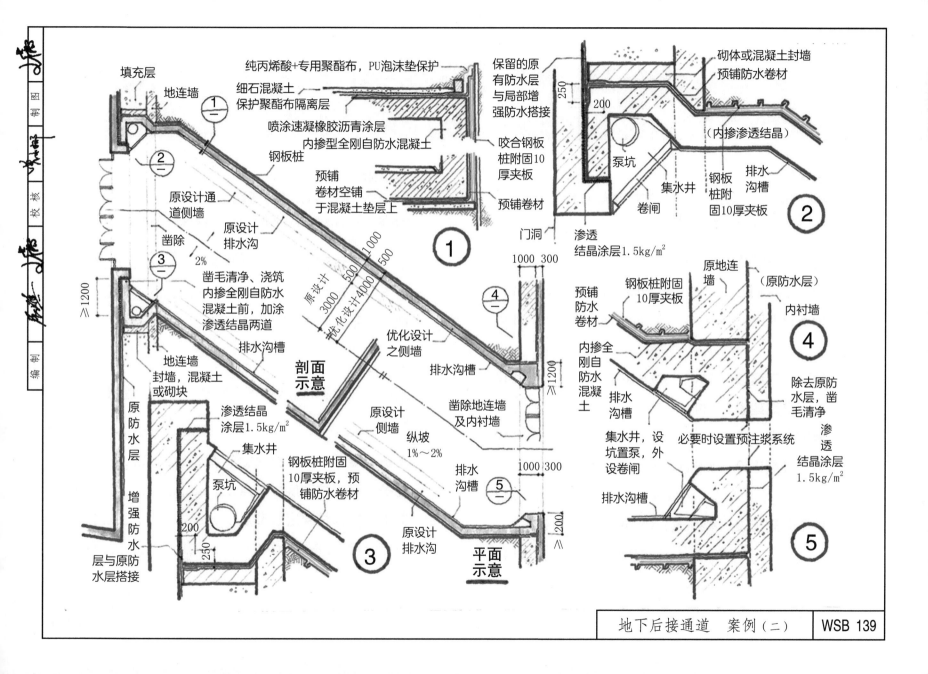

填充层
地连墙
①
②
③
≥1200

原设计通道侧墙
凿除
2%
凿毛清净、浇筑内掺全刚自防水混凝土前，加涂渗透结晶两道

原设计排水沟
排水沟槽

地连墙封墙，混凝土或砌块
渗透结晶涂层1.5kg/m²
集水井
泵坑
钢板桩附固10厚夹板，预铺防水卷材
200
250

原防水层
增强防水层与原防水层搭接

纯丙烯酸+专用聚酯布，PU泡沫垫保护
细石混凝土
保护聚酯布隔离层
喷涂速凝橡胶沥青涂层
内掺型全刚自防水混凝土
钢板桩
预铺卷材空铺于混凝土垫层上

原设计4000
优化设计
1000 500
500 1000
3000
①

剖面示意

优化设计之侧墙
排水沟槽
凿除地连墙及内衬墙
原设计侧墙
纵坡1%～2%
排水沟槽
≥1200
1000 300
原设计排水沟
200
≥
⑤

平面示意

保留的原有防水层与局部增强防水搭接
咬合钢板桩附固10厚夹板
预铺卷材
门洞
1000 300

250
200
砌体或混凝土封墙
预铺防水卷材
（内掺渗透结晶）
泵坑
集水井
卷闸
钢板桩附固10厚夹板
排水沟槽
②
渗透结晶涂层1.5kg/m²

原地连墙
钢板桩附固10厚夹板
预铺防水卷材
内掺全刚自防水混凝土
排水沟槽
集水井，设坑置泵，外设卷闸
排水沟槽
④
必要时设置预注浆系统

（原防水层）
内衬墙
除去原防水层，凿毛清净
渗透结晶涂层1.5kg/m²
⑤

地下后接通道　案例（二）　WSB 139

分期建设 防水预接　支护后接 　基坑降水 　基坑支柱

分期建设
防水预留后接，涉及支护。故支护、结构、建筑、防水
一开始就应整合，初设后再分开设计。

基坑降排水
基坑支护、结构、建筑、防水一开始就应整合设计。
任何情况下，带水浇筑都是不能接受的，虽有困难，办法总有。

基坑支护
支柱防水的关键是与主防水层形成连续密封，而不是高悬柱上的
止水钢板。

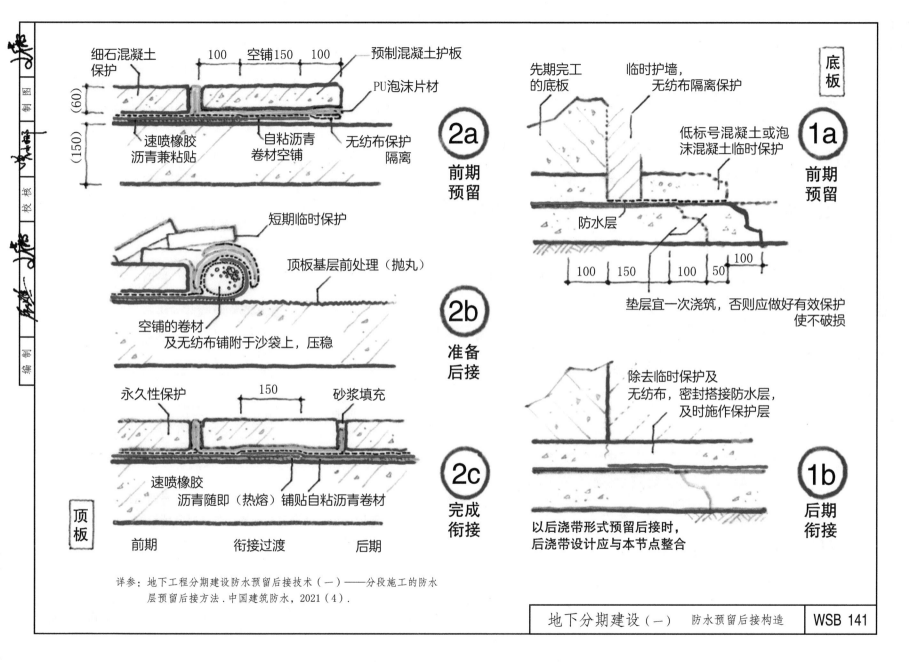

细石混凝土
保护

100　空铺150　100

预制混凝土护板

PU泡沫片材

(60)

(150)

速喷橡胶
沥青兼粘贴

自粘沥青
卷材空铺

无纺布保护
隔离

2a
前期
预留

短期临时保护

顶板基层前处理（抛丸）

空铺的卷材
及无纺布铺附于沙袋上，压稳

2b
准备
后接

永久性保护

150

砂浆填充

速喷橡胶
沥青随即（热熔）铺贴自粘沥青卷材

2c
完成
衔接

前期　　　衔接过渡　　　后期

顶板

先期完工
的底板

临时护墙，
无纺布隔离保护

底板

低标号混凝土或泡
沫混凝土临时保护

防水层

1a
前期
预留

100　150　100　50　100

垫层宜一次浇筑，否则应做好有效保护
使不破损

除去临时保护及
无纺布，密封搭接防水层，
及时施作保护层

1b
后期
衔接

以后浇带形式预留后接时，
后浇带设计应与本节点整合

详参：地下工程分期建设防水预留后接技术（一）——分段施工的防水
　　　层预留后接方法．中国建筑防水，2021（4）．

地下分期建设（一）　防水预留后接构造

WSB 141

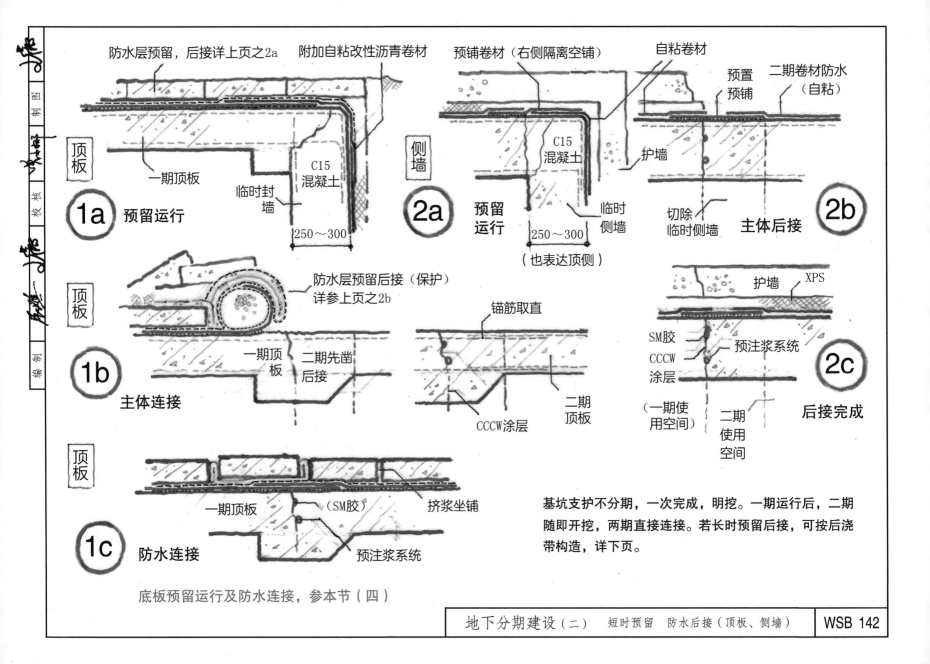

防水层预留，后接详上页之2a　　附加自粘改性沥青卷材　　　预铺卷材（右侧隔离空铺）　　自粘卷材　　　二期卷材防水（自粘）

预置预铺

顶板

一期顶板

侧墙

C15混凝土

护墙

临时封墙

C15混凝土

切除临时侧墙

主体后接

1a 预留运行

临时侧墙

250～300

2a 预留运行

250～300

（也表达顶侧）

2b

防水层预留后接（保护）详参上页之2b

顶板

护墙　XPS

锚筋取直

一期顶板

二期先凿后接

SM胶
CCCW涂层

预注浆系统

1b 主体连接

CCCW涂层

二期顶板

（一期使用空间）

二期使用空间

2c 后接完成

顶板

一期顶板

（SM胶）

挤浆坐铺

1c 防水连接

预注浆系统

基坑支护不分期，一次完成，明挖。一期运行后，二期随即开挖，两期直接连接。若长时预留后接，可按后浇带构造，详下页。

底板预留运行及防水连接，参本节（四）

地下分期建设（二）　　短时预留　防水后接（顶板、侧墙）　　WSB 142

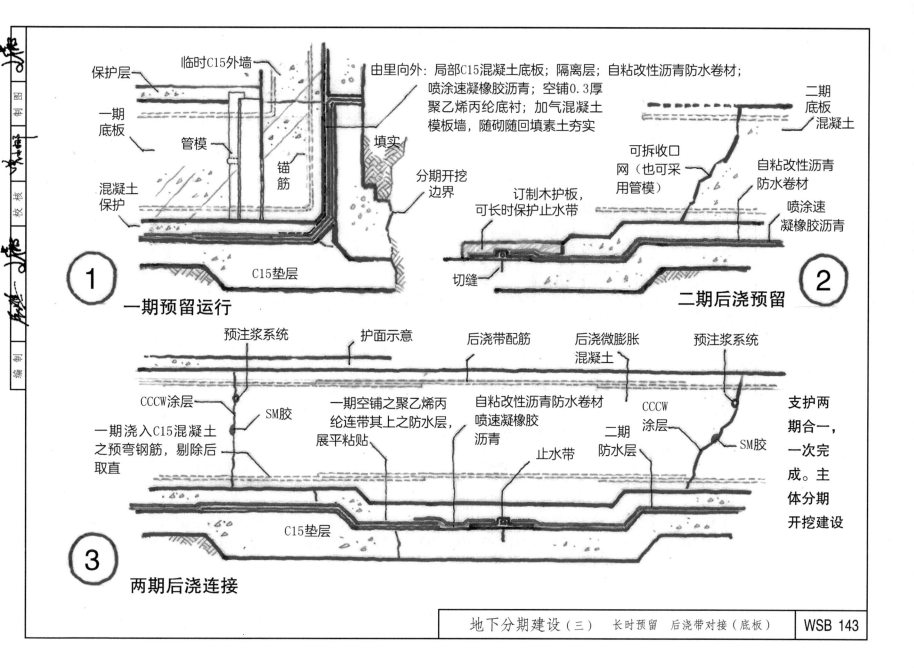

① 一期预留运行

保护层
临时C15外墙
由里向外：局部C15混凝土底板；隔离层；自粘改性沥青防水卷材；喷涂速凝橡胶沥青；空铺0.3厚聚乙烯丙纶底衬；加气混凝土模板墙，随砌随回填素土夯实
一期底板
管模
填实
锚筋
混凝土保护
分期开挖边界
C15垫层

② 二期后浇预留

二期底板混凝土
可拆收口网（也可采用管模）
自粘改性沥青防水卷材
订制木护板，可长时保护止水带
喷涂速凝橡胶沥青
切缝

③ 两期后浇连接

预注浆系统
护面示意
后浇带配筋
后浇微膨胀混凝土
预注浆系统
CCCW涂层
SM胶
一期空铺之聚乙烯丙纶连带其上之防水层，展平粘贴
自粘改性沥青防水卷材喷速凝橡胶沥青
CCCW涂层
SM胶
一期浇入C15混凝土之预弯钢筋，剔除后取直
止水带
二期防水层
C15垫层

支护两期合一，一次完成。主体分期开挖建设

制图 校核 编制

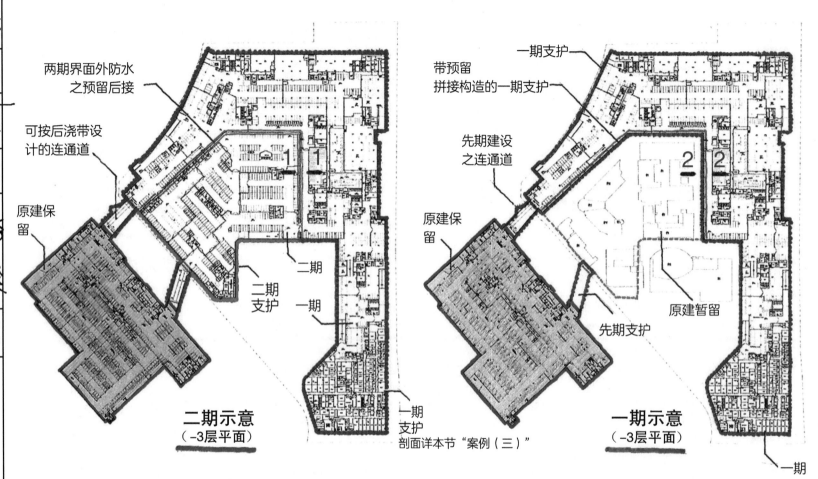

两期界面外防水
之预留后接

可按后浇带设
计的连通道

原建保
留

二期示意
（-3层平面）

二期

二期
支护

一期

一期
支护
剖面详本节"案例（三）"

一期支护

带预留
拼接构造的一期支护

先期建设
之连通道

原建保
留

先期支护

原建暂留

一期示意
（-3层平面）

一期

分期建设的地下室，应一次设计。设计的重点在两期界面处防水的预留后接构造。其难点在一期支护应考虑临时衬墙是有先期
防水运行之功能，二期又可方便去除，并完成防水预留后接。为达此目的，两期之支护与主体均当整合设计。任何拆分甩项设计
都是不可取的。

详参：地下工程分期建设防水预留后接技术（三）——内撑支护与主体设计之整合优化.中国建筑防水，2021（6）.

| 地下分期建设 | 案例（一） | 支护总平面示意 | WSB 144 |

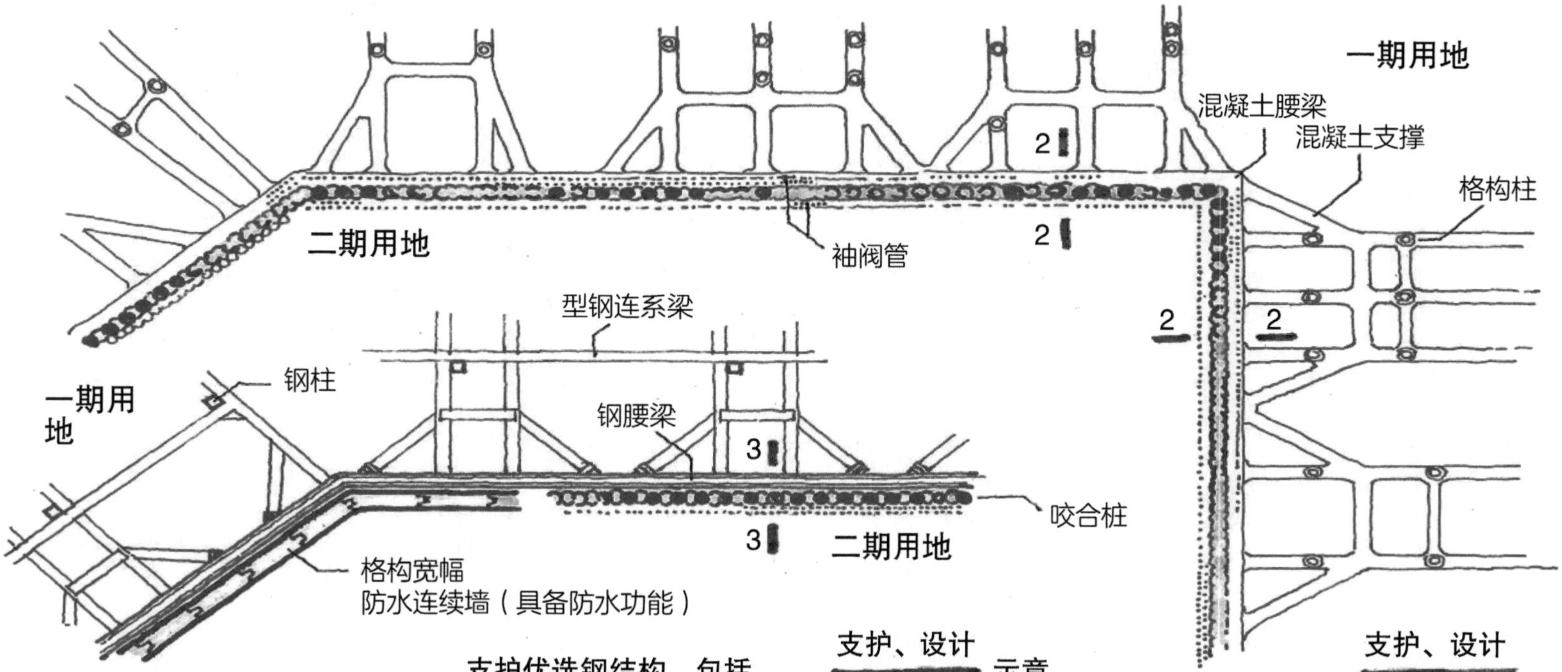
一期用地
混凝土腰梁
混凝土支撑
格构柱
2
2
2
2
二期用地
袖阀管
型钢连系梁
钢柱
一期用地
钢腰梁
3
3
咬合桩
二期用地
格构宽幅
防水连续墙（具备防水功能）
支护、设计
示意
支护、设计
拆分（实例）

支护优选钢结构，包括
型钢及格构宽幅连续墙

剖面详本节“案例（三）”

本图表达的是上页案例（一）中，两期之间的支护设计。右上图为实例，仅为支护，未及主体；左下图为支护、主体整合思考后的支护方案。该方案为两期界面处的防水预留后接创造了必要的条件。

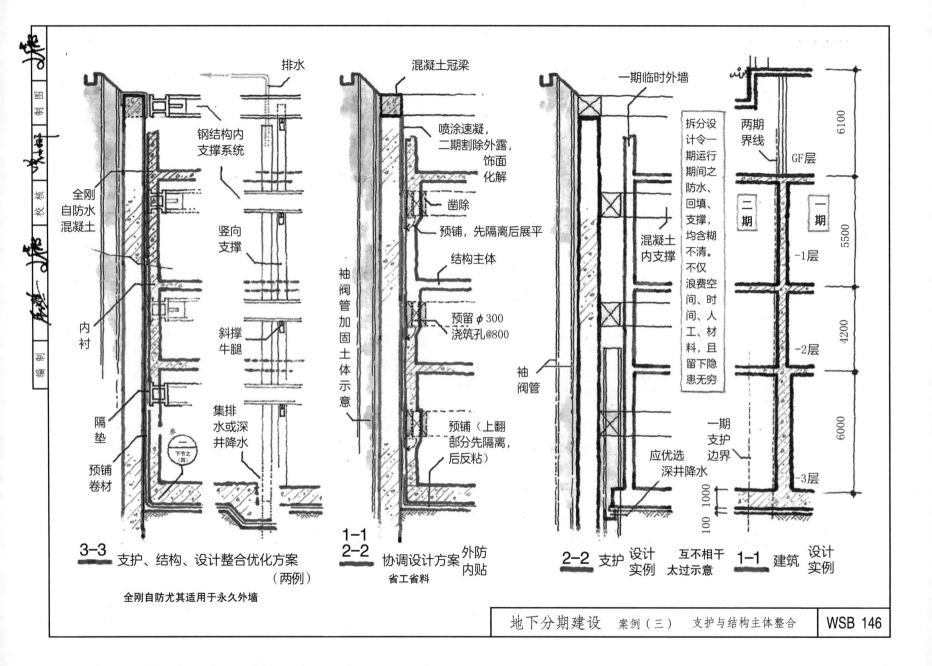

3-3 支护、结构、设计整合优化方案（两例）

全刚自防水混凝土

钢结构内支撑系统

竖向支撑

斜撑牛腿

内衬

隔垫

预铺卷材

排水

集排水或深井降水

参 一 下节之（四）

全刚自防水尤其适用于永久外墙

1-1
2-2 协调设计方案
省工省料

混凝土冠梁

喷涂速凝，二期割除外露，饰面化解

凿除

预铺，先隔离后展平

结构主体

预留φ300浇筑孔@800

预铺（上翻部分先隔离，后反粘）

袖阀管加固土体示意

外防内贴

2-2 支护 设计实例

一期临时外墙

混凝土内支撑

袖阀管

应优选深井降水

一期支护边界

100 1000 100

拆分设计令一期运行期间之防水、回填、支撑，均含糊不清。不仅浪费空间、时间、人工、材料，且留下隐患无穷。

1-1 建筑 设计实例

两期界线

GF层

二期 一期

-1层

-2层

-3层

6100 5500 4200 6000

互不相干太过示意

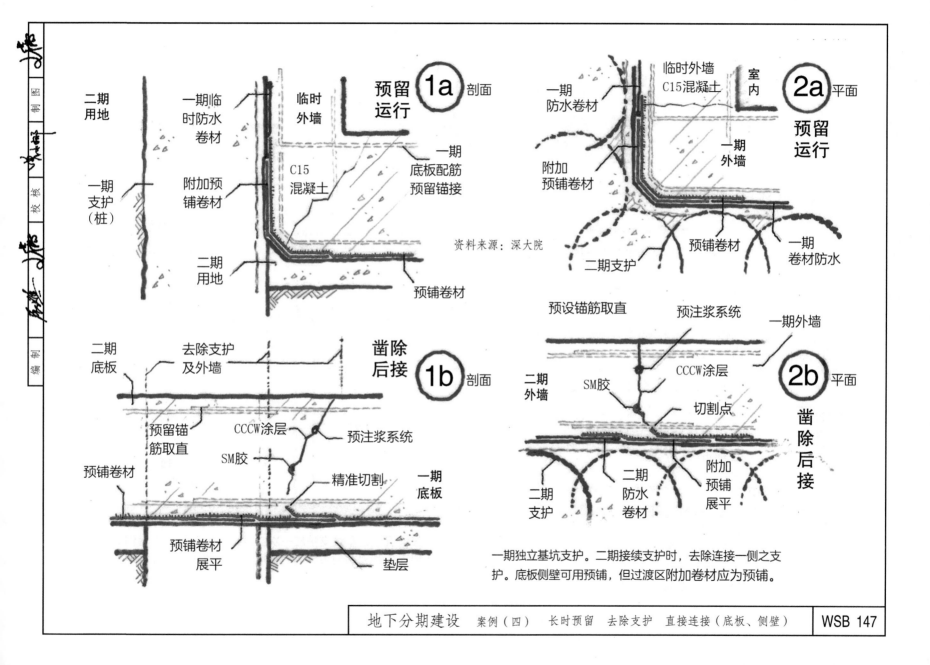

1a 剖面 预留运行

二期用地
一期临时防水卷材
临时外墙
C15混凝土
一期底板配筋预留锚接
一期支护（桩）
附加预铺卷材
二期用地
预铺卷材

资料来源：深大院

2a 平面 预留运行

临时外墙 C15混凝土
室内
一期防水卷材
一期外墙
附加预铺卷材
二期支护
预铺卷材
一期卷材防水

1b 剖面 凿除后接

二期底板
去除支护及外墙
预留锚筋取直
CCCW涂层
预注浆系统
SM胶
精准切割
一期底板
预铺卷材
预铺卷材展平
垫层

2b 平面 凿除后接

预设锚筋取直
预注浆系统
一期外墙
CCCW涂层
SM胶
切割点
二期外墙
二期防水卷材
二期支护
附加预铺展平

一期独立基坑支护。二期接续支护时，去除连接一侧之支护。底板侧壁可用预铺，但过渡区附加卷材应为预铺。

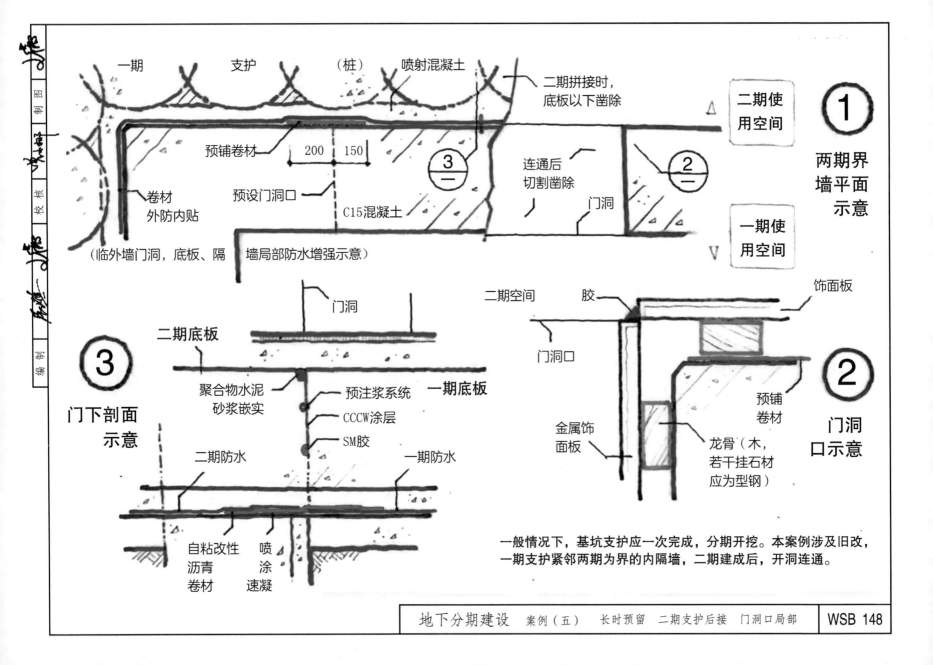

一期　支护　（桩）　喷射混凝土

二期拼接时，底板以下凿除

二期使用空间

一期使用空间

① **两期界墙平面示意**

预铺卷材

200　150

③

连通后切割凿除

门洞

②

卷材外防内贴

预设门洞口

C15混凝土

（临外墙门洞，底板、隔墙局部防水增强示意）

门洞

③ **门下剖面示意**

二期底板

聚合物水泥砂浆嵌实

预注浆系统

一期底板

CCCW涂层

SM胶

二期防水

一期防水

自粘改性沥青卷材

喷涂速凝

二期空间　胶　饰面板

门洞口

预铺卷材

金属饰面板

龙骨（木，若干挂石材应为型钢）

② **门洞口示意**

一般情况下，基坑支护应一次完成，分期开挖。本案例涉及旧改，一期支护紧邻两期为界的内隔墙，二期建成后，开洞连通。

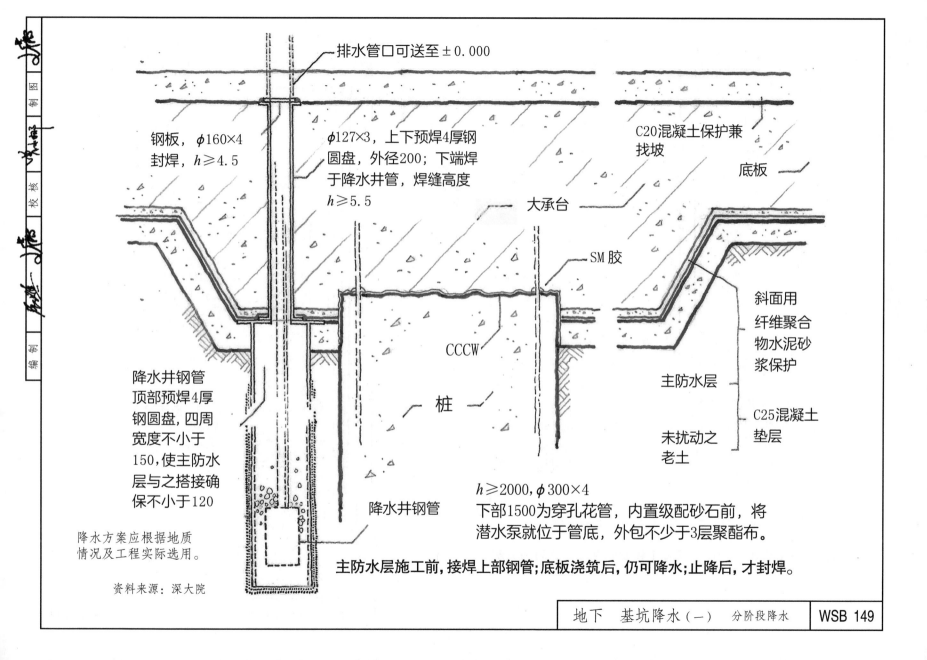

排水管口可送至±0.000

钢板，$\phi 160 \times 4$
封焊，$h \geqslant 4.5$

$\phi 127 \times 3$，上下预焊4厚钢
圆盘，外径200；下端焊
于降水井管，焊缝高度
$h \geqslant 5.5$

C20混凝土保护兼
找坡

底板

大承台

SM胶

斜面用
纤维聚合
物水泥砂
浆保护

CCCW

主防水层

C25混凝土
垫层

未扰动之
老土

桩

降水井钢管
顶部预焊4厚
钢圆盘，四周
宽度不小于
150,使主防水
层与之搭接确
保不小于120

降水井钢管

$h \geqslant 2000, \phi 300 \times 4$
下部1500为穿孔花管，内置级配砂石前，将
潜水泵就位于管底，外包不少于3层聚酯布。

降水方案应根据地质
情况及工程实际选用。

主防水层施工前,接焊上部钢管;底板浇筑后,仍可降水;止降后,才封焊。

资料来源：深大院

地下　基坑降水（一）　分阶段降水　　WSB 149

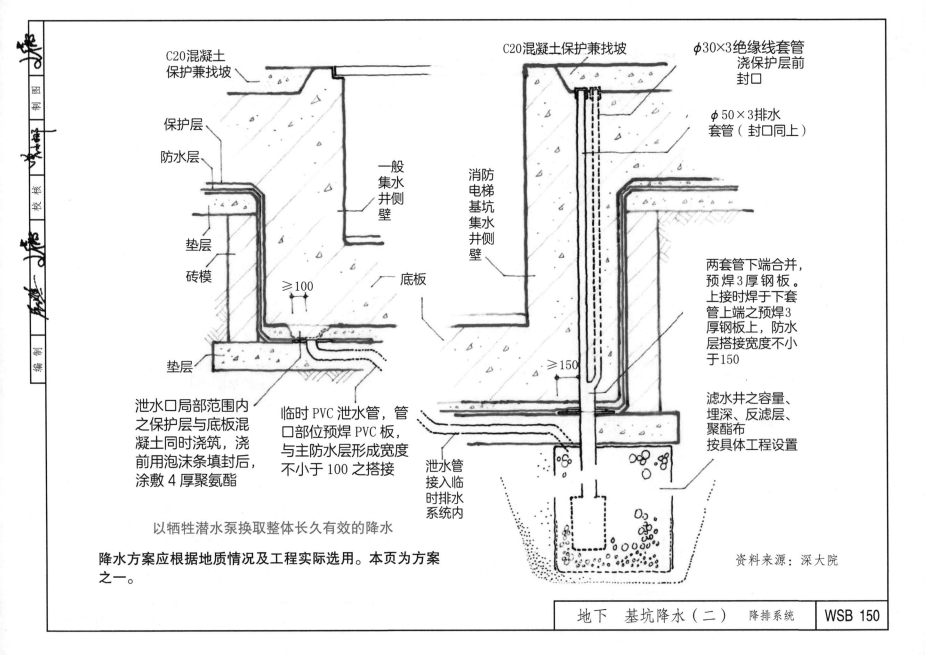

C20混凝土
保护兼找坡

保护层

防水层

垫层

砖模

一般集水井侧壁

≥100

底板

垫层

泄水口局部范围内之保护层与底板混凝土同时浇筑,浇前用泡沫条填封后,涂敷4厚聚氨酯

临时PVC泄水管,管口部位预焊PVC板,与主防水层形成宽度不小于100之搭接

以牺牲潜水泵换取整体长久有效的降水

降水方案应根据地质情况及工程实际选用。本页为方案之一。

C20混凝土保护兼找坡

φ30×3绝缘线套管浇保护层前封口

φ50×3排水套管(封口同上)

消防电梯基坑集水井侧壁

≥150

两套管下端合并,预焊3厚钢板。上接时焊于下套管上端之预焊3厚钢板上,防水层搭接宽度不小于150

滤水井之容量、埋深、反滤层、聚酯布按具体工程设置

泄水管接入临时排水系统内

资料来源:深大院

地下　基坑降水(二)　降排系统　WSB 150

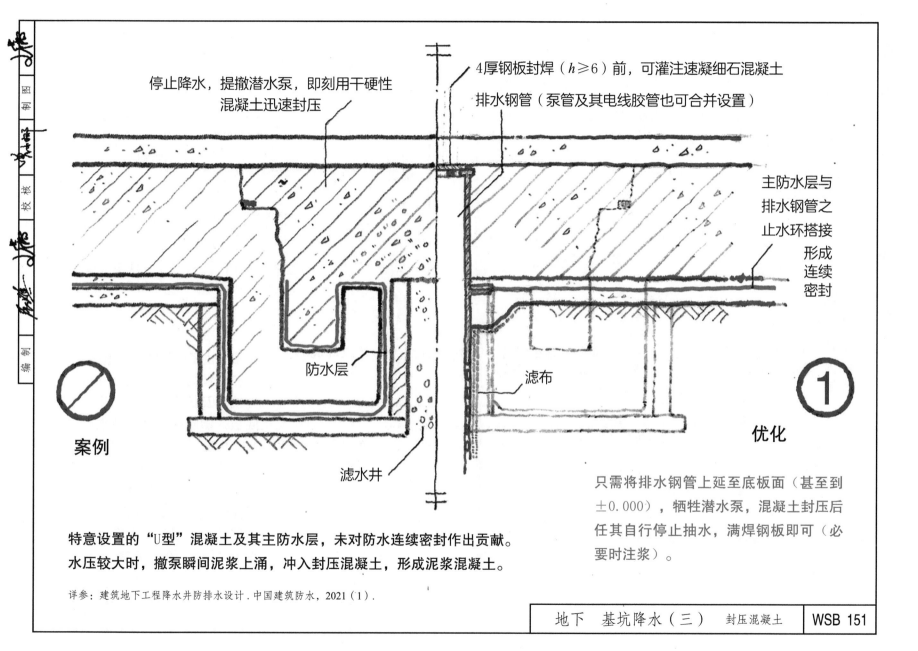

停止降水，提撤潜水泵，即刻用干硬性
混凝土迅速封压

4厚钢板封焊（*h*≥6）前，可灌注速凝细石混凝土

排水钢管（泵管及其电线胶管也可合并设置）

主防水层与
排水钢管之
止水环搭接
形成
连续
密封

防水层

滤布

案例

优化

滤水井

特意设置的"U型"混凝土及其主防水层，未对防水连续密封作出贡献。
水压较大时，撤泵瞬间泥浆上涌，冲入封压混凝土，形成泥浆混凝土。

只需将排水钢管上延至底板面（甚至到
±0.000），牺牲潜水泵，混凝土封压后
任其自行停止抽水，满焊钢板即可（必
要时注浆）。

详参：建筑地下工程降水井防排水设计.中国建筑防水，2021（1）.

地下 基坑降水（三） 封压混凝土 WSB 151

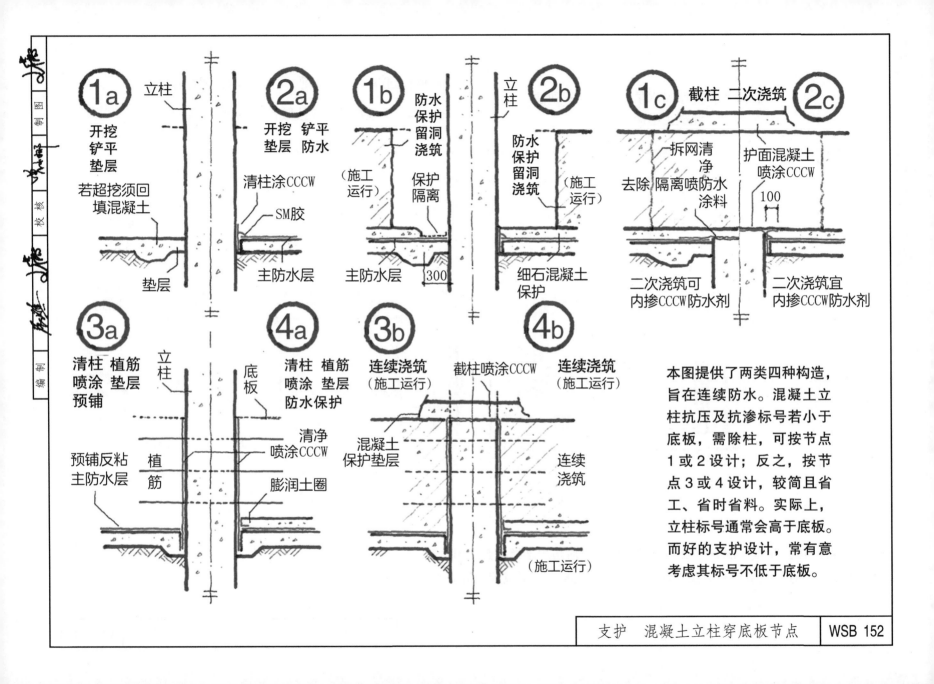

支护 混凝土立柱穿底板节点   WSB 152

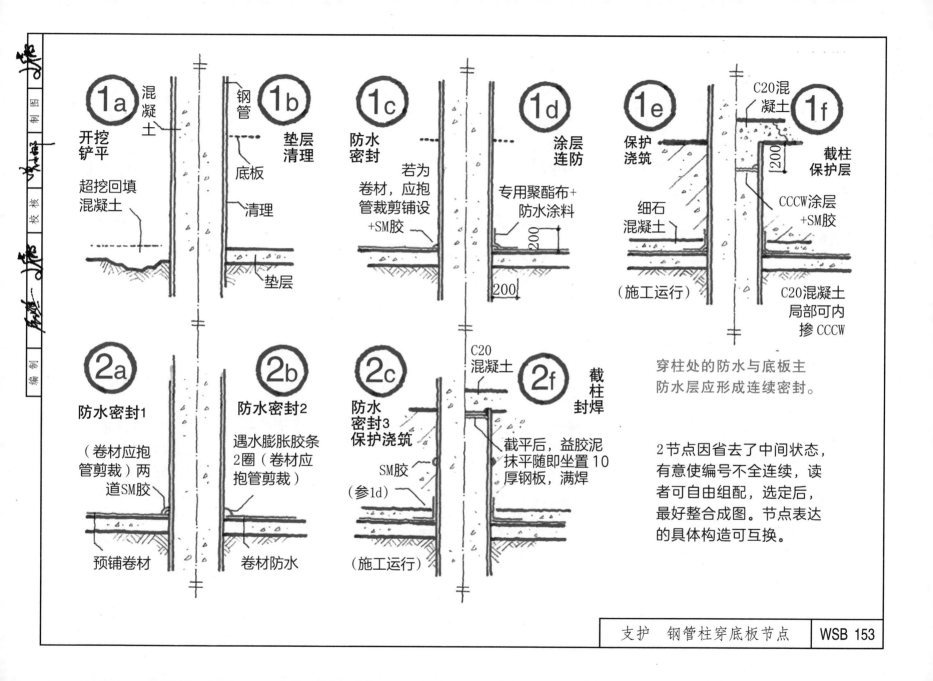

支护 钢管柱穿底板节点 WSB 153

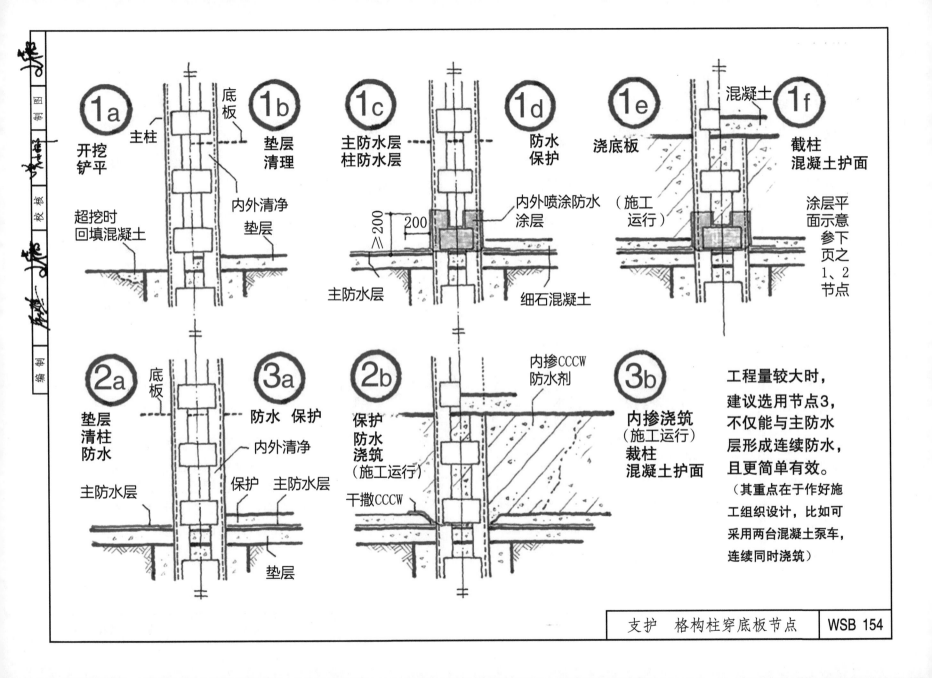

1a
开挖
铲平
主柱
超挖时
回填混凝土

底板

1b
垫层
清理
内外清净
垫层

1c
主防水层
柱防水层
≥200
200
主防水层

1d
防水
保护
内外喷涂防水
涂层
细石混凝土

1e
浇底板
（施工
运行）

1f
混凝土
截柱
混凝土护面
涂层平
面示意
参下
页之
1、2
节点

2a
垫层
清柱
防水
底板
主防水层

3a
防水 保护
内外清净
保护 主防水层
垫层

2b
保护
防水
浇筑
（施工运行）
干撒CCCW

内掺CCCW
防水剂

3b
内掺浇筑
（施工运行）
裁柱
混凝土护面

工程量较大时，
建议选用节点3，
不仅能与主防水
层形成连续防水，
且更简单有效。
（其重点在于作好施
工组织设计，比如可
采用两台混凝土泵车，
连续同时浇筑）

支护 格构柱穿底板节点 | **WSB 154**

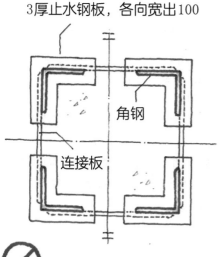

3厚止水钢板，各向宽出100

角钢

连接板

🚫 **格构柱止水钢板平面**

PU或JS防水涂料内外喷涂高出底板垫层不小于200

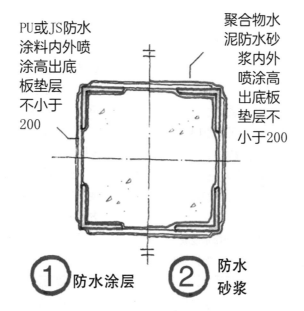

聚合物水泥防水砂浆内外喷涂高出底板垫层不小于200

① **防水涂层**

② **防水砂浆**

锚筋

止水钢环

钢撑环

🚫 **锚杆止水** 案例

非钢制套管

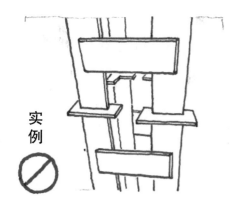

实例

🚫

格构柱近底板处的防水处理：不推荐止水钢板，因其与主防水层错开设置，未形成连续防水，且清理难、焊不严，板下混凝土不密实。事倍功半。

建议按节点1或2，其剖立面示意详上页之1节点。

锚筋套管多为PVC，只能用撑环。
止水环止水效果有限，锚筋加焊退火。
锚杆防水节点详WSA第262页。

锚杆不宜焊接

钢套管

🚫 **锚杆撑焊实例**

地下预拼管廊

管廊细而长，应首选预拼。下述方案仅为抛砖引玉，图文均系概述。

预拼的主要问题是受现有规范制约，或因陈旧技术所致，令系统优化受限。

当前预制拼装城市综合管廊最大的问题是管段太短、拼接缝太多、沉降难控、渗漏严重，多靠排水维持运行，其寿命远远低于 100 年的要求。已投入运行中的管廊，总是在讨论渗漏治理。实际上，运行中的管段部分也几乎没有可维修性。有鉴于此提出全新技术方案，要点如下：

1. 采用上下分舱，两舱叠置。下舱为整体弱缝现浇全刚自防水混凝土，包含雨水"管"和污水"管"，兼作上舱之箱型基础。所述弱缝，即相邻出线井区段内（@约可达 500m）只设后浇带，不设变形缝。上舱轻型加长预拼，亦采用全刚自防水混凝土，包含给水管加燃气管舱和电缆线舱，两舱室间采用预制轻质密封分隔。

2. 与现浇出线井（工作井）连接时，上、下舱之标准段与出线井之间设置现浇过渡舱段。过渡舱段与标准舱段衔接按后浇带；过渡舱段与出线井衔接则按变形缝，过渡舱段亦为现浇全刚自防水。

3. 全刚自防水混凝土系采用内掺纯天然无机活性抗裂自愈粉之防水混凝土。若采用内掺型 CCCW，则应注意品牌及其协调服务。

4. 密封接缝

标准舱段：预拼接缝中部，粘接嵌置双道柔性密封胶圈，内侧加作橡塑弹性体耐水粘结密封止水圈（专利技术）；外侧采用传统密封胶；外侧底部拼接缝为 PE 开孔空心泡沫条，低压注入进口水性膨胀型聚氨酯材料，固化后形成

永久均压弹性密封体（此项技术有待实验）。

顶板、侧壁拼缝外侧之密封胶、上下舱之间外侧密封胶均为聚氨酯密封胶，并应全部形成连续密封。

过渡舱与出线井连接之变形缝采用外置嵌锚连续密封、内置带钢护板的粘锚连续密封胶圈密封。

5. 后浇带构造设计。所有后浇带，采用无网或拆网专利技术，并辅以 SM 胶及预注浆系统。

6. 轻型上舱。管段顶、两端分别加设纵横向内肋，侧壁则加设纵横向内肋。纵横肋交接节点处预设锚孔，可装滑轮吊钩，空间利用率高，方便室内小空间内安装维修活动。

较详细的讨论请参阅《预拼（支线）管廊相关设计探讨》（《中国建筑防水》，2019 年第 10 期）。更为具体的内容，则收在附文《预拼（支线）管廊新系统》之中。

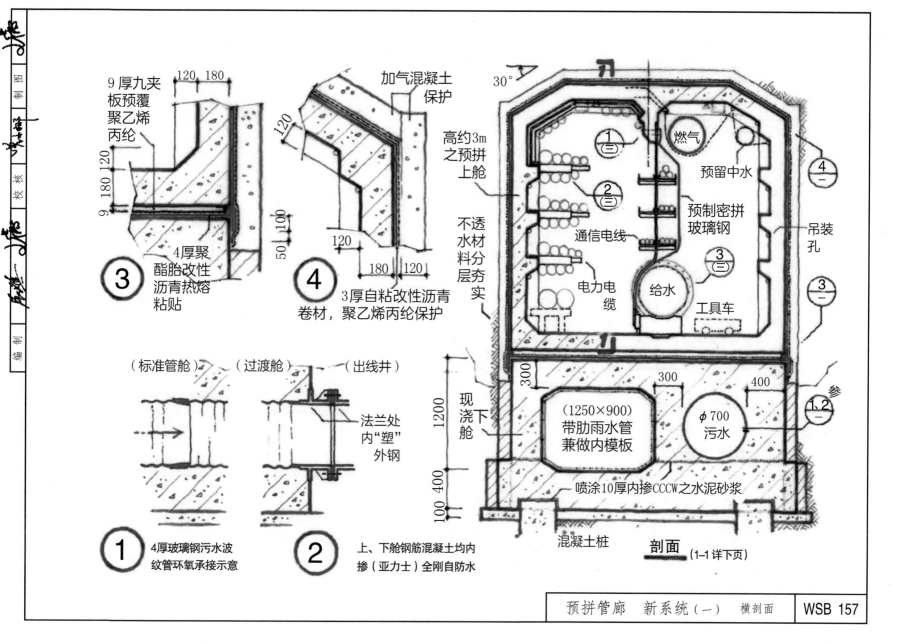

9厚九夹板预覆聚乙烯丙纶

120　180

9　180　120

4厚聚酯胎改性沥青热熔粘贴

③

加气混凝土保护

120

120

50　100

180　120

③厚自粘改性沥青卷材，聚乙烯丙纶保护

④

（标准管舱）　（过渡舱）　（出线井）

法兰处内"塑"外钢

① 4厚玻璃钢污水波纹管环氧承接示意

② 上、下舱钢筋混凝土均内掺（亚力士）全刚自防水

30°

①（三）

②（三）

③（三）

燃气

预留中水

预制密拼玻璃钢

吊装孔

④—

③—

高约3m之预拼上舱

不透水材料分层夯实

通信电线

电力电缆

给水

工具车

1.2 参—

1200

100　400

300

300

400

现浇下舱

（1250×900）带肋雨水管兼做内模板

φ700污水

喷涂10厚内掺CCCW之水泥砂浆

混凝土桩

剖面 (1-1详下页)

预拼管廊　新系统（一）　横剖面

WSB 157

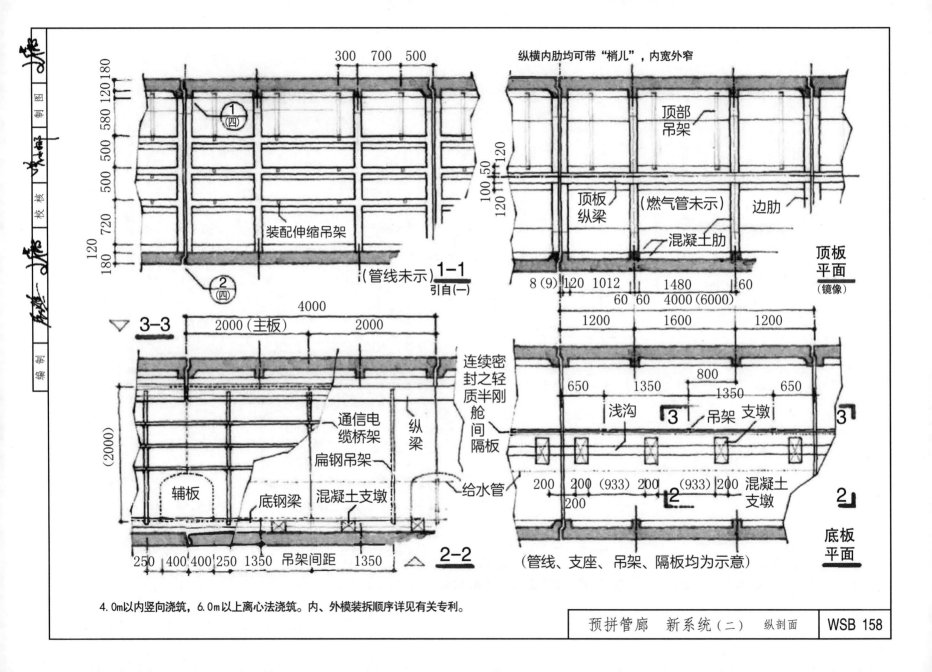

纵横内肋均可带"梢儿"，内宽外窄

300 700 500

580 120 180
500
500
720
120
180
120

①（四）

②（四）

装配伸缩吊架

（管线未示）**1—1**
引自（一）

100 50
100 120

顶部吊架

顶板纵梁

（燃气管未示）

边肋

混凝土肋

顶板平面（镜像）

8（9）120 1012 1480 60
60 60 4000（6000）

4000
2000（主板） 2000

3—3

（2000）

通信电缆桥架

纵梁

连续密封之轻质半刚舱间隔板

扁钢吊架

辅板

底钢梁

混凝土支墩

给水管

250 400 400 250 1350 吊架间距 1350

2—2

1200 1600 1200

650 1350 800 1350 650

浅沟 吊架 支墩

3 **3**

2

200 200（933）200 （933）200 混凝土支墩
200

2

（管线、支座、吊架、隔板均为示意）

底板平面

4.0m以内竖向浇筑，6.0m以上离心法浇筑。内、外模装拆顺序详见有关专利。

预拼管廊　新系统（二）　　纵剖面　　WSB 158

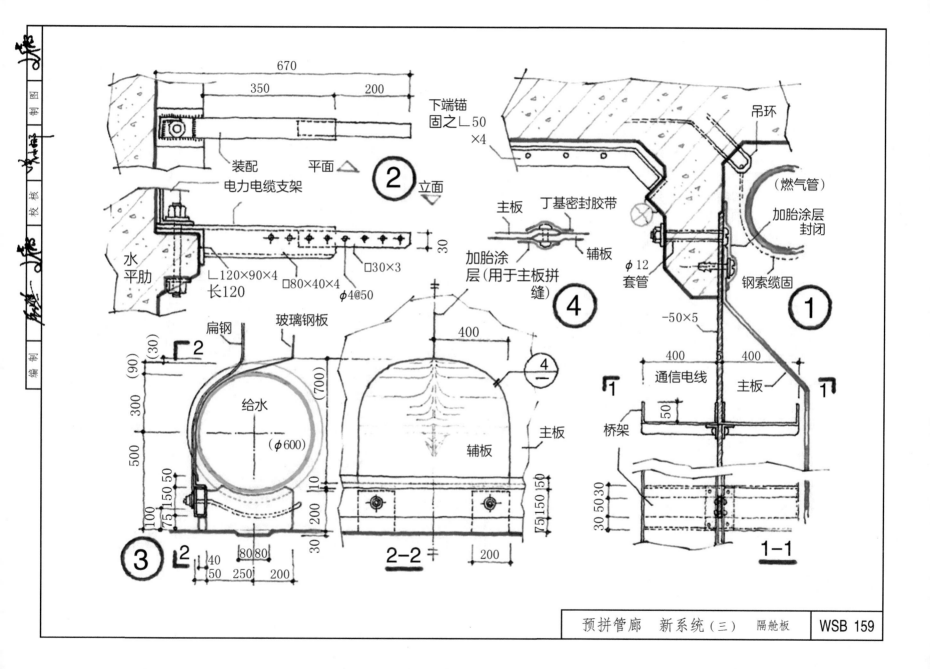

670
350　200

下端锚
固之∟50
×4

吊环

装配
电力电缆支架　平面　△　②　立面　▽

（燃气管）

加胎涂层
封闭

主板　丁基密封胶带

辅板

水
平肋

加胎涂
层（用于主板拼
缝）　④

φ12
套管

钢索缆固

∟120×90×4
长120

□30×3

□80×40×4
φ4@50

30

−50×5

扁钢　玻璃钢板

400

④

400　5　400

通信电线　主板

（30）
（90）

（700）

给水

（φ600）

主板

辅板

50

桥架

300
500

75 150 50

10
200

75 150 50

30 50 30

③　∟2

40
50　250　200
80 80

30

2−2　200

1−1

预拼管廊　新系统（三）　隔舱板　WSB 159

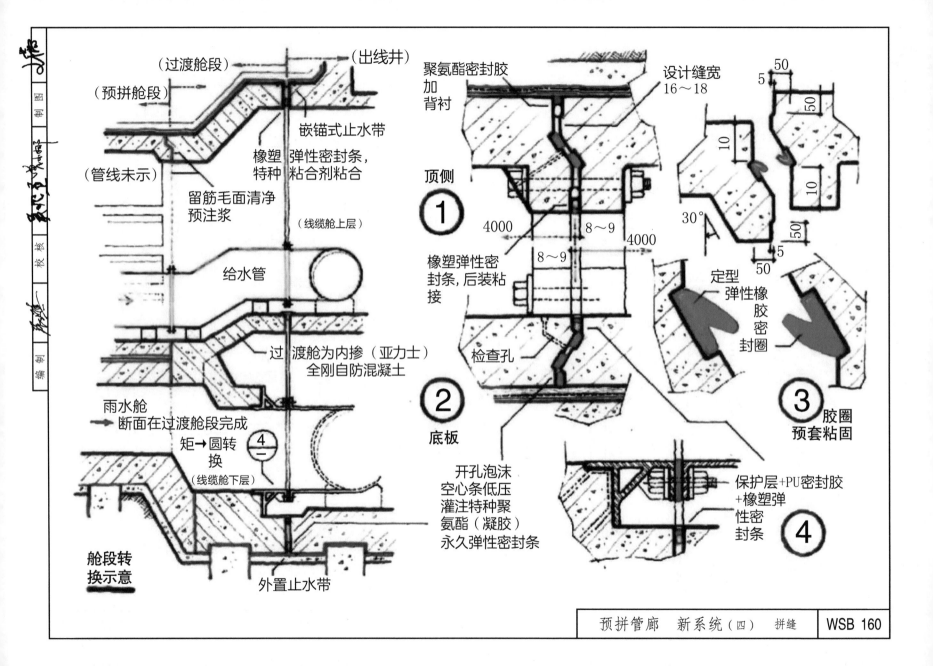

（过渡舱段）　　　（出线井）

（预拼舱段）

（管线未示）

聚氨酯密封胶
加
背衬

设计缝宽
16～18

嵌锚式止水带

橡塑 弹性密封条，
特种 粘合剂粘合

留筋毛面清净
预注浆

（线缆舱上层）

顶侧

① 4000　　8～9　　4000

8～9

给水管

橡塑弹性密
封条，后装粘
接

30°

过 渡舱为内掺（亚力士）
全刚自防混凝土

定型
弹性橡
胶密
封圈

检查孔

雨水舱
断面在过渡舱段完成

矩→圆转
换

④

（线缆舱下层）

② 底板

③ 胶圈
预套粘固

开孔泡沫
空心条低压
灌注特种聚
氨酯（凝胶）
永久弹性密封条

保护层+PU密封胶
+橡塑弹
性密
封条

④

舱段转
换示意

外置止水带

预拼管廊　新系统（四）　拼缝　　WSB 160

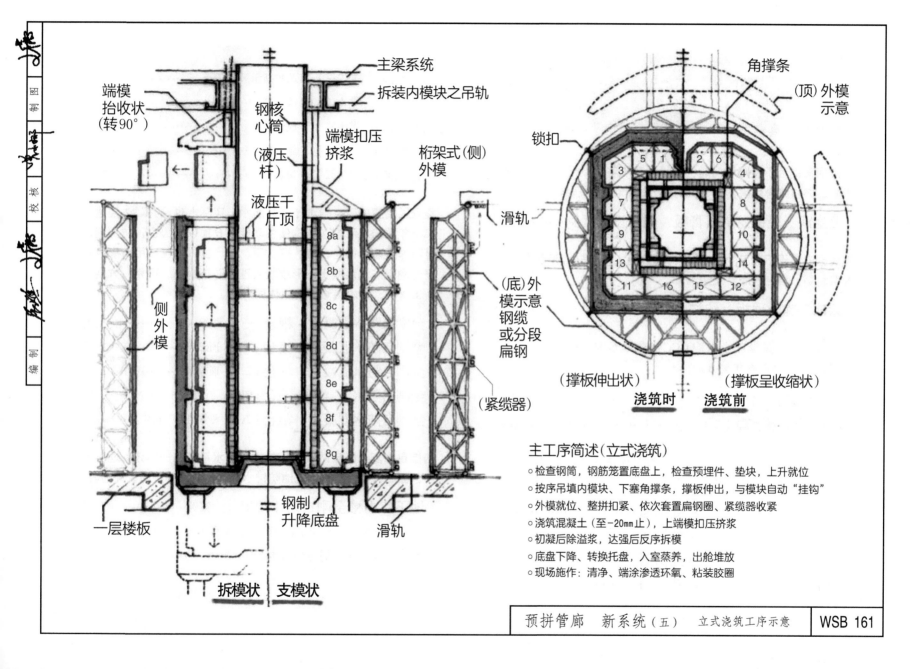

主梁系统
拆装内模块之吊轨
角撑条
（顶）外模示意
端模抬收状（转90°）
钢核心筒（液压杆）
端模扣压挤浆
桁架式（侧）外模
锁扣
滑轨
侧外模
液压千斤顶
8a
8b
8c
8d
8e
8f
8g
（底）外模示意钢缆或分段扁钢
（紧缆器）
（撑板伸出状）
（撑板呈收缩状）
浇筑时
浇筑前

一层楼板
钢制升降底盘
滑轨

拆模状 支模状

主工序简述（立式浇筑）

○检查钢筒，钢筋笼置底盘上，检查预埋件、垫块，上升就位
○按序吊填内模块、下塞角撑条，撑板伸出，与模块自动"挂钩"
○外模就位、整拼扣紧、依次套置扁钢圈、紧缆器收紧
○浇筑混凝土（至-20mm止），上端模扣压挤浆
○初凝后除溢浆，达强后反序拆模
○底盘下降、转换托盘，入室蒸养，出舱堆放
○现场施作：清净、端涂渗透环氧、粘装胶圈

主体（结构）防水

本节原始资料多来自专项技术咨询

淋浴间案例远不止隔墙问题，其地面高于客房，无法考虑暗水排除，必将终身受害，是典型的拆分设计带来的恶果。

填筑泳池源于下沉卫生间。除了方便分包，一无是处，浪费空间，浪费材料，费工费时，无法维修。

沉降缝治理，是混凝土内掺CCCW最早案例之一。详参《中国建筑防水》2006年第8期。

后接短通道及底板改扩建两案例，都是无法施作外柔防水时，采用内掺自修复全刚自防水的工程。

粮仓因滑膜施工，很难施作外防水，实际上也没有耐久性达到二十年的防水涂层。根据使用功能，仓顶以排为主，防为辅，可不作柔防。如是，底、壁、顶、盖、主体统统采用内掺自修复全刚自防水混凝土，形成最合理的防排系统，可靠、方便，省工省时，基本免修，与主体同寿命。

内掺自修复全刚自防水，只是主体防水系统的一部分，地下室平剖面设计、大挑台、花池防排水等，也属该系统的设计内容。

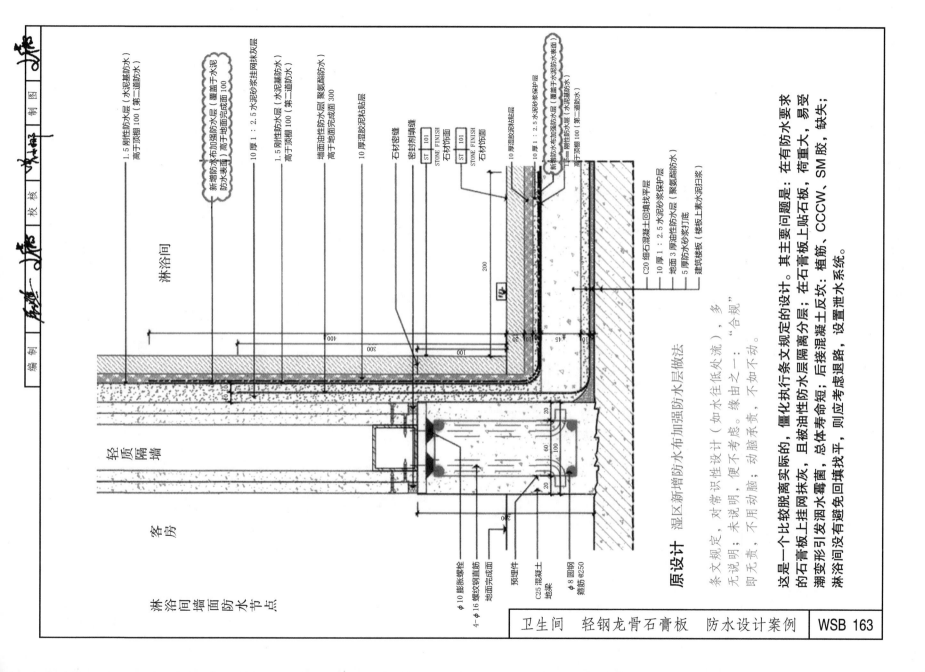

淋浴间

轻质隔墙

客房

1.5刚性防水层（水泥基防水）
高于顶棚面（第二道防水）

新增防水布加强防水层（覆盖干水泥面）
防水表面）高于地面完成面100

10厚1：2.5水泥砂浆挂网抹灰层
1.5刚性防水层（水泥基防水）
高于顶棚100（第二道防水）

墙面油性防水层 聚氨酯防水
高于地面完成面300

10厚湿胶泥粘贴层

石材密缝
密封剂填缝

ST 101
STONE FINISH
石材饰面

ST 101
STONE FINISH
石材饰面

10厚湿胶泥粘贴层

10厚1：2.5水泥砂浆保护层

新增防水布加强防水层（覆盖干水泥防水表面）
高于地面完成面

11mm刚性防水层（水泥基防水）
高于顶棚100（第二道防水）

C20细石混凝土回填找平层
10厚1：2.5水泥砂浆隔离层
地面3厚油性防水（聚氨酯防水）
5厚防水砂浆打底
建筑楼板（楼板上素水泥浆）

淋浴间墙面防水节点

φ10膨胀螺栓
4~φ16螺纹直筋
地面完成面
预埋件
C25混凝土地梁
φ8圆钢箍筋@250

原设计 湿区新增防水布加强防水层做法

条文规定，对常识性设计（如水往低处流），多无说明；未说明，便于考虑。缘由之一："合规"即无说，不用动脑；动脑承责，不如不动。

这是一个比较脱离实际的，僵化执行条文规定的设计。其主要问题是：在有防水要求的石膏板上挂网抹灰，且被油性防水层隔离分层；在石膏板上贴石板，荷重大，易受潮变形引发涵水霉菌，总体寿命短；后接混凝土反坎：植筋、CCCW、SM胶、缺失；淋浴浴间没有考虑着回填找平，则应考虑泄退路，设置泄水系统。

卫生间 轻钢龙骨石膏板 防水设计案例 WSB 163

泳池标准做法　　水面　　泳池标准做法　　铺装

1000　　900　　6500　　900

（被放弃之空间）

地下室顶板　　✗ 原设计

结构也可断开

石粉　　净高约1600之夹层　　人孔　　排水管也可露明

水面

结构宜断开

泄水系统　　暗排水管　　① 优化方案

顶板池底也可合二而一

铺装

2300

400×6=2400　　300

原设计 ③

原设计 ②

（被放弃之空间）

C20

900

地下室顶板

泳池标准做法

淋浴用房　　草坪　　铺装

泳池标准做法

C20混凝土

顶板

石粉　　1600

2300

900

优化方案 ②

不少于2000之夹层　　增设了泄水系统

1200

优化方案 ③

1200

吊顶

可省出300～1200的空间

原设计之"泳池（底板）标准做法"，将顶板及其防水拆分出去，设置了石粉或碎石填充层，泳池主防水层仅为JS两道。其构造层类抄录如下：建筑顶板、结构板、20厚1：2.5水泥砂浆、JS高聚物水泥基防水涂料两道、20厚1：2.5水泥砂浆保护层、石粉或碎石垫层、100厚C20素混凝土、20厚1：2.5水泥砂浆保护层、2厚专业马赛克粘合剂、池底20×20碧莎马赛克。　　至少十二层

优化方案顶板、池底合二而一，取消填充层：防水混凝土板、渗透结晶涂层、益胶泥满浆粘贴马赛克，仅五层。可省出300～1200的空间，管线明暗均便，增加了泄水系统。

| 泳池　室外顶板　结构主体优化案例 | WSB 164 |

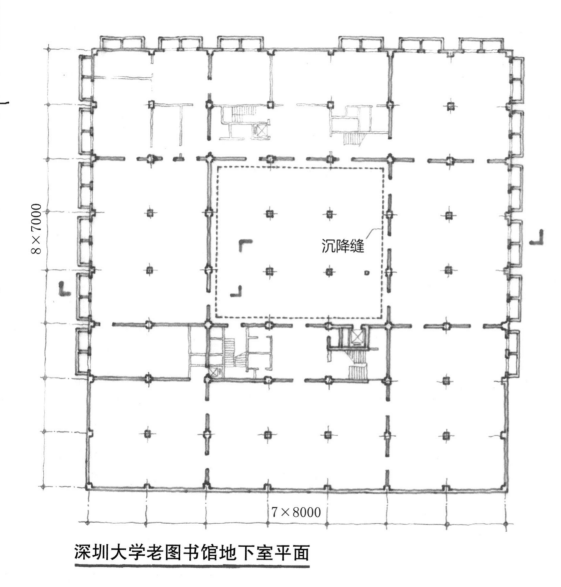

深圳大学老图书馆地下室平面

沉降缝

8×7000

7×8000

深大老图书馆，1985年建，2001年漏，同年秋治理。

经论证，放弃了修复止水带的方案，采用内掺渗透结晶自修复全刚自防水方案。

根据渗漏均发生在止水带处，且已运行16年的现状，可排除再沉降，固可采用刚性方案。

当时防水界对CCCW争议很大，工程实践也只用于涂层。当年，内掺治理的根据是XYPEX产品独立测试的结论：空气渗透量约降一半；密封裂纹，压裂0.2mm，36d后基本封住。此外日本1994年，"桥裂"及加拿大"裂纹测试"，对拼0.2，100d后封闭。新加坡，裂缝自愈深度，放大百倍观察，达20。还有日本原子能研究所"酸蚀"对比100d，抗蚀增一倍。其他裂缝自愈的实验，来自日本中央实验室、美国得克萨斯州休斯敦、澳大利亚等地。

此后许多年，渗透结晶才恢复涂层的应用。内掺被认可，只是近年才出现的事。

底板沉降缝治理（一）　WSB 165

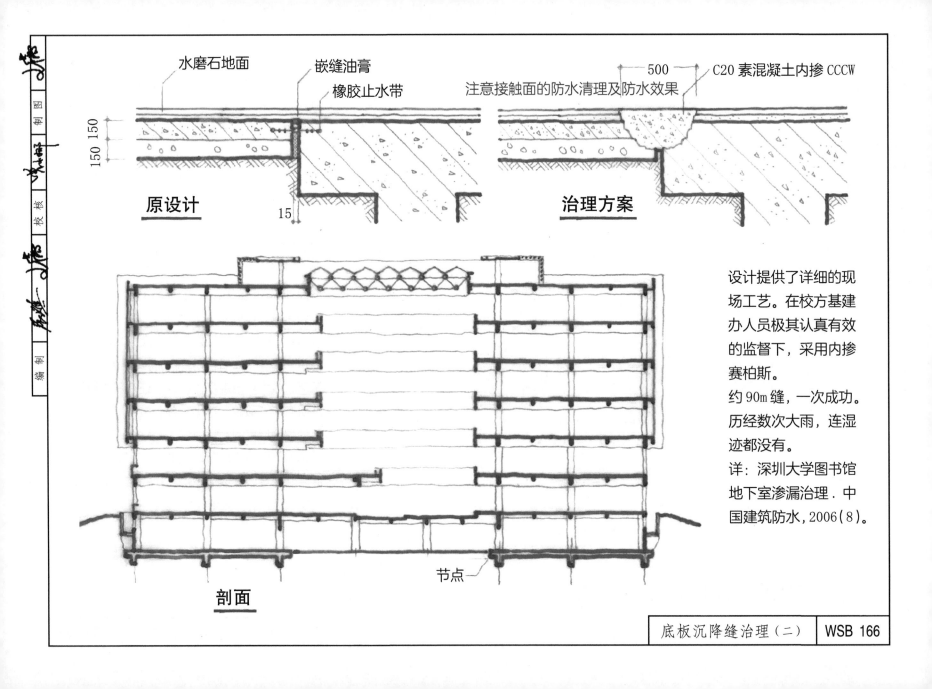

水磨石地面　　　嵌缝油膏

　　　　　　　　橡胶止水带

C20 素混凝土内掺 CCCW

注意接触面的防水清理及防水效果

500

150 150

15

原设计

治理方案

设计提供了详细的现场工艺。在校方基建办人员极其认真有效的监督下，采用内掺赛柏斯。

约 90m 缝，一次成功。历经数次大雨，连湿迹都没有。

详：深圳大学图书馆地下室渗漏治理．中国建筑防水，2006(8)。

节点

剖面

底板沉降缝治理（二）　　WSB 166

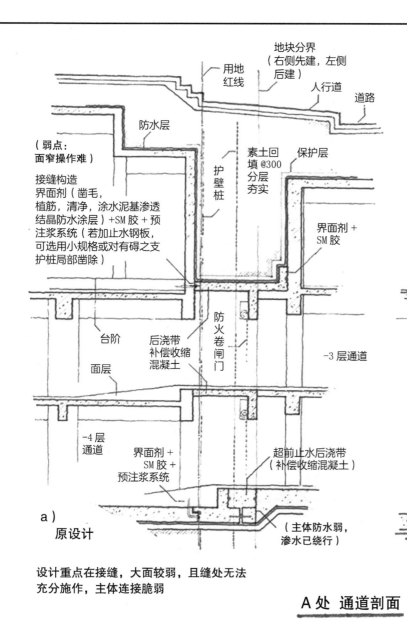

优化设计要点，通过采用厚度不小于500之内掺自防水混凝土，与既有混凝土主体形成不少于1500的密接面，辅以SM胶及注浆系统。简洁、可靠、省工，必要时预留暗水排除系统。

该短通道建于两座大型公建之间。A处在地下四层、地下三层；B处在地下二层（按埋深）。

先建一侧，坚守红线，拒绝预留；后建一侧，按地块分界设计，半预留。

设计，曾"认真硬套"常用构造，后作了优化处理，形成原设计。

其主要缺点：原外柔防水层搭接宽度无法有效保留。左上混凝土主体连接面太弱。右下通道无须超前止水。

施工，认为可按自己经验施工。

质监部门：渗漏发生在哪一侧，哪侧承担责任。

A处 通道剖面

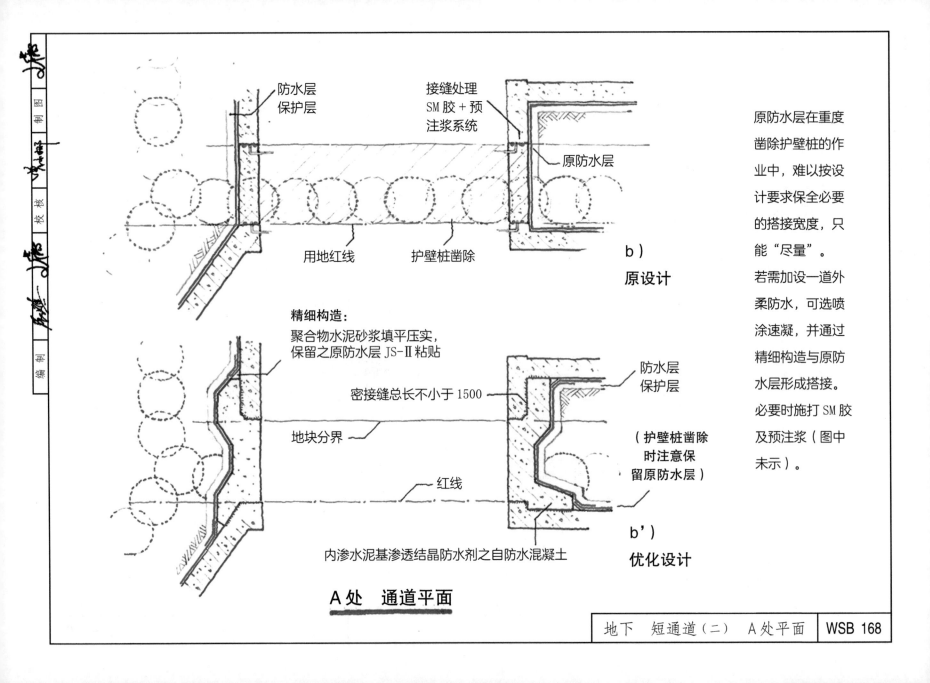

防水层
保护层

接缝处理
SM胶＋预
注浆系统

原防水层

用地红线　　护壁桩凿除

b）
原设计

精细构造：
聚合物水泥砂浆填平压实，
保留之原防水层 JS-Ⅱ 粘贴

密接缝总长不小于 1500

地块分界

红线

内渗水泥基渗透结晶防水剂之自防水混凝土

防水层
保护层

（护壁桩凿除
时注意保
留原防水层）

b'）
优化设计

A处　通道平面

原防水层在重度
凿除护壁桩的作
业中，难以按设
计要求保全必要
的搭接宽度，只
能"尽量"。
若需加设一道外
柔防水，可选喷
涂速凝，并通过
精细构造与原防
水层形成搭接。
必要时施打 SM 胶
及预注浆（图中
未示）。

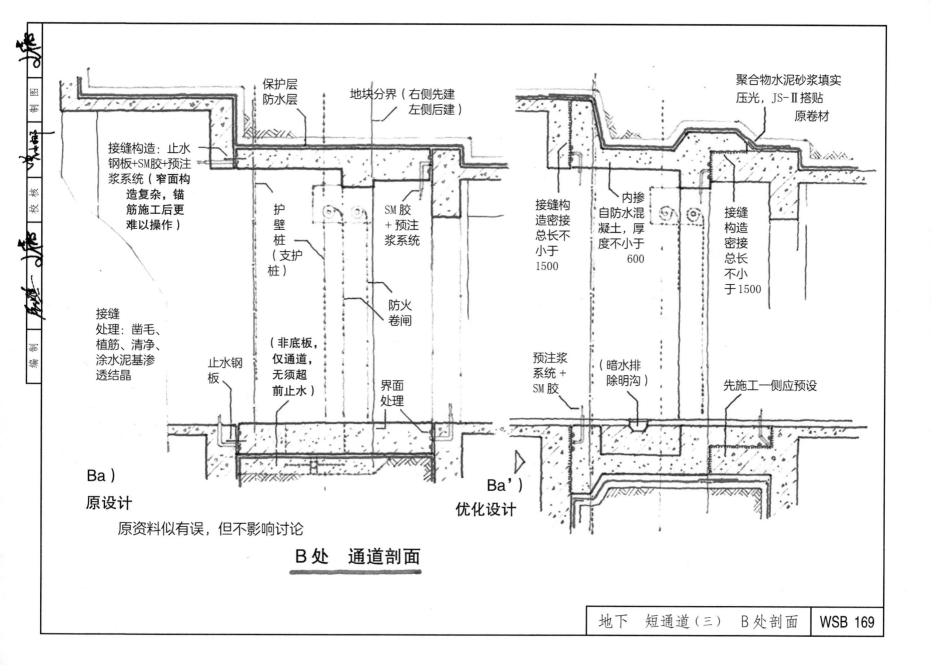

接缝构造：止水钢板+SM胶+预注浆系统（窄面构造复杂，锚筋施工后更难以操作）

保护层
防水层

地块分界（右侧先建左侧后建）

聚合物水泥砂浆填实压光，JS-Ⅱ搭贴原卷材

护壁桩（支护桩）

SM胶+预注浆系统

防火卷闸

接缝构造密接总长不小于1500

内掺自防水混凝土，厚度不小于600

接缝构造密接总长不小于1500

接缝处理：凿毛、植筋、清净、涂水泥基渗透结晶

止水钢板

（非底板，仅通道，无须超前止水）

界面处理

预注浆系统+SM胶

（暗水排除明沟）

先施工一侧应预设

Ba）
原设计

Ba'）
优化设计

原资料似有误，但不影响讨论

B处 通道剖面

地下 短通道（三） B处剖面   WSB 169

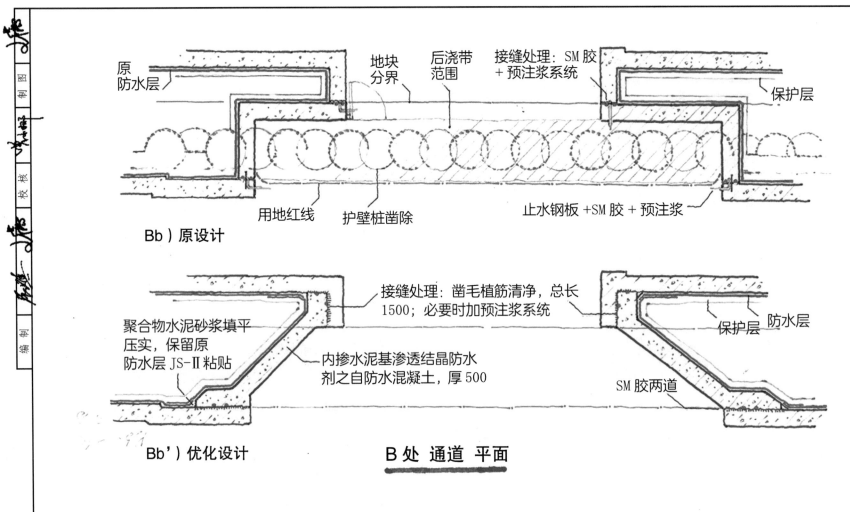

原防水层

地块分界

后浇带范围

接缝处理：SM胶＋预注浆系统

保护层

用地红线

护壁桩凿除

止水钢板＋SM胶＋预注浆

Bb）原设计

聚合物水泥砂浆填平压实，保留原防水层 JS-Ⅱ粘贴

接缝处理：凿毛植筋清净，总长1500；必要时加预注浆系统

内掺水泥基渗透结晶防水剂之自防水混凝土，厚500

保护层

防水层

SM胶两道

Bb'）优化设计

B 处 通道 平面

用地红线和地块分界的划分，不应影响短通道的设计施工。

优化设计，只能由主管部门通过强力协调，以确保通道防水质量为前提，做好服务，方能实现。

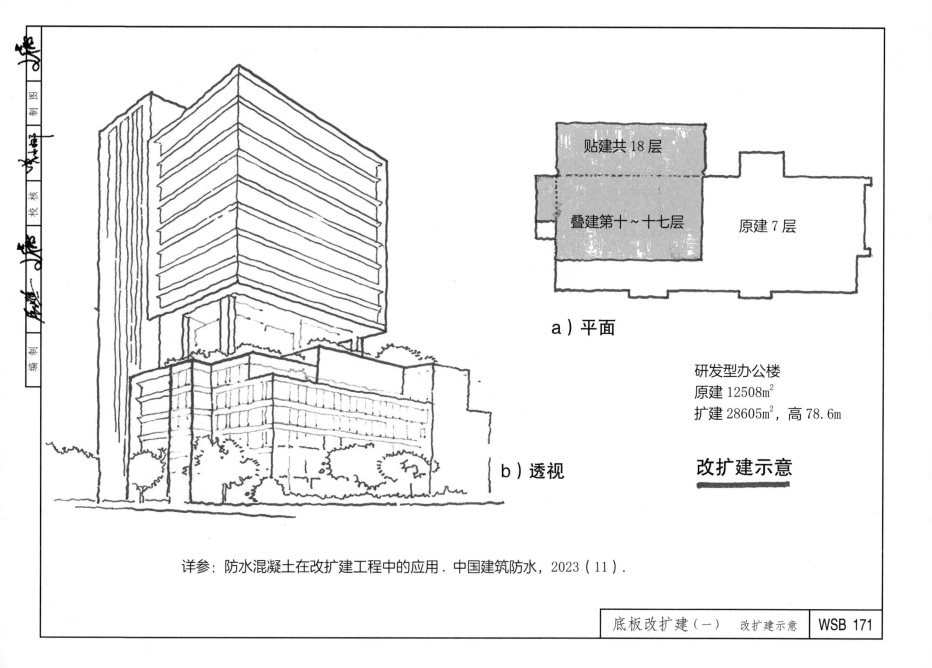

a）平面

研发型办公楼
原建 12508m²
扩建 28605m²，高 78.6m

b）透视

改扩建示意

贴建共18层

叠建第十～十七层

原建7层

详参：防水混凝土在改扩建工程中的应用．中国建筑防水，2023（11）．

底板改扩建（一） 改扩建示意 WSB 171

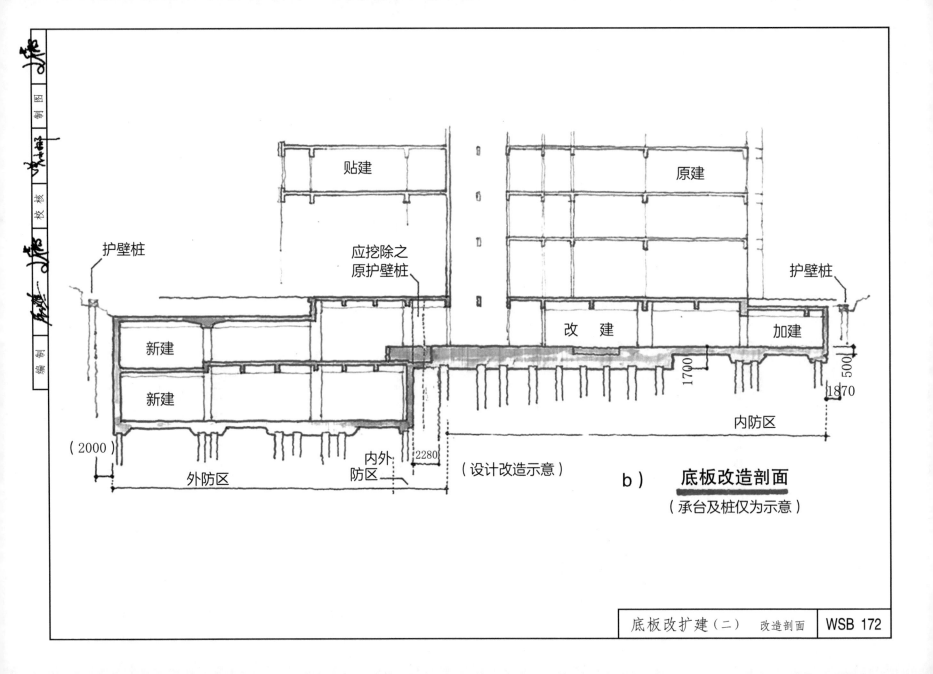

贴建

原建

护壁桩

应挖除之
原护壁桩

护壁桩

改　建

加建

新建

1700

500

新建

1870

内防区

(2000)

内外
防区

2280

(设计改造示意)

外防区

b ） **底板改造剖面**

（承台及桩仅为示意）

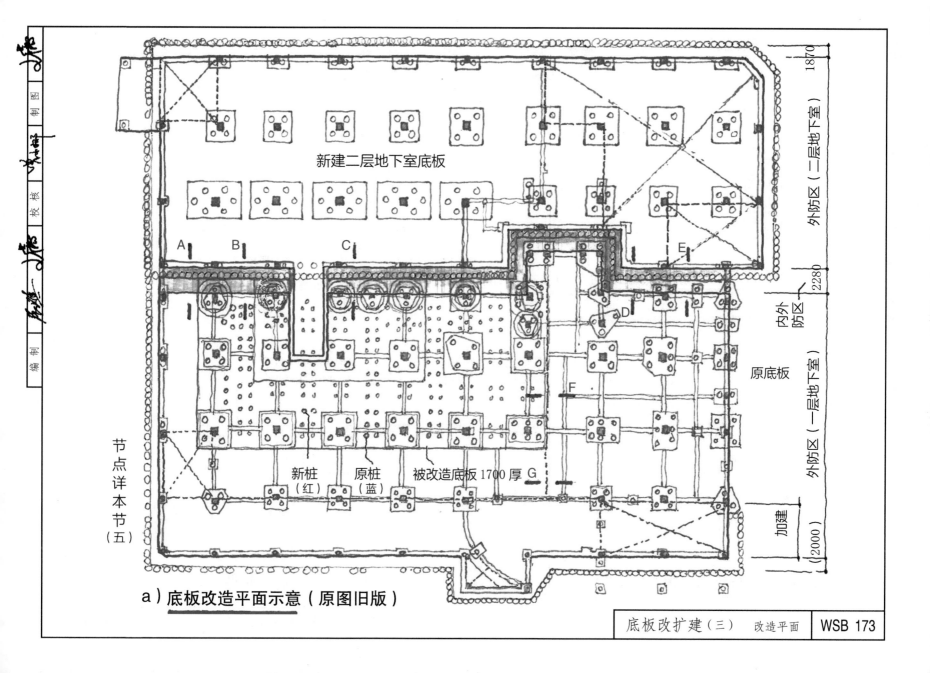

新建二层地下室底板

节点详本节（五）

A B C

E

D

内外防区

外防区（二层地下室）

1870

2280

原底板

F

新桩（红） 原桩（蓝） 被改造底板1700厚 G

加建

（2000）

外防区（一层地下室）

a）底板改造平面示意（原图旧版）

底板改扩建（三）　　改造平面　　WSB 173

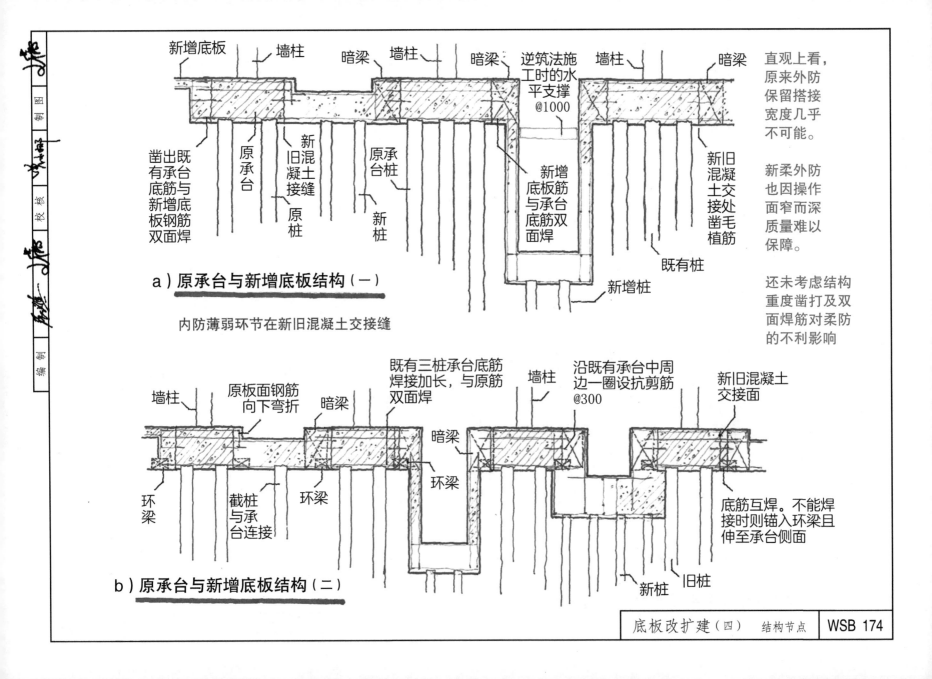

直观上看，原来外防保留搭接宽度几乎不可能。

新柔外防也因操作面窄而深质量难以保障。

还未考虑结构重度凿打及双面焊筋对柔防的不利影响

a）原承台与新增底板结构（一）

内防薄弱环节在新旧混凝土交接缝

新增底板 墙柱 暗梁 墙柱 暗梁 逆筑法施工时的水平支撑 @1000 墙柱 暗梁

凿出既有承台底筋与新增底板钢筋双面焊 原承台 新旧混凝土接缝 原桩 原承台桩 新桩 新增底板筋与承台底筋双面焊 新旧混凝土交接处凿毛植筋 既有桩 新增桩

b）原承台与新增底板结构（二）

墙柱 原板面钢筋向下弯折 暗梁 既有三桩承台底筋焊接加长，与原筋双面焊 墙柱 沿既有承台中周边一圈设抗剪筋 @300 新旧混凝土交接面

环梁 截桩与承台连接 环梁 暗梁 环梁 底筋互焊。不能焊接时则锚入环梁且伸至承台侧面 新桩 旧桩

底板改扩建（四） 结构节点 **WSB 174**

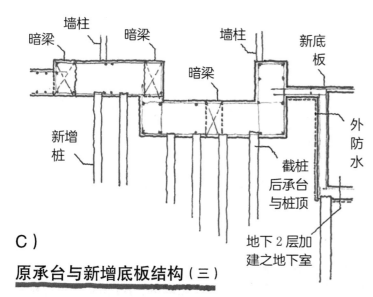

C)

原承台与新增底板结构（三）

结构采取一系列构造措施防止不均匀沉降，但解决不了新旧混凝土交接缝处的防水。建议保留外防水，只是一厢情愿；仅靠内防，几乎是自欺欺人。

小结

对复杂问题，若仍用传统构造，将导致逻辑欠周，设计也会拖泥带水，施工更将大打折扣，即主观想做好，客观不能为。

实际上，绝大多数情况下，地下防水都是结构主体为主，防水层为辅。任何主体防水都应在设计施工时，集成到结构中。

无法施作外柔防水时，内掺自修复全刚自防水混凝土，几乎是唯一合理的一级防水设计。

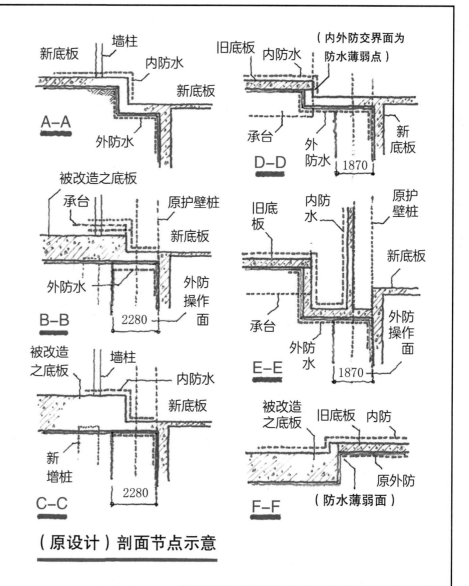

（原设计）剖面节点示意

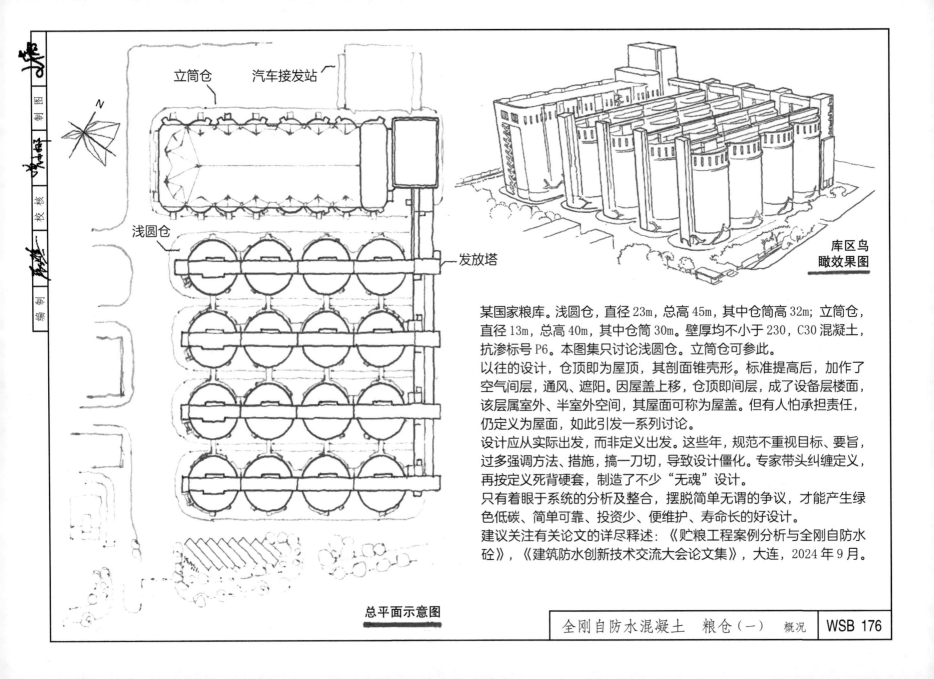

立筒仓　　汽车接发站

浅圆仓

发放塔

总平面示意图

库区鸟
瞰效果图

某国家粮库。浅圆仓，直径 23m，总高 45m，其中仓筒高 32m；立筒仓，直径 13m，总高 40m，其中仓筒 30m。壁厚均不小于 230，C30 混凝土，抗渗标号 P6。本图集只讨论浅圆仓。立筒仓可参此。

以往的设计，仓顶即为屋顶，其剖面锥壳形。标准提高后，加作了空气间层，通风、遮阳。因屋盖上移，仓顶即层，成了设备层楼面，该层属室外、半室外空间，其屋面可称为屋盖。但有人怕承担责任，仍定义为屋面，如此引发一系列讨论。

设计应从实际出发，而非定义出发。这些年，规范不重视目标、要旨，过多强调方法、措施，搞一刀切，导致设计僵化。专家带头纠缠定义，再按定义死背硬套，制造了不少"无魂"设计。

只有着眼于系统的分析及整合，摆脱简单无谓的争议，才能产生绿色低碳、简单可靠、投资少、便维护、寿命长的好设计。

建议关注有关论文的详尽释述：《贮粮工程案例分析与全刚自防水砼》，《建筑防水创新技术交流大会论文集》，大连，2024 年 9 月。

全刚自防水混凝土　粮仓（一）　概况　　WSB 176

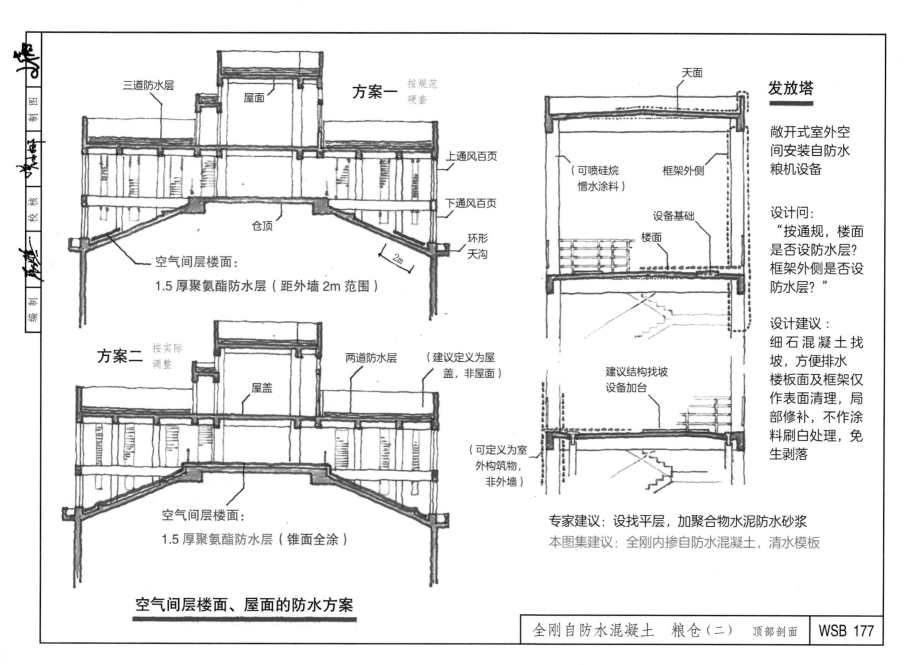

三道防水层

屋面

方案一 　按规范硬套

上通风百页

下通风百页

仓顶

环形天沟

2m

空气间层楼面：

1.5 厚聚氨酯防水层（距外墙 2m 范围）

方案二 　按实际调整

屋盖

两道防水层

（建议定义为屋盖，非屋面）

空气间层楼面：

1.5 厚聚氨酯防水层（锥面全涂）

空气间层楼面、屋面的防水方案

天面

发放塔

敞开式室外空间安装自防水粮机设备

（可喷硅烷憎水涂料）

框架外侧

设备基础

楼面

建议结构找坡
设备加台

（可定义为室外构筑物，非外墙）

设计问：
"按通规，楼面是否设防水层？框架外侧是否设防水层？"

设计建议：
细石混凝土找坡，方便排水
楼板面及框架仅作表面清理，局部修补，不作涂料刷白处理，免生剥落

专家建议：设找平层，加聚合物水泥防水砂浆

本图集建议：全刚内掺自防水混凝土，清水模板

| 全刚自防水混凝土　粮仓（二） | 顶部剖面 | WSB 177 |

落地通风洞口，兼排水豁口

仓身下部金属辅件

溢水口

环形排水沟

仓下层平台

女儿墙

水落口

锥台

变形缝

环沟

水落口

女儿墙

5%

通风空气间层楼板平面（仓顶）

通风空气间层屋顶平面（屋盖）

（环形排水）

（两坡排水）

仓底出粮口

仓下层室外钢梯

仓底出粮口

仓底出粮口

仓身平面

仓顶设备层内装
设备管道，虽可自防水，但因侧墙穿管，屋盖可按屋面简单设防一道。参考本节（五）

浅圆仓仓顶，若定义为"屋面"，至少设一道防水；按通则，则需三道。按实际需要，兼顾规范，折中后，建议将三道分散在两层"屋面板"上，详本节（二）之方案一、方案二。

存在的问题：空气间层周圈开窗通风，其内设备为自防水，没有防水要求。

其他问题：若柔性设防，应加设刚性保护，仓顶兼设备层，约30°的锥面需设置下滑构造；仓顶设备有诸多穿顶管道，顶下设吊杆，构造复杂，对防水不利。环形天沟亦然，复杂的构造令高空维护维修不便，详本节（五）。

推荐方案：按实际需要，不死套，以排为主，详本节（三）及其局部放大（四）。采用全刚自防水混凝土，详本节（五）。

全刚自防水混凝土 粮仓（三） 顶部平面

WSB 178

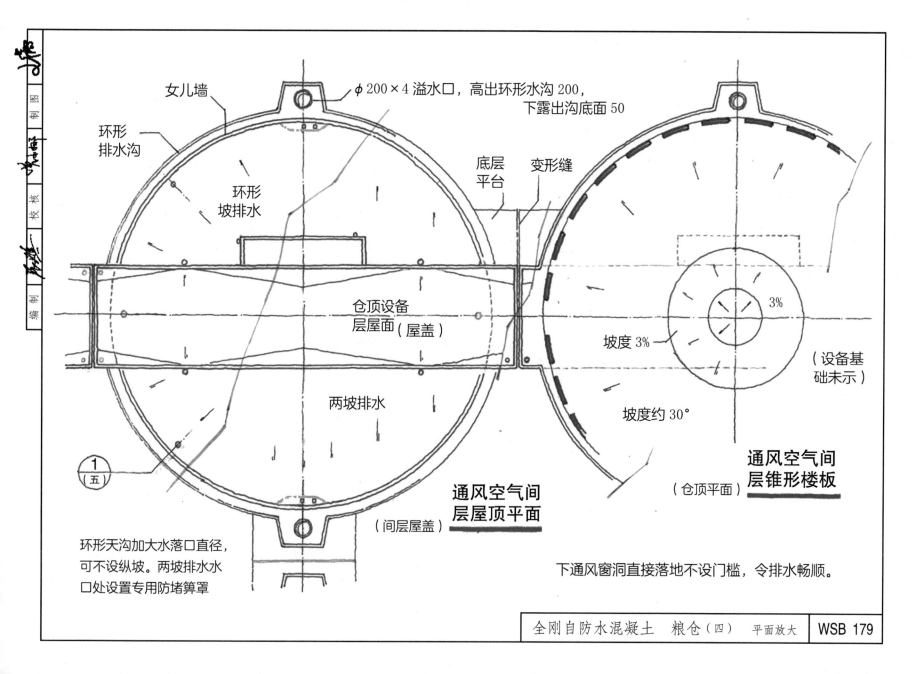

女儿墙

环形排水沟

环形坡排水

$\phi 200 \times 4$ 溢水口，高出环形水沟 200，下露出沟底面 50

底层平台

变形缝

仓顶设备层屋面（屋盖）

两坡排水

坡度 3%

3%

坡度约 30°

（设备基础未示）

①（五）

通风空气间层屋顶平面

（间层屋盖）

通风空气间层锥形楼板

（仓顶平面）

环形天沟加大水落口直径，可不设纵坡。两坡排水水口处设置专用防堵箅罩

下通风窗洞直接落地不设门槛，令排水畅顺。

全刚自防水混凝土　粮仓（四）　平面放大　WSB 179

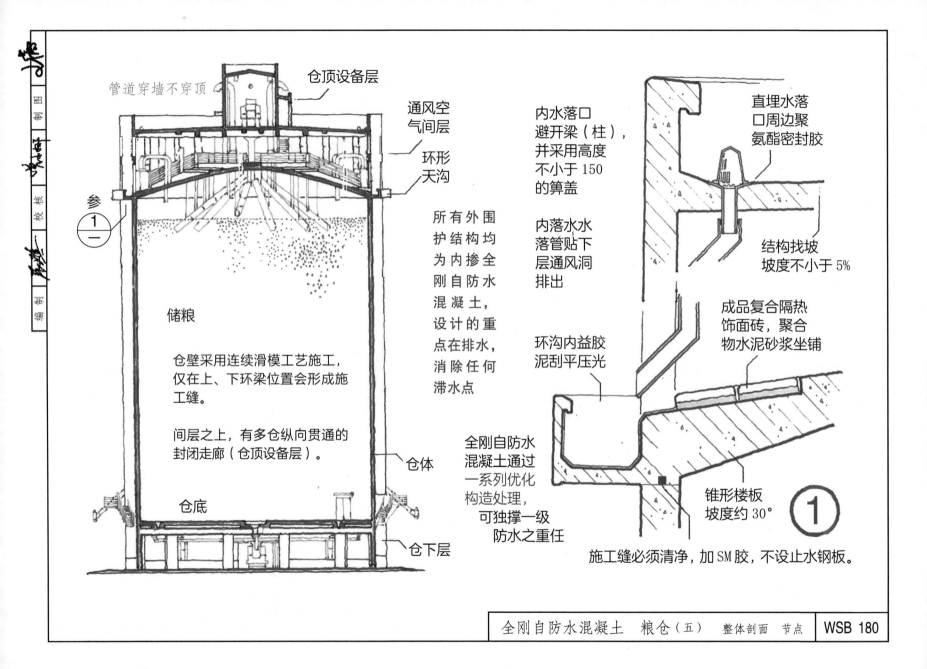

管道穿墙不穿顶

仓顶设备层

通风空气间层

环形天沟

参 ①

储粮

仓壁采用连续滑模工艺施工，仅在上、下环梁位置会形成施工缝。

间层之上，有多仓纵向贯通的封闭走廊（仓顶设备层）。

仓体

仓底

仓下层

所有外围护结构均为内掺全刚自防水混凝土，设计的重点在排水，消除任何滞水点

内水落口避开梁（柱），并采用高度不小于150的箅盖

内落水水落管贴下层通风洞排出

环沟内益胶泥刮平压光

全刚自防水混凝土通过一系列优化构造处理，可独撑一级防水之重任

直埋水落口周边聚氨酯密封胶

结构找坡坡度不小于5%

成品复合隔热饰面砖，聚合物水泥砂浆坐铺

锥形楼板坡度约30°

①

施工缝必须清净，加SM胶，不设止水钢板。

全刚自防水混凝土　粮仓（五）　整体剖面　节点　WSB 180

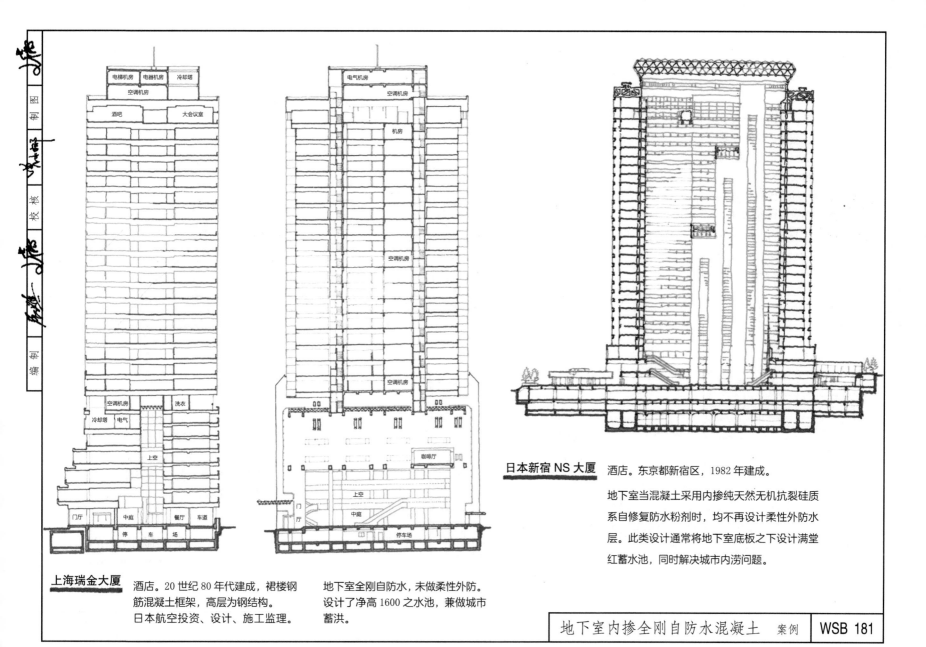

上海瑞金大厦 酒店。20世纪80年代建成，裙楼钢筋混凝土框架，高层为钢结构。日本航空投资、设计、施工监理。

地下室全刚自防水，未做柔性外防。设计了净高1600之水池，兼做城市蓄洪。

日本新宿NS大厦 酒店。东京都新宿区，1982年建成。

地下室当混凝土采用内掺纯天然无机抗裂硅质系自修复防水粉剂时，均不再设计柔性外防水层。此类设计通常将地下室底板之下设计满堂红蓄水池，同时解决城市内涝问题。

地下室内掺全刚自防水混凝土　案例　　WSB 181

冲绳县。1975 年建设。
地下、屋顶、花池、管道
廊之防水，全部由结构主
体配合设计。
此外，凡需排除明暗水之
处，均设置在最低点，

月亮海滩住宅酒店

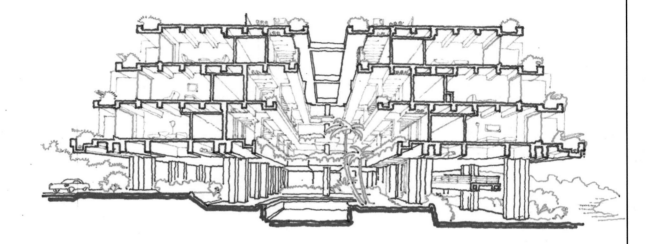

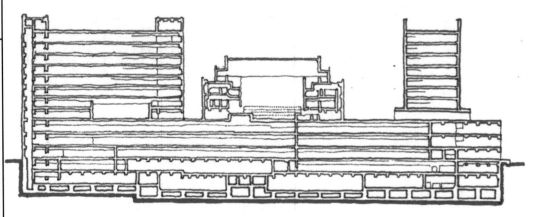

日本千叶县。1978 年建设。
地下两层，钢筋混凝土采用
内掺纯天然无机抗裂硅质系
自修复防水粉剂。底板设计
满堂红蓄水池。

大型购物中心

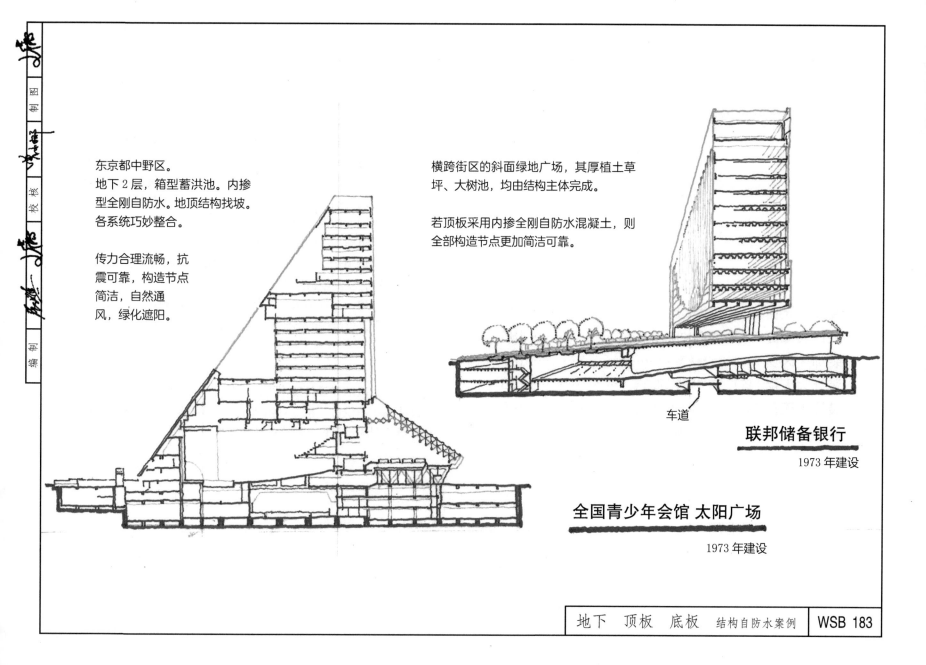

东京都中野区。
地下2层，箱型蓄洪池。内掺
型全刚自防水。地顶结构找坡。
各系统巧妙整合。

传力合理流畅，抗
震可靠，构造节点
简洁，自然通
风，绿化遮阳。

横跨街区的斜面绿地广场，其厚植土草
坪、大树池，均由结构主体完成。

若顶板采用内掺全刚自防水混凝土，则
全部构造节点更加简洁可靠。

车道

联邦储备银行

1973 年建设

全国青少年会馆 太阳广场

1973 年建设

装饰大天窗

本节相关资料源自专项技术咨询

大天窗原始设计的装饰性，应该经过层层把关。后续工作遇到的一系列功能要求，如天沟防排水，不锈钢环沟的胀缩变形，天窗的精细加工，便捷可靠的防水安装，雨水的自洁作用，隔热、结露与散热，维护与维修等，若在初设时被甩项，或其他原因不能及时出图，必然造成边设计边施工。虽然绝大多数大型公建都因此蒙受巨大损失，但下一个工程并不吸取教训，仍然边设计边施工，边论证边修改。

比如天窗隔热，实际上，只要采用简单的贴附"威固"防辐射隔热膜，就能轻易解决。

大型公建，指挥的人多，负责的人少，走到哪说到哪，留下诸多隐患，令接手的物业管理从此辛苦，终生难过。

小结

大型公建的建设管理水平，应与大型公建的身份相称。大型公建的构造设计，也要有创新概念，只有采用新技术，才能与新奇造型同步相称，才能令其健康长寿。

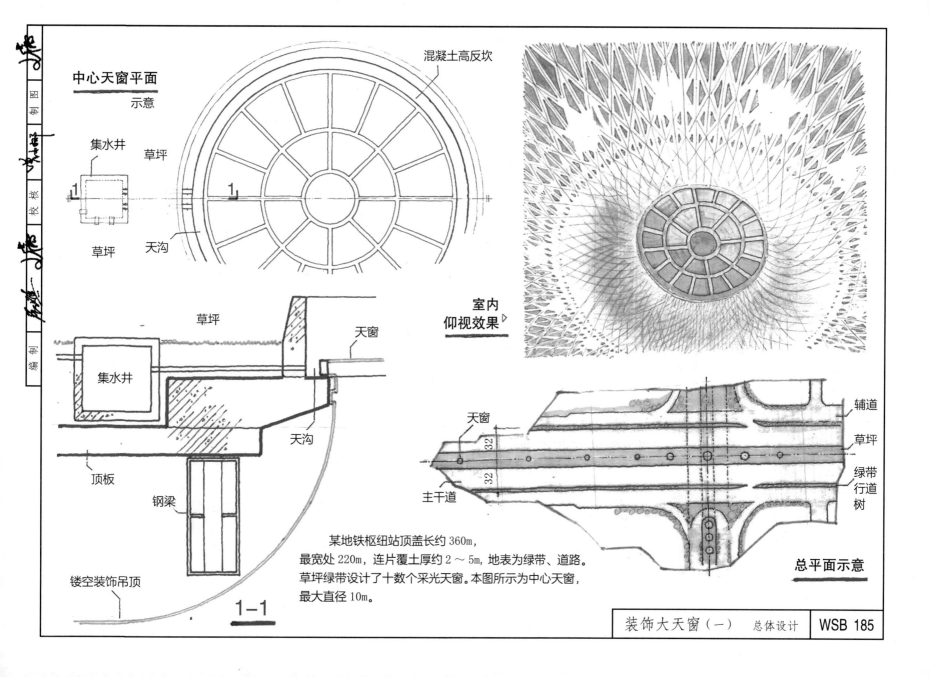

中心天窗平面
示意

集水井
草坪
草坪
天沟

混凝土高反坎

室内
仰视效果▷

草坪

天窗

集水井

天沟

顶板

钢梁

镂空装饰吊顶

1-1

某地铁枢纽站顶盖长约360m，
最宽处220m，连片覆土厚约2～5m，地表为绿带、道路。
草坪绿带设计了十数个采光天窗。本图所示为中心天窗，
最大直径10m。

天窗

主干道

辅道
草坪

绿带
行道树

总平面示意

装饰大天窗（一） 总体设计 WSB 185

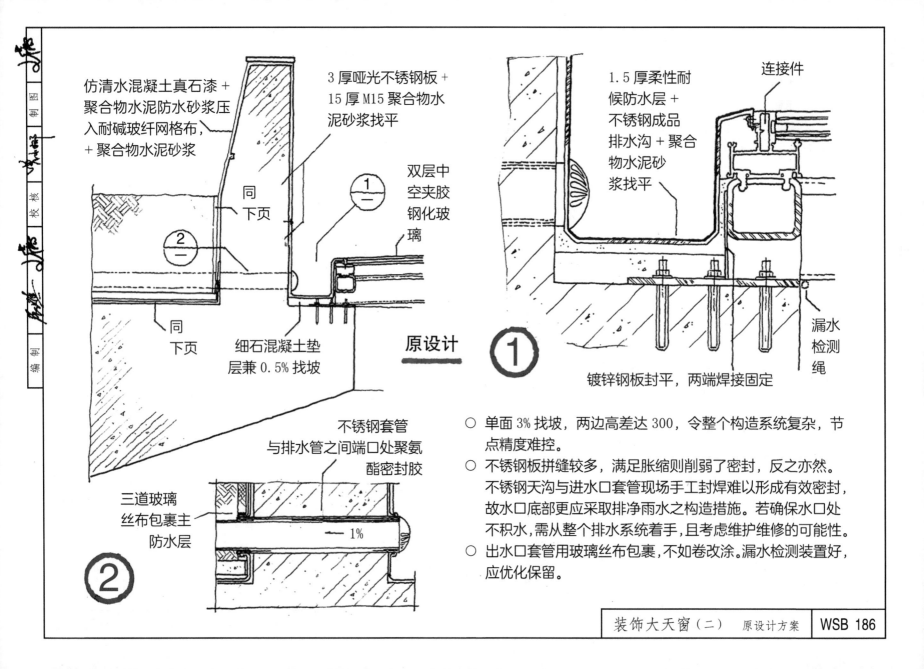

仿清水混凝土真石漆 +
聚合物水泥防水砂浆压
入耐碱玻纤网格布，
+ 聚合物水泥砂浆

3 厚哑光不锈钢板 +
15 厚 M15 聚合物水
泥砂浆找平

1.5 厚柔性耐
候防水层 +
不锈钢成品
排水沟 + 聚合
物水泥砂
浆找平

连接件

同
下页

双层中
空夹胶
钢化玻
璃

①
—

②
—

漏水
检测
绳

原设计

①

镀锌钢板封平，两端焊接固定

同
下页

细石混凝土垫
层兼 0.5% 找坡

不锈钢套管
与排水管之间端口处聚氨
酯密封胶

三道玻璃
丝布包裹主
防水层

②

1%

○ 单面 3% 找坡，两边高差达 300，令整个构造系统复杂，节
点精度难控。
○ 不锈钢板拼缝较多，满足胀缩则削弱了密封，反之亦然。
不锈钢天沟与进水口套管现场手工封焊难以形成有效密封，
故水口底部更应采取排净雨水之构造措施。若确保水口处
不积水，需从整个排水系统着手，且考虑维护维修的可能性。
○ 出水口套管用玻璃丝布包裹，不如卷改涂。漏水检测装置好，
应优化保留。

装饰大天窗（二） 原设计方案　　WSB 186

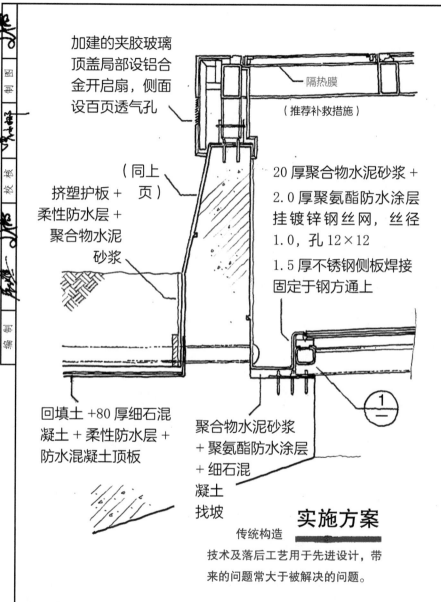

加建的夹胶玻璃顶盖局部设铝合金开启扇，侧面设百页透气孔

隔热膜

（推荐补救措施）

（同上页）

挤塑护板＋
柔性防水层＋
聚合物水泥
砂浆

20 厚聚合物水泥砂浆＋
2.0 厚聚氨酯防水涂层
挂镀锌钢丝网，丝径
1.0，孔 12×12
1.5 厚不锈钢侧板焊接
固定于钢方通上

回填土＋80 厚细石混
凝土＋柔性防水层＋
防水混凝土顶板

聚合物水泥砂浆
＋聚氨酯防水涂层
＋细石混
凝土
找坡

①
一

实施方案

传统构造
技术及落后工艺用于先进设计，带
来的问题常大于被解决的问题。

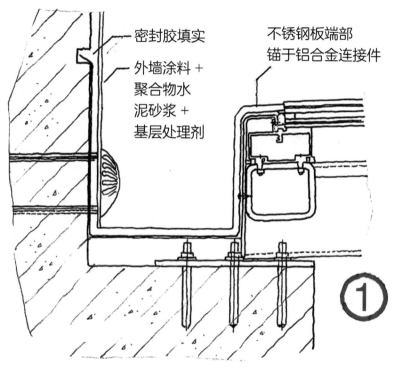

密封胶填实

外墙涂料＋
聚合物水
泥砂浆＋
基层处理剂

不锈钢板端部
锚于铝合金连接件

①

加建于原设计天窗之上的 10m 直径圆天窗，使原窗失去
了雨水自洁作用，容易积尘屑杂物，加之两层结构杆件
叠加乱影，室内视觉效果与原方案构想不相同。开启窗、
透气孔，降温效果有限。沟底细石混凝土与侧壁不锈钢
相接处，易生温变裂缝。聚氨酯涂层＋聚合物水泥砂浆，
易裂损，特别是在阴阳角及连接件处，钢丝网止裂作用
有限。

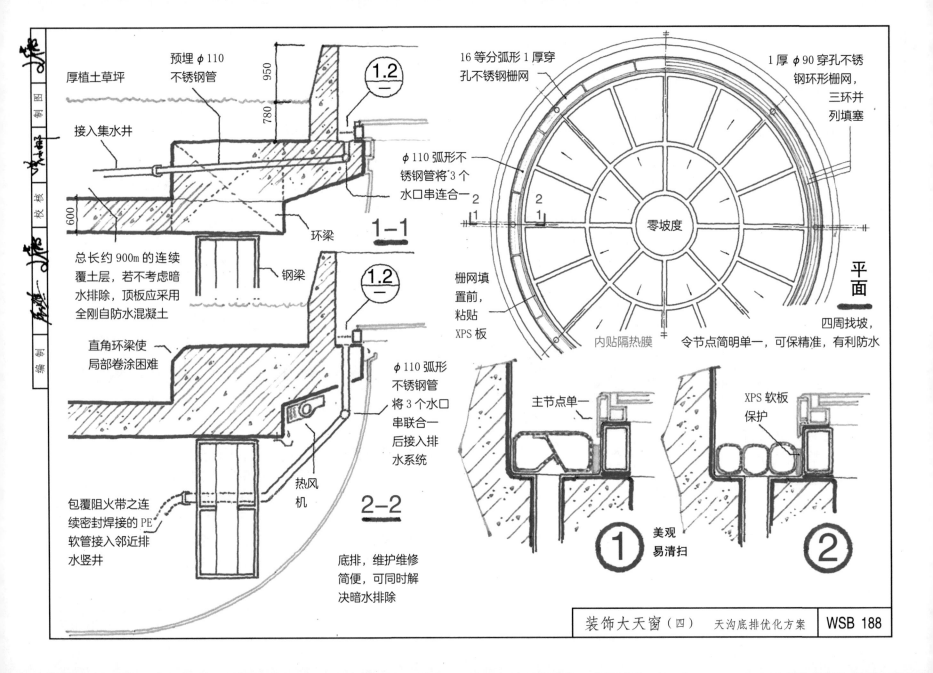

厚植土草坪

预埋 φ110 不锈钢管

接入集水井

950

780

1.2 —

16 等分弧形 1 厚穿孔不锈钢栅网

1 厚 φ90 穿孔不锈钢环形栅网，三环并列填塞

φ110 弧形不锈钢管将 3 个水口串连合一

1—1

600

环梁

零坡度

平面

栅网填置前，粘贴 XPS 板

总长约 900m 的连续覆土层，若不考虑暗水排除，顶板应采用全刚自防水混凝土

钢梁

1.2 —

内贴隔热膜

四周找坡，令节点简明单一，可保精准，有利防水

直角环梁使局部卷涂困难

φ110 弧形不锈钢管将 3 个水口串联合一后接入排水系统

主节点单一

XPS 软板保护

包覆阻火带之连续密封焊接的 PE 软管接入邻近排水竖井

热风机

2—2

底排，维护维修简便，可同时解决暗水排除

① 美观 易清扫

②

装饰大天窗（四）　天沟底排优化方案　**WSB 188**

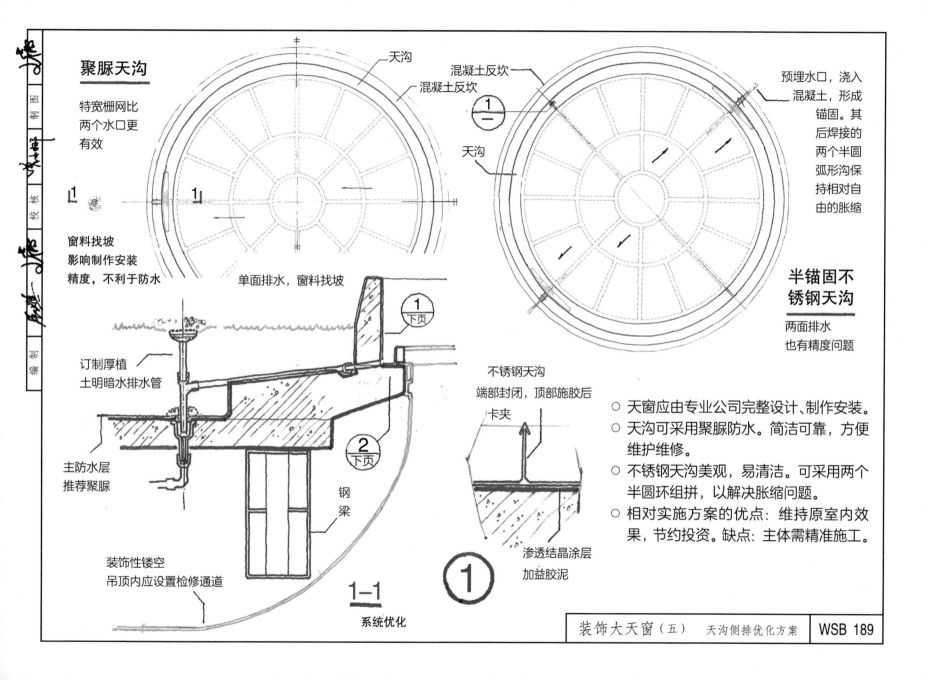

聚脲天沟

特宽栅网比两个水口更有效

窗料找坡影响制作安装精度，不利于防水

单面排水，窗料找坡

天沟
混凝土反坎

混凝土反坎

天沟

预埋水口，浇入混凝土，形成锚固。其后焊接的两个半圆弧形沟保持相对自由的胀缩

订制厚植土明暗水排水管

主防水层推荐聚脲

装饰性镂空吊顶内应设置检修通道

钢梁

半锚固不锈钢天沟

两面排水也有精度问题

不锈钢天沟端部封闭，顶部施胶后卡夹

渗透结晶涂层加益胶泥

○ 天窗应由专业公司完整设计、制作安装。
○ 天沟可采用聚脲防水。简洁可靠，方便维护维修。
○ 不锈钢天沟美观，易清洁。可采用两个半圆环组拼，以解决胀缩问题。
○ 相对实施方案的优点：维持原室内效果，节约投资。缺点：主体需精准施工。

1—1

系统优化

装饰大天窗（五）　天沟侧排优化方案　**WSB 189**

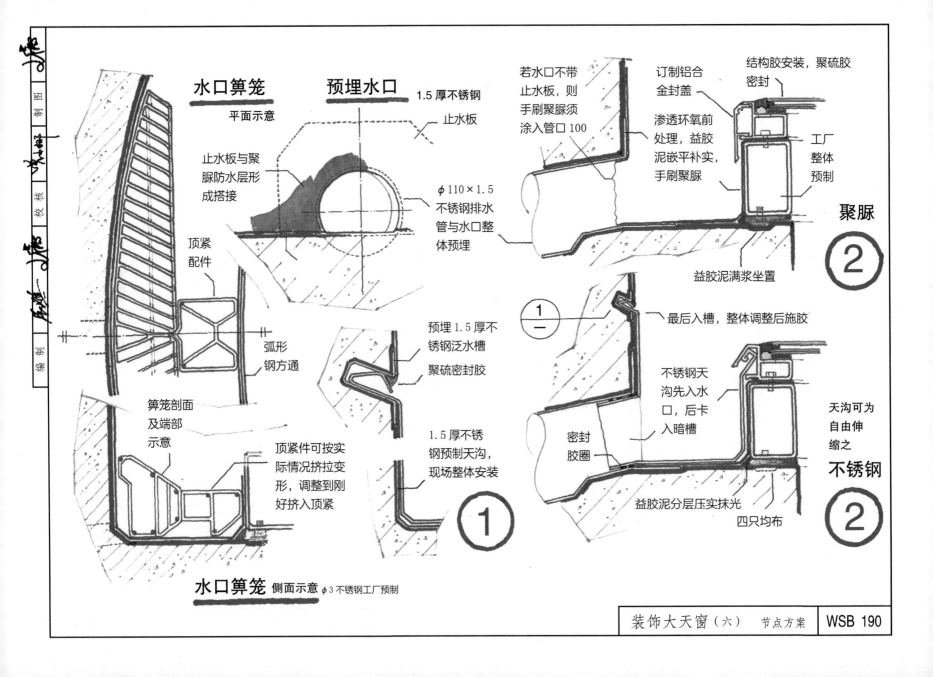

水口算笼 **预埋水口**

平面示意

1.5 厚不锈钢
止水板

止水板与聚脲防水层形成搭接

φ110×1.5 不锈钢排水管与水口整体预埋

顶紧配件

弧形钢方通

算笼剖面及端部示意

顶紧件可按实际情况挤拉变形，调整到刚好挤入顶紧

水口算笼 侧面示意 φ3 不锈钢工厂预制

预埋 1.5 厚不锈钢泛水槽
聚硫密封胶

1.5 厚不锈钢预制天沟，现场整体安装

①

若水口不带止水板，则手刷聚脲须涂入管口 100

订制铝合金封盖

结构胶安装，聚硫胶密封

渗透环氧前处理，益胶泥嵌平补实，手刷聚脲

工厂整体预制

聚脲

②

益胶泥满浆坐置

最后入槽，整体调整后施胶

不锈钢天沟先入水口，后卡入暗槽

密封胶圈

天沟可为自由伸缩之

不锈钢

益胶泥分层压实抹光

四只均布

②

装饰大天窗（六） 节点方案 **WSB 190**

国外资料

国外资料分美国、日本两部分，前者重点在基本构造，后者则以实际案例为主。

北美资料主要来自美国注册建筑师备考资料，逻辑合理，构造简洁，能更好地传达本图集着力强调的概念设计。

概念设计要点之一：结构主体的精准施作，是构造简洁的基础；要点之二：坚持构造的逻辑性，即内在功能引发，由内向外生长，自然形成内外的统一协调。长期坚守这两点，才能使构配件加速成熟，并高度市场化，使之令整个构造系统简洁。

构造简洁，使现场干作业最大化，很少找平、粉刷，不仅可提高效率，也使安装、维护、修治、拆换等使用全程都方便、干净、少弃物。

因资料来源多样，大致按其收集之前后排序，没有重新组排。

日本资料主要来自工程案例，同样表达了构造的逻辑性，精准、细致、周到，又不失整体之简洁性，绝无赘物。

由于译文生硬，个别内容可能不准确，敬请谅解，欢迎讨论。

目录

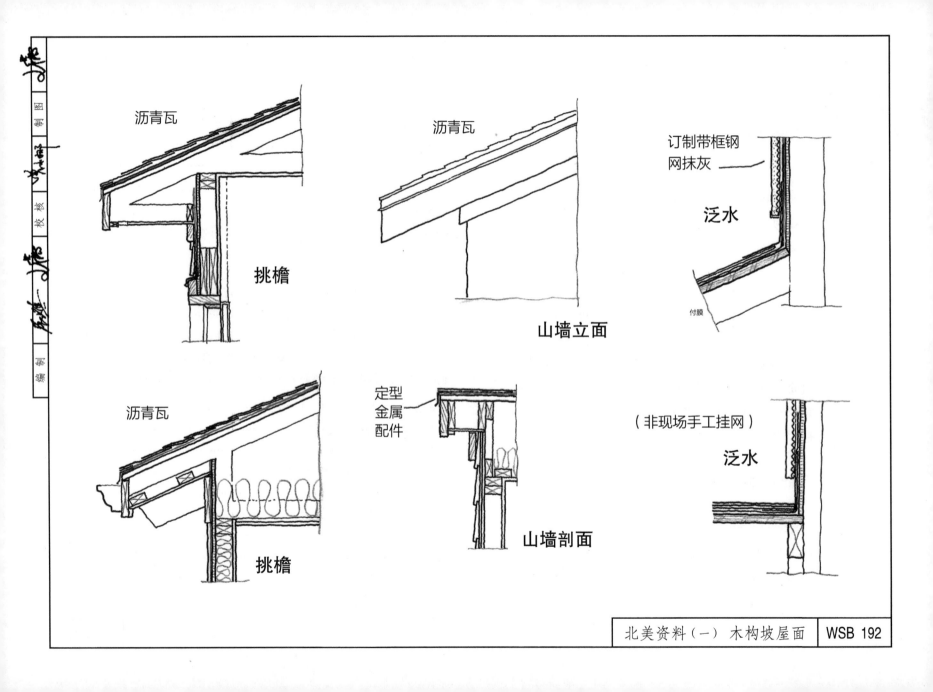

沥青瓦

挑檐

沥青瓦

山墙立面

订制带框钢网抹灰

泛水

付膜

沥青瓦

挑檐

定型金属配件

山墙剖面

（非现场手工挂网）

泛水

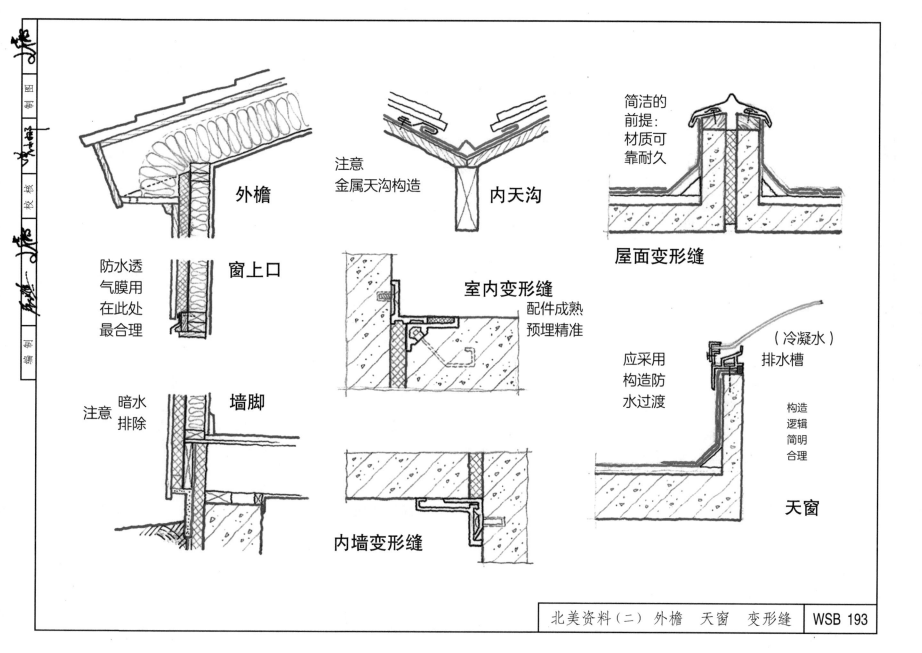

外檐

注意
金属天沟构造

内天沟

简洁的
前提：
材质可
靠耐久

屋面变形缝

防水透
气膜用
在此处
最合理

窗上口

室内变形缝
配件成熟
预埋精准

应采用
构造防
水过渡

（冷凝水）
排水槽

注意 暗水
排除

墙脚

构造
逻辑
简明
合理

天窗

内墙变形缝

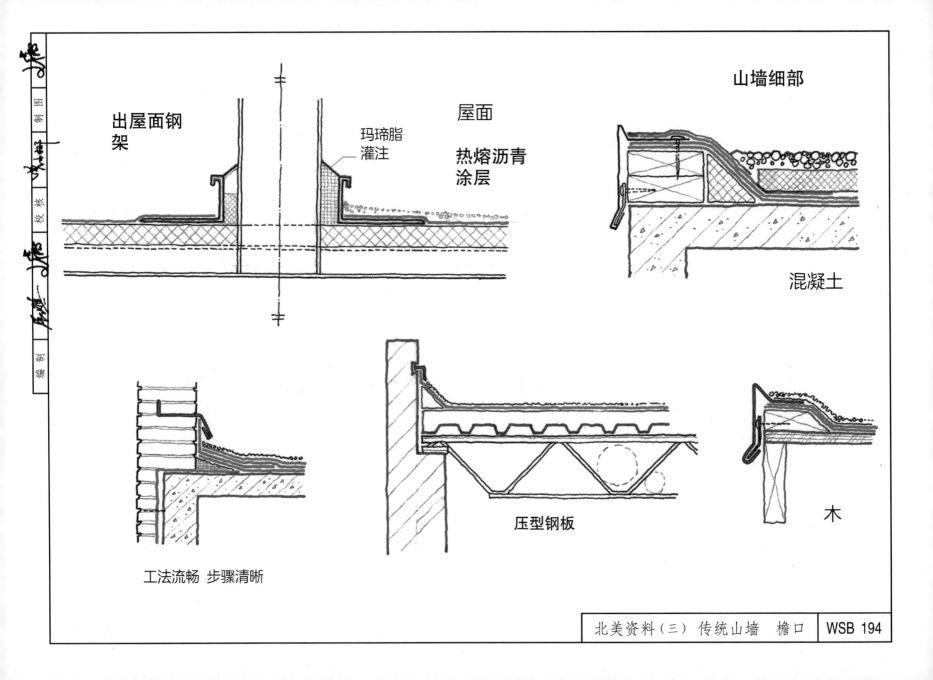

出屋面钢架

玛琋脂灌注

屋面

热熔沥青涂层

山墙细部

混凝土

工法流畅 步骤清晰

压型钢板

木

北美资料（三）传统山墙 檐口　WSB 194

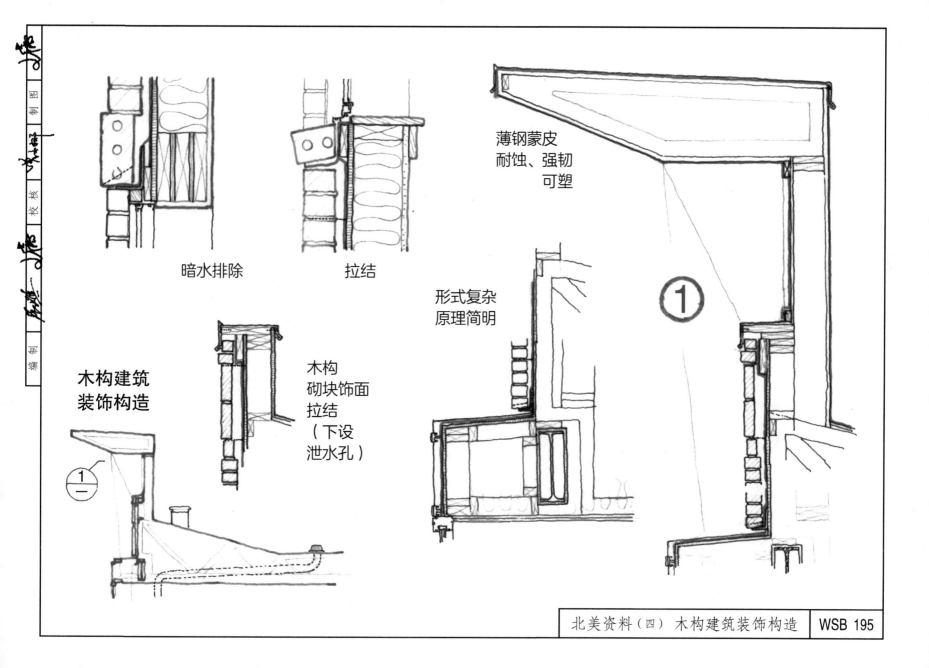

暗水排除　　　　拉结

薄钢蒙皮
耐蚀、强韧
可塑

形式复杂
原理简明

①

木构建筑
装饰构造

木构
砌块饰面
拉结
（下设
泄水孔）

北美资料（四） 木构建筑装饰构造　WSB 195

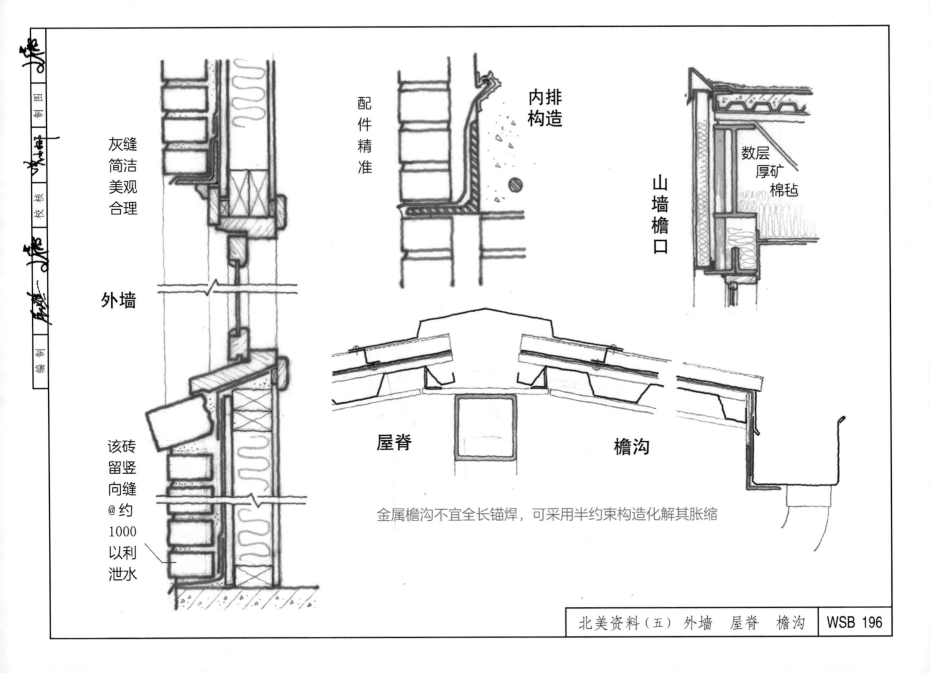

灰缝
简洁
美观
合理

外墙

该砖
留竖
向缝
@约
1000
以利
泄水

配件精准

内排
构造

屋脊

檐沟

金属檐沟不宜全长锚焊，可采用半约束构造化解其胀缩

山墙檐口

数层
厚矿
棉毡

北美资料（五） 外墙 屋脊 檐沟 　　WSB 196

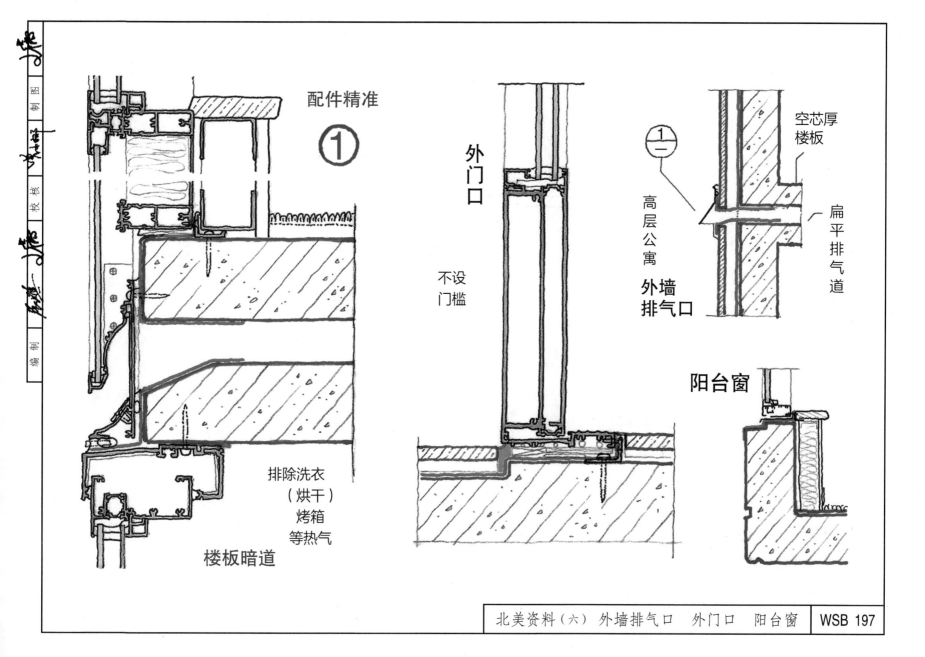

配件精准
①

外门口

不设
门槛

排除洗衣
（烘干）
烤箱
等热气

楼板暗道

外墙
排气口

① 高层公寓

空芯厚楼板

扁平排气道

阳台窗

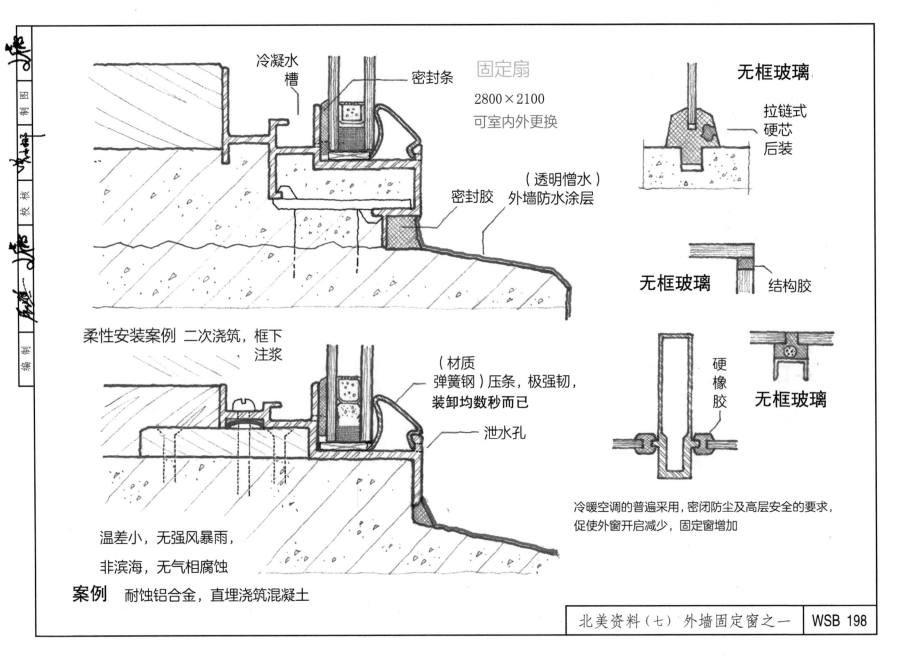

冷凝水槽

固定扇

密封条

2800×2100
可室内外更换

（透明憎水）
外墙防水涂层

密封胶

无框玻璃

拉链式
硬芯
后装

无框玻璃

结构胶

柔性安装案例 二次浇筑，框下
注浆

（材质
弹簧钢）压条，极强韧，
装卸均数秒而已

泄水孔

硬橡胶

无框玻璃

温差小，无强风暴雨，

非滨海，无气相腐蚀

案例 耐蚀铝合金，直埋浇筑混凝土

冷暖空调的普遍采用，密闭防尘及高层安全的要求，
促使外窗开启减少，固定窗增加

制图　校核　编制

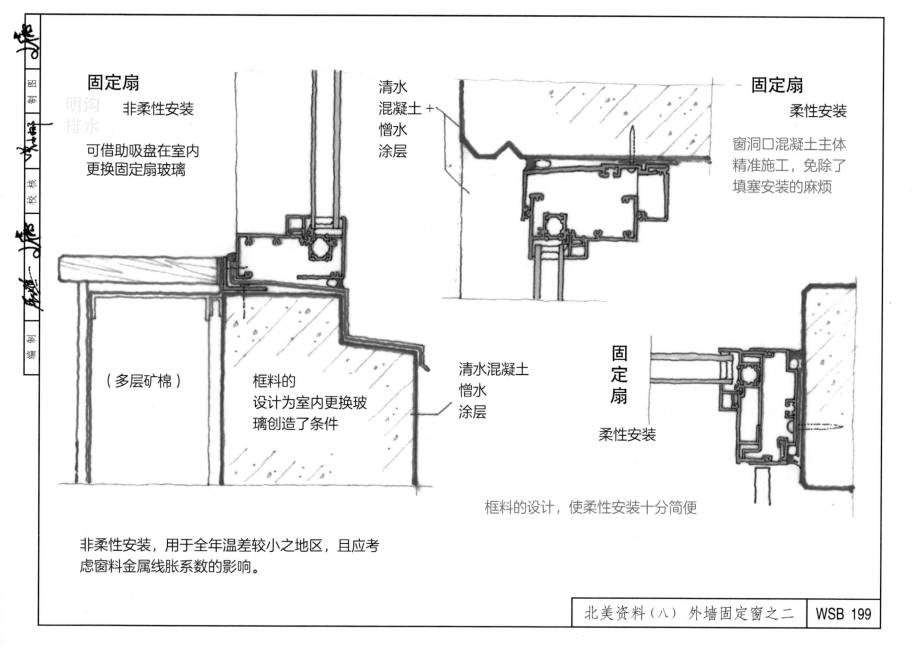

固定扇

明沟
排水 非柔性安装

可借助吸盘在室内
更换固定扇玻璃

清水
混凝土 +
憎水
涂层

固定扇

柔性安装

窗洞口混凝土主体
精准施工，免除了
填塞安装的麻烦

（多层矿棉）

框料的
设计为室内更换玻
璃创造了条件

清水混凝土
憎水
涂层

固
定
扇

柔性安装

框料的设计，使柔性安装十分简便

非柔性安装，用于全年温差较小之地区，且应考
虑窗料金属线胀系数的影响。

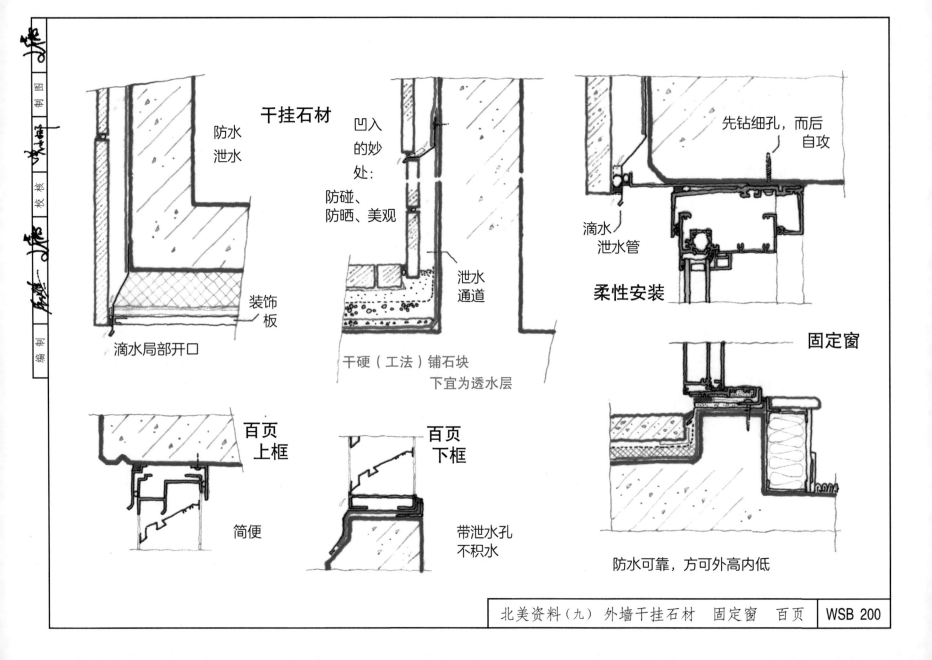

干挂石材

防水
泄水

凹入
的妙
处：

防碰、
防晒、美观

泄水
通道

先钻细孔，而后
自攻

滴水
泄水管

柔性安装

装饰
板

滴水局部开口

干硬（工法）铺石块
　下宜为透水层

**百页
上框**

**百页
下框**

固定窗

简便

带泄水孔
不积水

防水可靠，方可外高内低

北美资料（九）　外墙干挂石材　固定窗　百页　　WSB 200

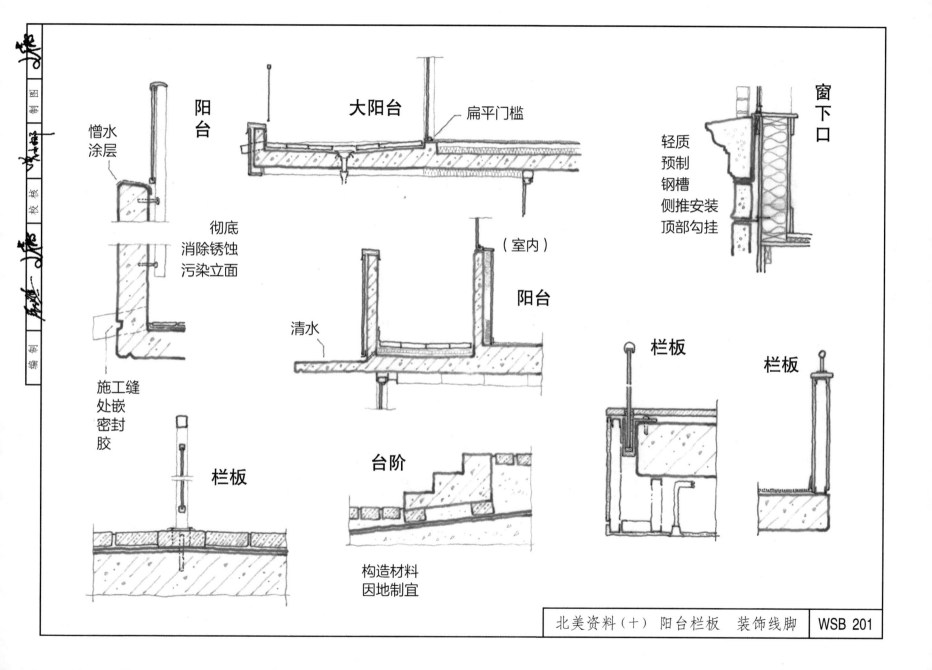

阳台

憎水
涂层

彻底
消除锈蚀
污染立面

施工缝
处嵌
密封
胶

栏板

大阳台

扁平门槛

（室内）

阳台

清水

台阶

构造材料
因地制宜

窗下口

轻质
预制
钢槽
侧推安装
顶部勾挂

栏板

栏板

北美资料（十） 阳台栏板 装饰线脚 　WSB 201

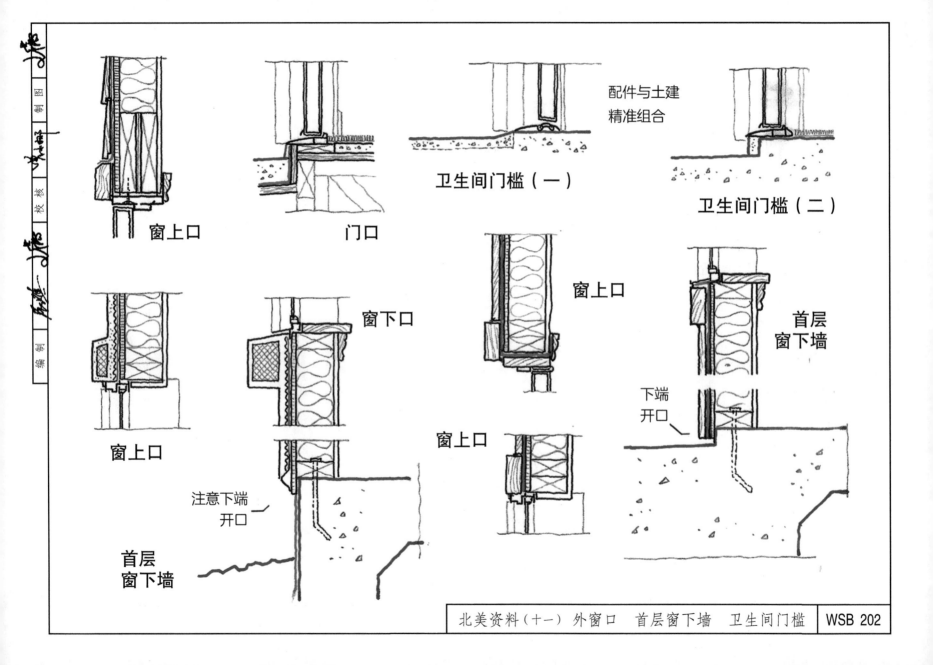

配件与土建
精准组合

卫生间门槛（一）

卫生间门槛（二）

窗上口

门口

窗上口

窗下口

窗上口

窗上口

首层
窗下墙

下端
开口

注意下端
开口

首层
窗下墙

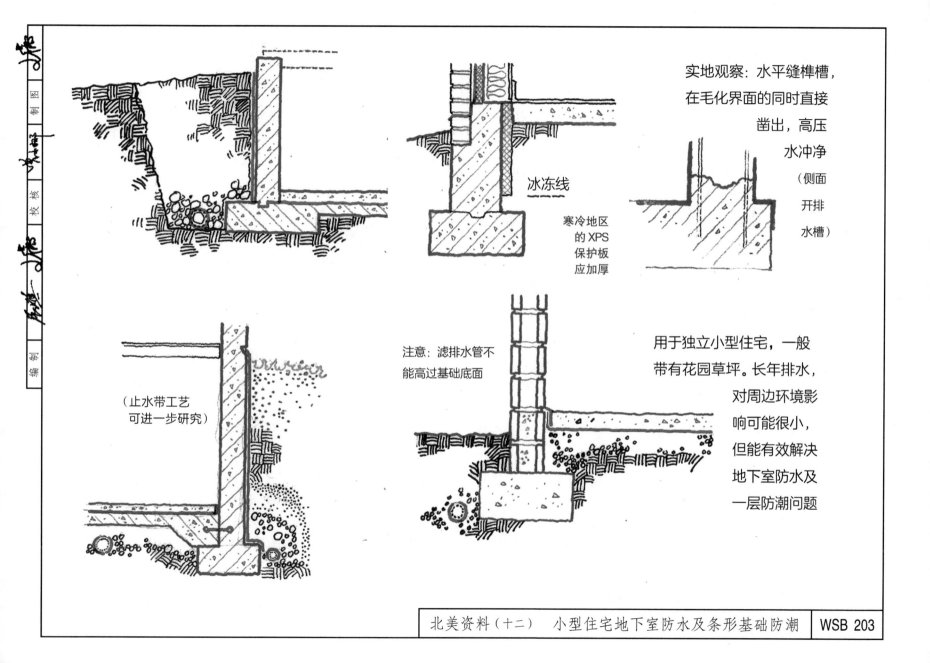

实地观察：水平缝榫槽，在毛化界面的同时直接凿出，高压水冲净（侧面开排水槽）

冰冻线

寒冷地区的 XPS 保护板应加厚

（止水带工艺可进一步研究）

注意：滤排水管不能高过基础底面

用于独立小型住宅，一般带有花园草坪。长年排水，对周边环境影响可能很小，但能有效解决地下室防水及一层防潮问题

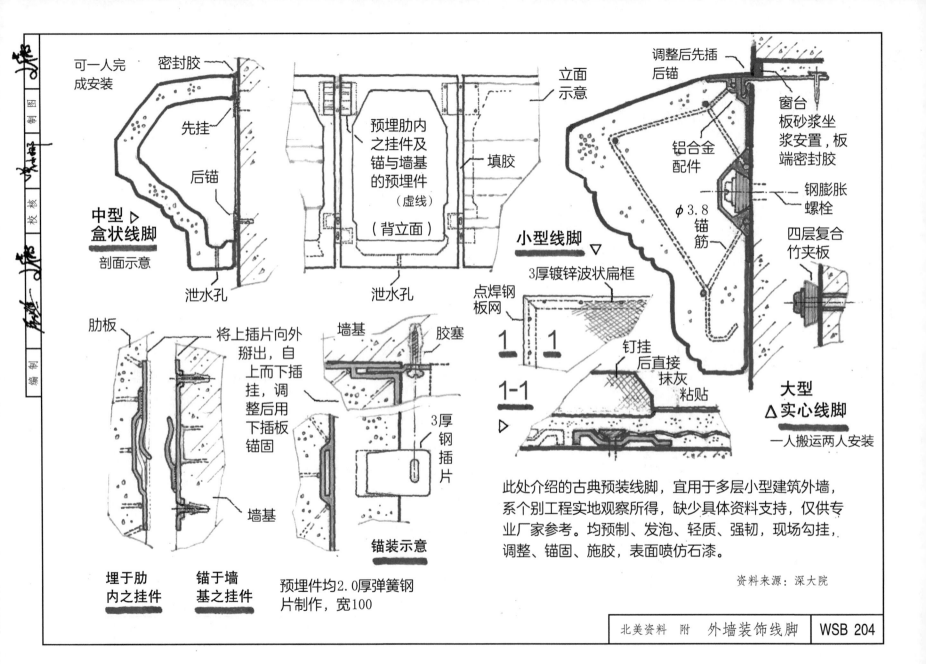

可一人完成安装

密封胶

先挂

后锚

中型▷盒状线脚

剖面示意

泄水孔

立面示意

预埋肋内之挂件及锚与墙基的预埋件（虚线）（背立面）

填胶

泄水孔

肋板

将上插片向外掰出，自上而下插挂，调整后用下插板锚固

墙基

胶塞

3厚钢插片

墙基

锚装示意

埋于肋内之挂件　　**锚于墙基之挂件**

预埋件均2.0厚弹簧钢片制作，宽100

调整后先插后锚

窗台板砂浆坐浆安置，板端密封胶

铝合金配件

钢膨胀螺栓

φ3.8锚筋

四层复合竹夹板

小型线脚 ▽

3厚镀锌波状扁框

点焊钢板网

1 **1**

1-1

▷

钉挂后直接抹灰粘贴

大型△实心线脚

一人搬运两人安装

此处介绍的古典预装线脚，宜用于多层小型建筑外墙，系个别工程实地观察所得，缺少具体资料支持，仅供专业厂家参考。均预制、发泡、轻质、强韧，现场勾挂、调整、锚固、施胶，表面喷仿石漆。

资料来源：深大院

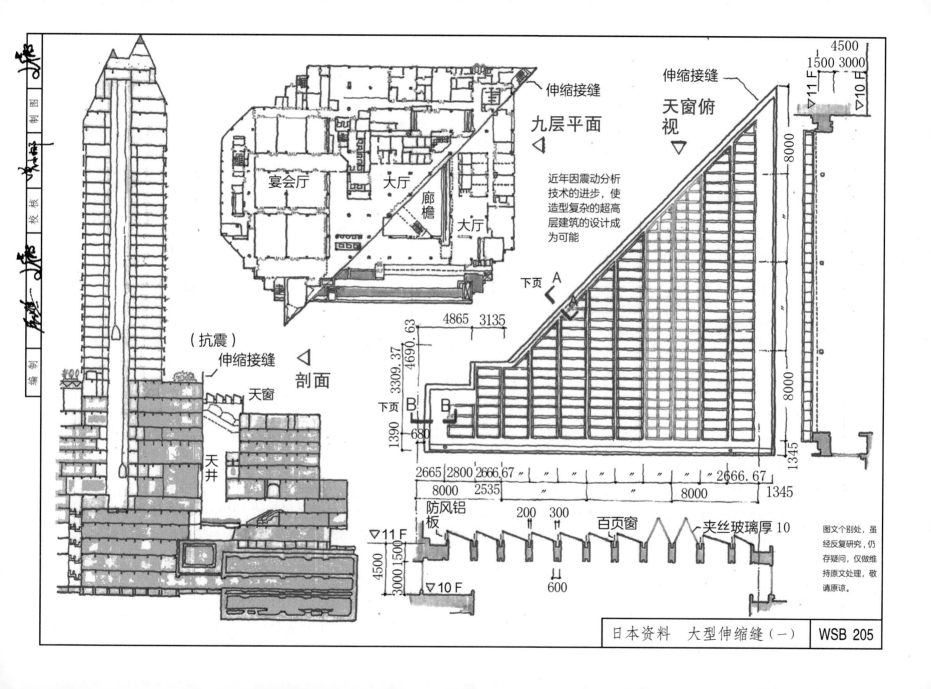

伸缩接缝

九层平面

天窗俯视
▽

近年因震动分析技术的进步，使造型复杂的超高层建筑的设计成为可能

4500
1500 3000
▽11 F   ▽10 F

8000

8000

宴会厅   大厅
廊檐
大厅

下页 A

4865 3135
4690.63
3309.37
B B
1390
680

2665 2800 2666.67 " " " " " 2666.67
8000 2535 " " " 8000 1345

1345

（抗震）
伸缩接缝 ◁
剖面

天窗

天井

下页

防风铝板   200 300   百页窗   夹丝玻璃厚10

▽11 F
4500
3000 1500
▽10 F

600

图文个别处，虽经反复研究，仍存疑问，仅做维持原文处理，敬请原谅。

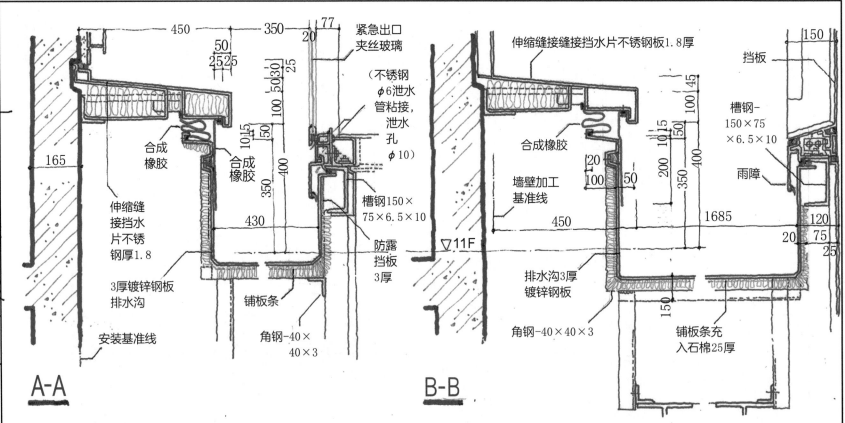

A-A

450　350　77　20

50
25 25

100 50 30　25

100 15　50

430

400　350

165

伸缩缝接挡水片不锈钢厚1.8

合成橡胶

合成橡胶

3厚镀锌钢板排水沟

安装基准线

铺板条

角钢-40×40×3

紧急出口夹丝玻璃

（不锈钢φ6泄水管粘接，泄水孔φ10）

槽钢150×75×6.5×10

防露挡板3厚

B-B

伸缩缝接缝接挡水片不锈钢板1.8厚

合成橡胶

墙壁加工基准线

450

20
100　50

200　10 15　50

350　400

100　45

∇11F

排水沟3厚镀锌钢板

角钢-40×40×3

铺板条充入石棉25厚

1685

150

150

挡板

槽钢-150×75×6.5×10

雨障

120
20　75
25

原资料注释

变形缝结构主体最大尺寸为450。作为设计条件，留出的间隙应能跟踪最大250的变形。由于是直达上下数层的大规模伸缩接缝，因此从防雨的重点屋面部分到顶棚、墙壁和地面等施工装修关键部位，均以多种多样的细部构造组成。尤其是防雨设施的处理试图摆脱非定型密封件，还要考虑到将来对各部接缝均能维护维修，因此对细部构造精雕细刻。

本图集未收入顶棚、墙壁和地面、装修的变形缝构造。注意防锈钢板天沟两端的构造，一侧锚固，另一侧则柔性卡固。

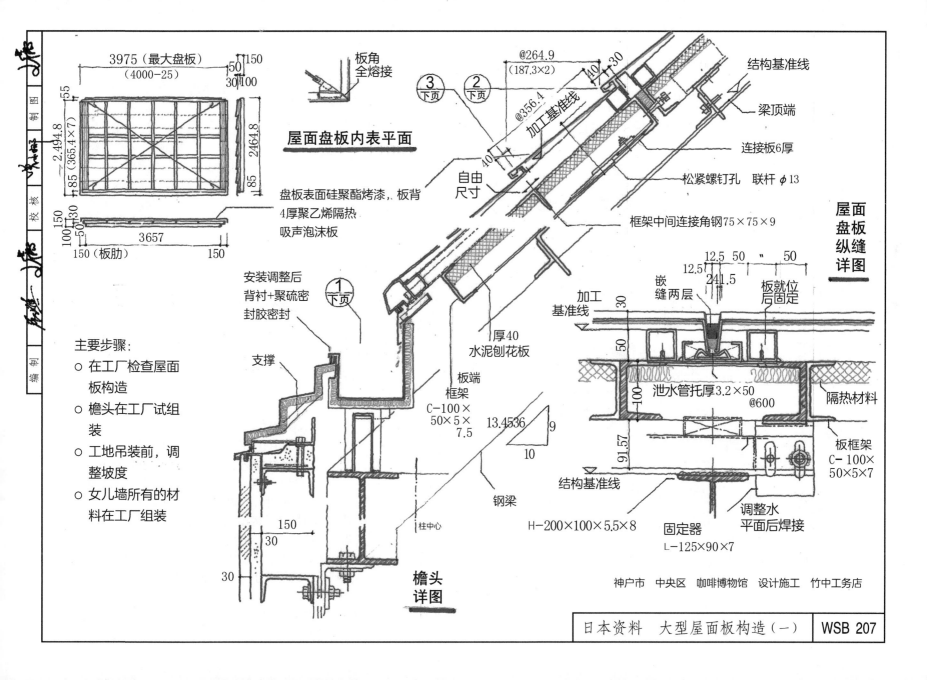

屋面盘板内表平面

3975（最大盘板）
（4000-25）

盘板表面硅聚酯烤漆，板背
4厚聚乙烯隔热
吸声泡沫板

板角
全熔接

屋面盘板纵缝详图

安装调整后
背衬+聚硫密
封胶密封

支撑

板端
框架
C-100×
50×5×
7.5

厚40
水泥刨花板

框架中间连接角钢75×75×9

连接板6厚
松紧螺钉孔　联杆φ13

结构基准线
梁顶端

加工基准线
@356.4
@264.9
（187.3×2）

自由
尺寸

主要步骤：

○ 在工厂检查屋面
板构造

○ 檐头在工厂试组
装

○ 工地吊装前，调
整坡度

○ 女儿墙所有的材
料在工厂组装

嵌
缝两层
板就位
后固定

加工
基准线

泄水管托厚3.2×50
@600

隔热材料

板框架
C-100×
50×5×7

调整水
平面后焊接

固定器
L-125×90×7

H-200×100×5.5×8

钢梁

柱中心

檐头详图

神户市　中央区　咖啡博物馆　设计施工　竹中工务店

日本资料　**大型屋面板构造（一）**　WSB 207

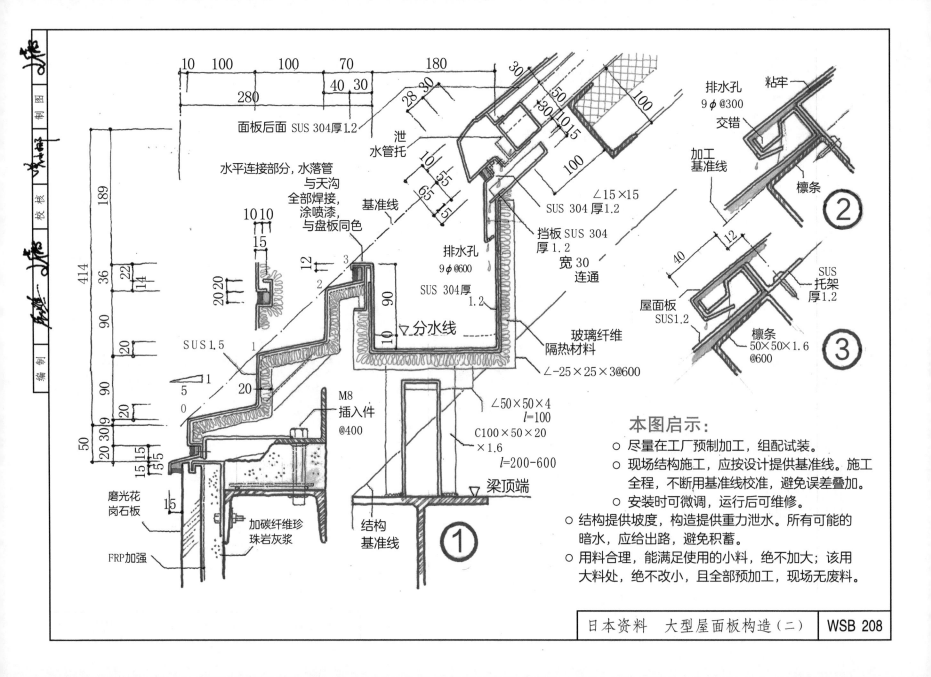

面板后面 SUS 304厚1.2

泄水管托

水平连接部分，水落管
与天沟
全部焊接，
涂喷漆，
与盘板同色

基准线

∠15×15
SUS 304 厚1.2

挡板 SUS 304
厚1.2 宽30
连通

排水孔
9φ@600

SUS 304厚
1.2

▽分水线

玻璃纤维
隔热材料

∠-25×25×3@600

SUS 1.5

M8
插入件
@400

∠50×50×4
l=100

C100×50×20
×1.6
l=200-600

▽梁顶端

磨光花
岗石板

加碳纤维珍
珠岩灰浆

FRP加强

结构
基准线

①

排水孔
9φ@300
交错

粘牢

加工
基准线

檩条

②

屋面板
SUS1.2

SUS
托架
厚1.2

檩条
50×50×1.6
@600

③

本图启示：
○ 尽量在工厂预制加工，组配试装。
○ 现场结构施工，应按设计提供基准线。施工
全程，不断用基准线校准，避免误差叠加。
○ 安装时可微调，运行后可维修。
○ 结构提供坡度，构造提供重力泄水。所有可能的
暗水，应给出路，避免积蓄。
○ 用料合理，能满足使用的小料，绝不加大；该用
大料处，绝不改小，且全部预加工，现场无废料。

日本资料 大型屋面板构造（二） WSB 208

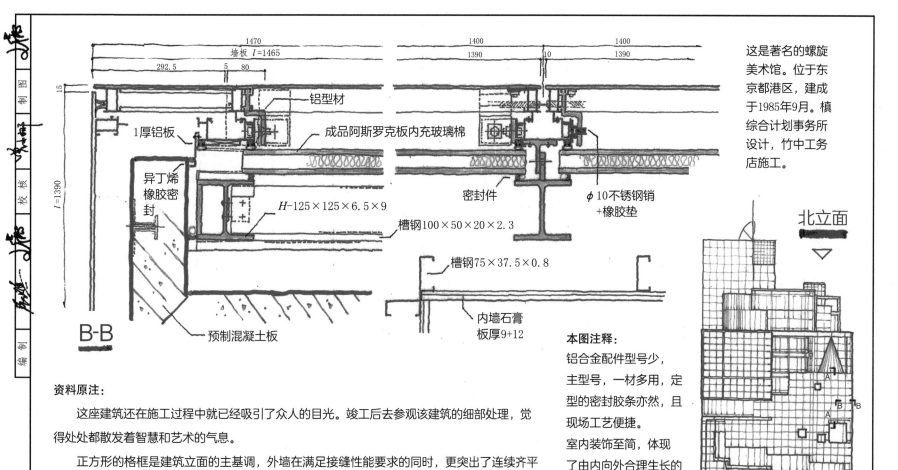

B-B

1470
墙板 l=1465
292.5　5　80
15
l=1390

铝型材
1厚铝板
成品阿斯罗克板内充玻璃棉
异丁烯橡胶密封
$H-125×125×6.5×9$
槽钢 $100×50×20×2.3$
预制混凝土板

1400　　1400
1390　10　1390

密封件
ϕ 10不锈钢销 +橡胶垫
槽钢 $75×37.5×0.8$
内墙石膏板厚9+12

这是著名的螺旋美术馆。位于东京都港区，建成于1985年9月。槙综合计划事务所设计，竹中工务店施工。

北立面

本图注释：
铝合金配件型号少，主型号，一材多用，定型的密封胶条亦然，且现场工艺便捷。
室内装饰至简，体现了由内向外合理生长的设计思想。

资料原注：

这座建筑还在施工过程中就已经吸引了众人的目光。竣工后去参观该建筑的细部处理，觉得处处都散发着智慧和艺术的气息。

正方形的格框是建筑立面的主基调，外墙在满足接缝性能要求的同时，更突出了连续齐平墙面的接缝效果（即拉出的线条显现在比各组件的集合更大的范围内）和质感，为此采用了5厚的廉价单铝板，以10宽的等压开放式接缝进行安装施工。

这一细部构造的特点在于外墙角和上下端部的处理，在一般应以曲面构件或端部饰面部件遮掩的部位，直接以厚板开放式拼镶结构。

棱角鲜明的外墙角让这座建筑越发显得具有前卫特点。

注意构造与装饰的逻辑性。外立面装饰与内在构造高度契合，体现了构造之美。

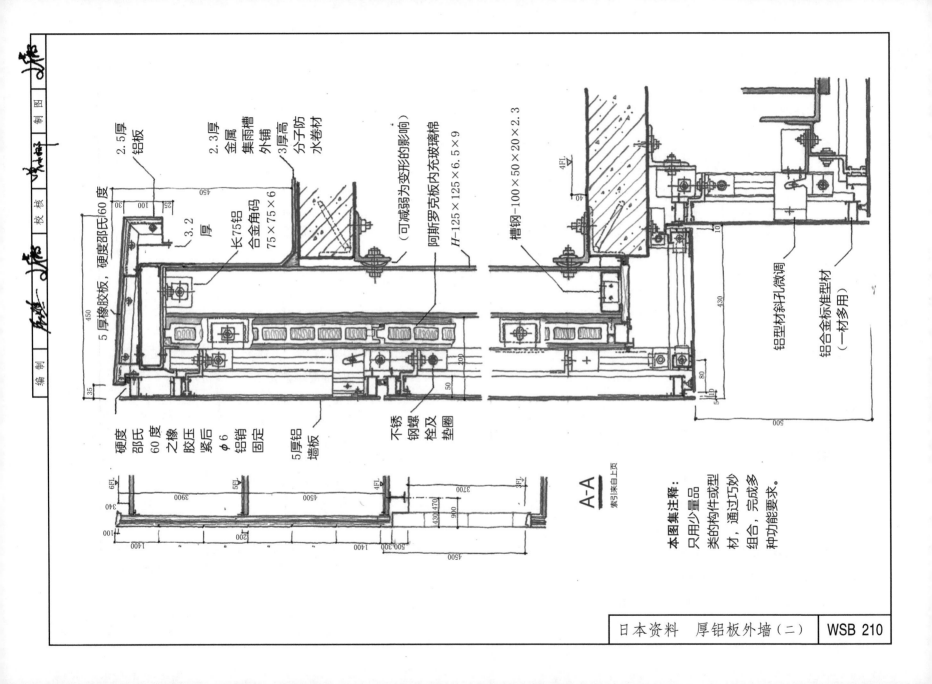

日本资料　厚铝板外墙（二）　WSB 210

本图集注释：
只用少量品类的构件或型材，通过巧妙组合，完成多种功能要求。

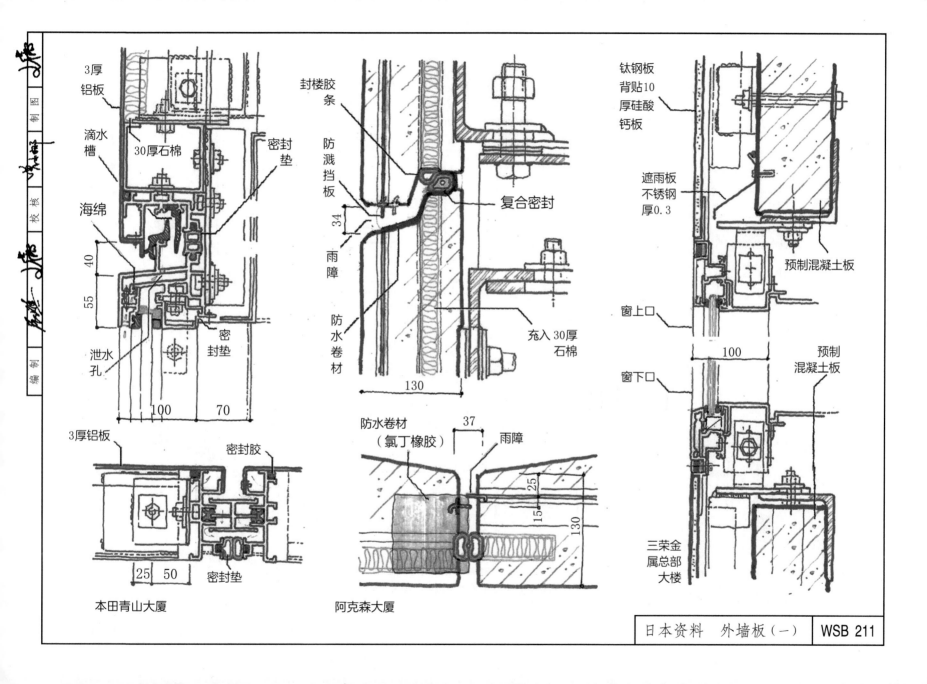

3厚铝板

滴水槽

30厚石棉

密封垫

海绵

40

55

泄水孔

密封垫

100   70

3厚铝板

密封胶

25   50   密封垫

本田青山大厦

封楼胶条

防溅挡板

34

雨障

防水卷材

复合密封

充入30厚石棉

130

防水卷材
（氯丁橡胶）

37

雨障

25

15

130

阿克森大厦

钛钢板背贴10厚硅酸钙板

遮雨板不锈钢厚0.3

预制混凝土板

窗上口

100

窗下口

预制混凝土板

三荣金属总部大楼

日本资料 外墙板（一）   WSB 211

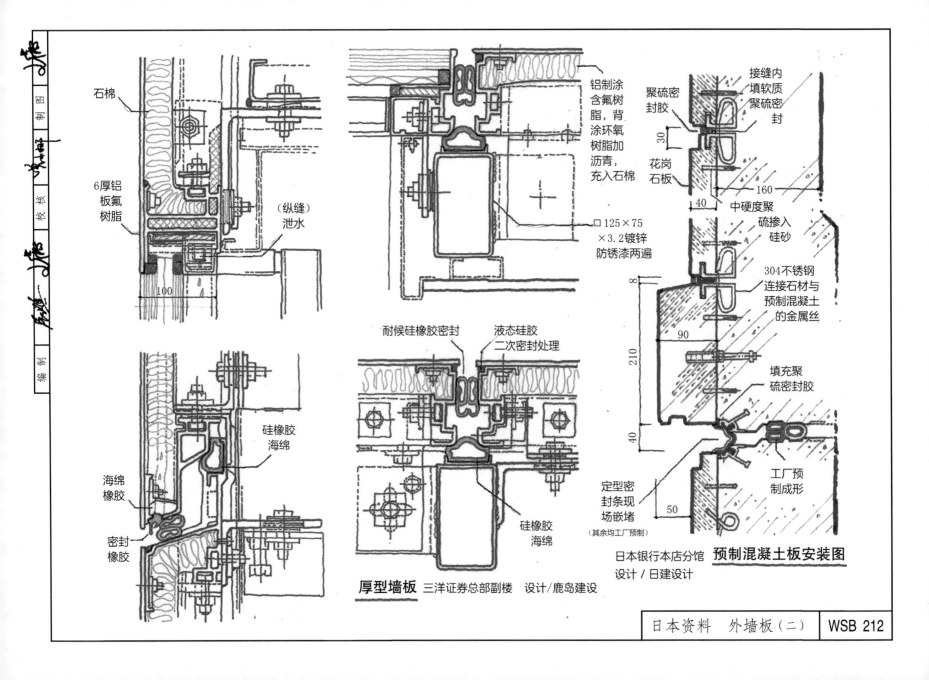

石棉

6厚铝板氟树脂

（纵缝）泄水

100

硅橡胶海绵

海绵橡胶

密封橡胶

铝制涂含氟树脂，背涂环氧树脂加沥青，充入石棉

口125×75×3.2镀锌防锈漆两遍

耐候硅橡胶密封

液态硅胶二次密封处理

硅橡胶海绵

厚型墙板 三洋证券总部副楼　设计/鹿岛建设

接缝内填软质聚硫密封

聚硫密封胶

花岗石板

30

160

40

中硬度聚硫掺入硅砂

8

90

210

40

304不锈钢连接石材与预制混凝土的金属丝

填充聚硫密封胶

定型密封条现场嵌堵

工厂预制成形

50

（其余均工厂预制）

日本银行本店分馆　**预制混凝土板安装图**
设计／日建设计

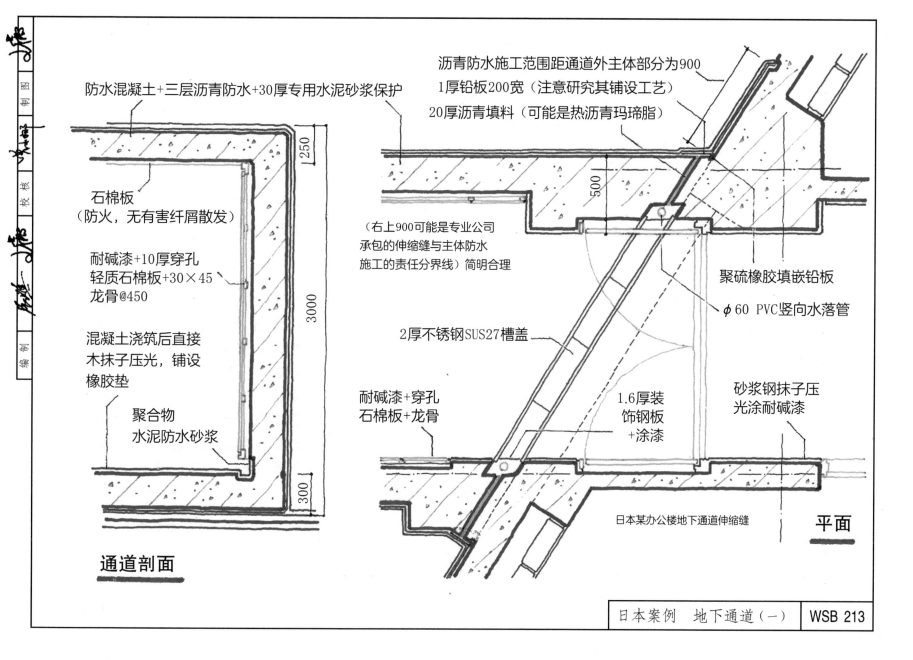

防水混凝土+三层沥青防水+30厚专用水泥砂浆保护

石棉板
（防火，无有害纤屑散发）

耐碱漆+10厚穿孔
轻质石棉板+30×45
龙骨@450

混凝土浇筑后直接
木抹子压光，铺设
橡胶垫

聚合物
水泥防水砂浆

250

3000

300

通道剖面

沥青防水施工范围距通道外主体部分为900
1厚铅板200宽（注意研究其铺设工艺）
20厚沥青填料（可能是热沥青玛琋脂）

500

（右上900可能是专业公司
承包的伸缩缝与主体防水
施工的责任分界线）简明合理

2厚不锈钢SUS27槽盖

耐碱漆+穿孔
石棉板+龙骨

1.6厚装
饰钢板
+涂漆

聚硫橡胶填嵌铅板

φ60 PVC竖向水落管

砂浆钢抹子压
光涂耐碱漆

日本某办公楼地下通道伸缩缝

平面

日本案例　地下通道（一）　　WSB 213

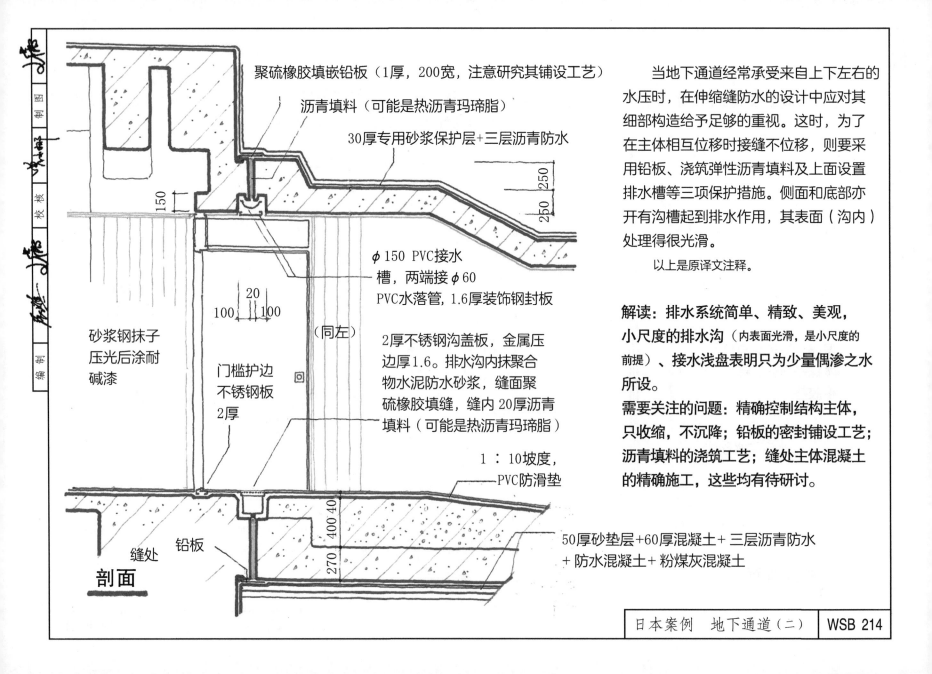

当地下通道经常承受来自上下左右的水压时，在伸缩缝防水的设计中应对其细部构造给予足够的重视。这时，为了在主体相互位移时接缝不位移，则要采用铅板、浇筑弹性沥青填料及上面设置排水槽等三项保护措施。侧面和底部亦开有沟槽起到排水作用，其表面（沟内）处理得很光滑。

以上是原译文注释。

解读：排水系统简单、精致、美观，小尺度的排水沟（内表面光滑，是小尺度的前提）**、接水浅盘表明只为少量偶渗之水所设。**

需要关注的问题：精确控制结构主体，只收缩，不沉降；铅板的密封铺设工艺；沥青填料的浇筑工艺；缝处主体混凝土的精确施工，这些均有待研讨。

聚硫橡胶填嵌铅板（1厚，200宽，注意研究其铺设工艺）

沥青填料（可能是热沥青玛琋脂）

30厚专用砂浆保护层+三层沥青防水

250 250 250

150

砂浆钢抹子压光后涂耐碱漆

门槛护边不锈钢板2厚

20
100 | 100

（同左）

ϕ150 PVC接水槽，两端接ϕ60 PVC水落管，1.6厚装饰钢封板

2厚不锈钢沟盖板，金属压边厚1.6。排水沟内抹聚合物水泥防水砂浆，缝面聚硫橡胶填缝，缝内20厚沥青填料（可能是热沥青玛琋脂）

1：10坡度，PVC防滑垫

缝处 铅板

剖面

270 400 40

50厚砂垫层+60厚混凝土+ 三层沥青防水+ 防水混凝土+ 粉煤灰混凝土

日本案例 地下通道（二） WSB 214

渗漏治理及其优化设计　概述 目录　　附录

渗漏治理及其优化设计　概述及目录

1. 斜面广场。注意斜面连带台阶，保温层连带石板饰面，玻璃、金属与混凝土的界面构造及暗水的排除，都不能按常规设计。此外，设计JS时，应回避可能长期水浸的环境，除非确保能采用高耐水性JS，不过这样的品牌很少。

2. 地顶广场主要的经验是：高水平的建筑设计，方案之初就需要高水平的构造设计支持。否则尚未运行已经打折，早晚渗漏，修不胜修，其根源在于设计管理。若上来就拆解，将造成建筑、结构、防水、景观各管各。必须先统筹，后分解，再整合。对防水而言，结构主体最重要，其次才是防水层及其暗水排除系统。地顶灯按土建习惯，粗糙设计，也是麻烦的主要原因。

3. 内排治理。在渗漏率没有降到个位数之前，不应该设计内排，只考虑内排治理。内排设计最严重的负面效果就是各方主体都会放松防水设计，导致敞开漏，甚至主观上就认为，既然都漏，不如先将水放进来，再排走，想法如此简单，实践者却大有人在。且不说长期排水对周边环境的负面影响，也不论地下水穿透混凝土造成结构内部碱环境的破坏，影响主体结构寿命，仅运气欠佳，即会造成疏水层之上钢筋混凝土压制层拱起裂损，该案例已有数起。因此设计内排的前提应当仅仅是不幸渗漏后的退路，并以限制渗漏总量为前提，且通过加设的计量装置予以保证。对设计方来说，拿到业主的书面要求，也是必备的手续，该书面要求应由业主单位盖章，领导签字，缺一不可。

值得一提的是：国外夹层内排设计，主要为防潮，是防水最高级别的设防构造，用于万一渗漏都不允许的场合。国内参考时，却未明其本意，也未设先决条件，是错误的。

WSB 215

斜面广场 含台阶及跌水

本案例原始资料来自专项技术咨询

本节通过某大型公建的渗漏治理的案例分析，针对某些构造系统，提出了防排水的设计、原则、要旨、方法，指出大型公建只有整合设计、同步设计，坚持三阶段设计，才能减少渗漏并为采用新技术提供可能性。

某项目方案新颖。主题：少年攀登科技高峰。如本节（一）图所示，由少年山、科学山、水晶玻璃大厅、球幕影院、玻幕飞艇、红领巾广场等组成。由诸多公司参与专业设计及施工。

使用 20 余年后"更新改造"，其概况、改造原因、改造范围详本节（一）图之注释。

经多轮专家现场调研讨论后，甲方提出改造主要解决的问题，实录如下：

一、坡屋面在面层石板的重力作用下有起拱现象，使防水层破坏。

二、石材面起碱现象比较严重，影响美观。

措施一，使用防碱背涂剂；措施二，减少 $Ca(OH)_2$、盐等物质生成，可采用水泥基商品胶黏剂（干混），其具有良好的保水性，能大大减轻水泥凝结泌水。

分析之一。 若石板用益胶泥满浆粘铺于细石混凝土上，二者结为整体，且下端顶紧止下滑混凝土反坎，上端则自由伸缩，反坎间距4m，石板浅色，便可基本消除起拱。细石混凝土未与防水层直接接触，纵其起拱，也不是防水层破坏的主要原因。实际上，节点薄弱，保温层、找坡层长期滞积渗水，才是主要原因。

分析之二。 目测污迹并非透过石板达至表面，主要是含碱渗积水从板缝溢出，遇 CO_2 生成 $CaCO_3$，形成污迹。因此，主因可断为：板背面有空腔滞留积水，夏季更被加热，令融碱加速，并由腔内热空气提供动力，溢出板缝。次要原因：表面排水不顺畅，滞水，积尘，生霉，发黑。因此，问题可归结为整个构造系统的防排水。

结合甲方提供的构造层类方案，讨论优化意见如下。

优化难点

一、斜板屋面饰面石板尺寸为$40×800×1200$，过大，适合干硬性水泥砂浆坐铺。原设计益胶泥粘贴，适合薄层满浆工艺，基层平整要求高，铺贴功效低。拟实施改造方案，则为30厚聚合物水泥砂浆，可部分解决上述问题，但不彻底，且造价较高。

二、少年山与水晶石之交界处，下雨时，水量大，天沟尺寸过小，治理难度大。建议在本节（三）图之③节点基础上，按现场实际情况采取进一步柔防措施。

三、科学山、少年山之山墙部位，特别是其"下游"，无法加设边沟。大雨时，雨水溢出，污染墙面。建议该墙面1m范围内之饰面石材表面，喷涂有机硅憎水涂层。质量好的，八年一涂；差的，三年一涂；专业公司施作。

构造层

一、主防水层，因阴阳角多，故应以涂料为主，不推荐卷材，尤其不推荐高分子卷材。采用自粘改性沥青卷材时，需认真消除$90°$阴阳角。涂料，推荐聚氨酯，可加胎增强。胎体，应用于阴阳角，特别是三维复杂节点处，强烈推荐

专用柔软强韧之聚酯网格布，并由专业公司施工[注]，详本节（四）图之②③⑥节点。若采用JS涂料，则必须选耐水品牌。市场上产品大多不耐水，不能用于长期水浸处。

不论何种卷涂，特别是聚氨酯涂料，不得在潮湿天气下施工。

二、保温层，薄，故不推荐加气混凝土，特别是泡沫混凝土，该材料吸水率高，且厚度不足100时，易损裂，全赖工人操作，人为风险增大。推荐选用不小于$50kg/m^3$之XPS板，聚合物水泥防水砂浆（益胶泥）满浆坐置，侧边挤浆。

三、结构找坡。不支持材料找坡，尤其不赞成憎水珍珠岩，因其施工工艺要求含水率特高，不论晾晒还是设置通风装置，水汽都很难散尽，且强度特低，容易形成永久蓄积水层，尤其不能用于台阶（强度弱）及天沟（不耐清扫）。

四、细石混凝土保护只能用于平面，垂直面应改为混凝土，最薄100。关键是分格缝，应采用定型模条，方便操作。

[注] 参考资料：WSB之39

构造节点

请按本节（一）图之索引，参看本节（二）至（六）图之节点。

一、改造加置的止下滑混凝土反坎，应有一定的体量，按全刚自防水混凝土设计，承担刚柔衔接、锚拉环等多项功能。参本节（二）图之诸节点及（三）图之②节点。

二、拉环直接锚入混凝土本体，不穿饰面石板为好。其表面可为清水，装饰性六角形平面，略高，找坡，使不积水，参本节(二)图之①节点。栏杆亦当直接在结构本体上生根，不可锚在细石混凝土保护层内，参本节（六）图之②节点。该节点表达的另一层含义是：取消在竖向浇筑的50厚细石混凝土上粘贴石板的构造，改为干挂。

三、泛水板构造防水要点：板厚不小于1.0，使其弹性较强且持久。泛水板横剖面上端，密封；中间，锚固；下端，空腔+滴水。如本节（二）图之③及（三）图之③节点。需要说明的是，后者天沟尺寸太小，雨天时，短时涌水可能上翻进入室内。解决办法：在泛水板上钻孔，喷发PU硬泡，阻止翻入的水进入室内，喷发范围应根据现场实地观察确定，只在涌水最大处。喷发的效果确认后，可将钻孔 ϕ 50范围内，涂1.0厚丙烯酸防护。

四、保温层上设置水池，要充分考虑水池荷载的传递，参本节（四）图之①节点。同理，台阶前端经常性不均匀承受动载处，也应注意。参本节（十一）图节点。

五、所有非连续表皮，应滴水＋密封，见本节（四）图之④、⑤节点。

仅依赖施胶密封，不如设法转化为构造防水，适应反复变形，遮挡紫外线，防水更可靠。参本节（三）图之④、（五）图之①、④节点。

六、凡可能进水的空腔，应积极考虑设置暗水泄排。比如：无跌水台阶、侧墙（保温、干挂），下端可设浅沟排除墙、地之暗水。见本节（六）图之②、③及（三）图之②节点。

七、凡可能成为蓄积水的构造层，均当考虑泄水。比如，有跌水的台阶及其上翻侧墙，不应强调保温的连续性，而应关注暗水之泄排。参本节（六）图②之左及（十一）图节点。

八、大水池、大水沟，可柔防＋刚性保护，见本节（五）图之③、④节点。小水池、集水沟，可直接刚防，见本节（五）图之②、（六）图之①节点。

关键节点

关键节点指前面所述优化难点之一,即止下滑反坎及斜板屋面构造层。详本节
(七)～(十一)图各节点。

一、 拟实施方案A,在已加置混凝土反坎的基础上,设
置角钢,解决面板下滑问题。带来的问题详本节(七)
图之节点,回避A方案缺点的⑧节点为推荐方案。其要
旨是取消角钢;面板用益胶泥薄层粘贴于细石混凝土之
上;细石混凝土下端抵紧混凝土反坎,上端设柔性分格
缝;分格缝采用定型模条;反坎设计为内掺型全刚自防
水混凝土。

二、 对A方案进行折衷优化,为C方案,详本节(八)
图之节点。其要点:角钢简化,改锚为焊;30厚聚合物
水泥砂浆铺贴饰面石板改为7厚益胶泥满浆粘贴;保温
层设暗水泄排系统。

三、 取消角钢,加高反坎,为D方案,详本节(九)图
之节点。其要点:细石混凝土与石板均由加高的混凝土
反坎止滑;因坚持大块石板饰面而被迫采用干硬性工法
施工时,应同时设置暗水泄排系统;反坎顶面放弃石板
饰面,采用同色调之小块薄地砖,形成隐形暗条状饰面。
该方案实用,只需克服美学上的心理障碍。

四、 进一步的优化,则获得E方案,详本节(十)图之节点。
对渗漏治理而言,E方案最简。

五、 在大面积斜板采用E方案的基础上,台阶部分的构造
可按本节(十一)图所示设计。

本节小结

公建新奇,投标方能入围。新奇配新技,可能增加中标
概率。若脱离新奇之新,简单采用传统技术,则致构造繁
复而无用,渗漏率普遍高于一般民用建筑。

许多新奇公建,方案飞上天,初设不落地,后续所有深化
设计,又不尊重初设确定的构造;开工之后,边建边改边
治;为节成本,又顾形象,不得不治表为主,治本为辅,
本末倒置;出生即病,一生受害。因此,大型公建之构造
防排水,从项目策划就应开始考虑,直至验收。

首先,初设落地。进入施工招标阶段,将完整的建筑切割
分包时,彼此间的边界划分,不得是一条"带",必须是
一条"线","线"宽为零。(如本案例球幕圆顶四周排水沟之
泛水,应划归钛合金圆顶专业公司连带设计、加工,并在土建完工后,负责或指
导安装,以免在关键部位造成空白。)

其次，外围护结构中，凡玻璃、金属，与土建石材、混凝土连接处之防水设计，尽量以构造为主，密封为辅。构造防水之配件，如泛水板，应由专业公司连带设计、加工、安装。

再次，有些构造，如斜屋面、台阶、水池及地顶广场，因直接作为屋面，设有防水、找坡、保温、保护，且与大块石板诸层构造组合，层类复杂，各专业，特别是景观必须与建筑、结构整合，同步设计，任何拆分都是错误的。

同步设计为全面采用新技术提供了可能。以本案为例，可有如下作为：

1. 整个钢筋混凝土系统，包括斜板、反坎、台阶、跌水、水池、水沟及局部平面，均可采用内掺型全刚自防水系统；加密钢筋，提高刚度；石板表面浅灰（白色为主调）；表面做憎水处理。

2. 设置内通风绝热系统（WSB 第 52 页）。

3. 所有最低点或水落口附近，预设暗水泄排系统，含配套的目视检测装置（WSA 第 237 页）。

4. 细石混凝土分格缝采用定型模条（WSA 第 99 页）。

5. 纯丙三道+专用聚酯网格布，用于无法采用构造防水的三维复杂节点，等等。

新奇建筑，不仅给人表面新奇的享受，也应拥有内在的构造之美。

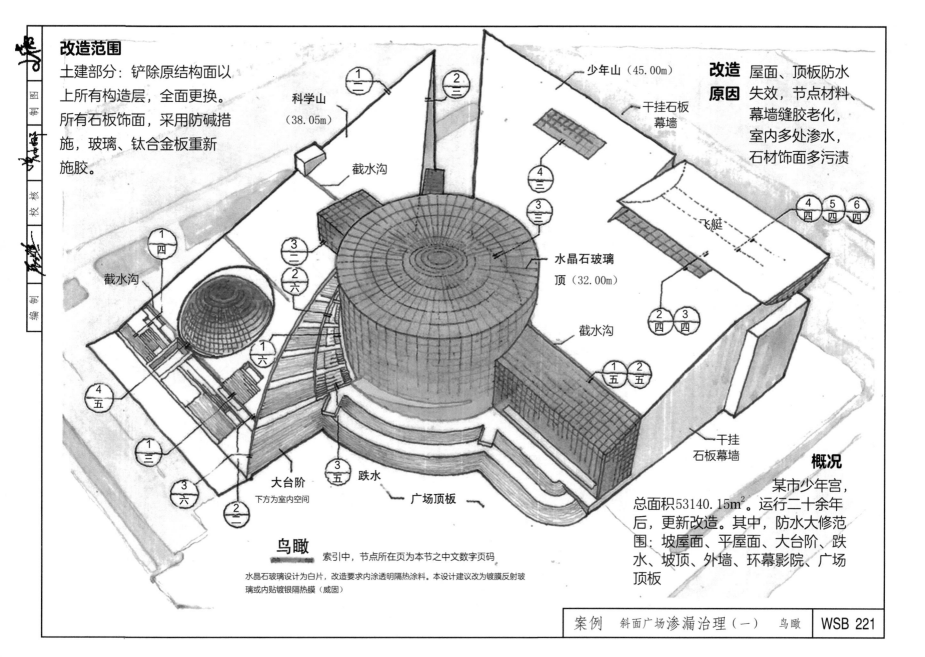

改造范围

土建部分：铲除原结构面以上所有构造层，全面更换。所有石板饰面，采用防碱措施，玻璃、钛合金板重新施胶。

改造原因 屋面、顶板防水失效，节点材料、幕墙缝胶老化，室内多处渗水，石材饰面多污渍

少年山（45.00m）

科学山（38.05m）

干挂石板幕墙

截水沟

飞艇

水晶石玻璃顶（32.00m）

截水沟

截水沟

大台阶

下方为室内空间

跌水

广场顶板

干挂石板幕墙

概况

某市少年宫，总面积53140.15m² 。运行二十余年后，更新改造。其中，防水大修范围：坡屋面、平屋面、大台阶、跌水、坡顶、外墙、环幕影院、广场顶板

鸟瞰

索引中，节点所在页为本节之中文数字页码

水晶石玻璃设计为白片，改造要求内涂透明隔热涂料。本设计建议改为镀膜反射玻璃或内贴镀银隔热膜（威固）

案例 斜面广场渗漏治理（一）　鸟瞰　WSB 221

编制　校核　制图

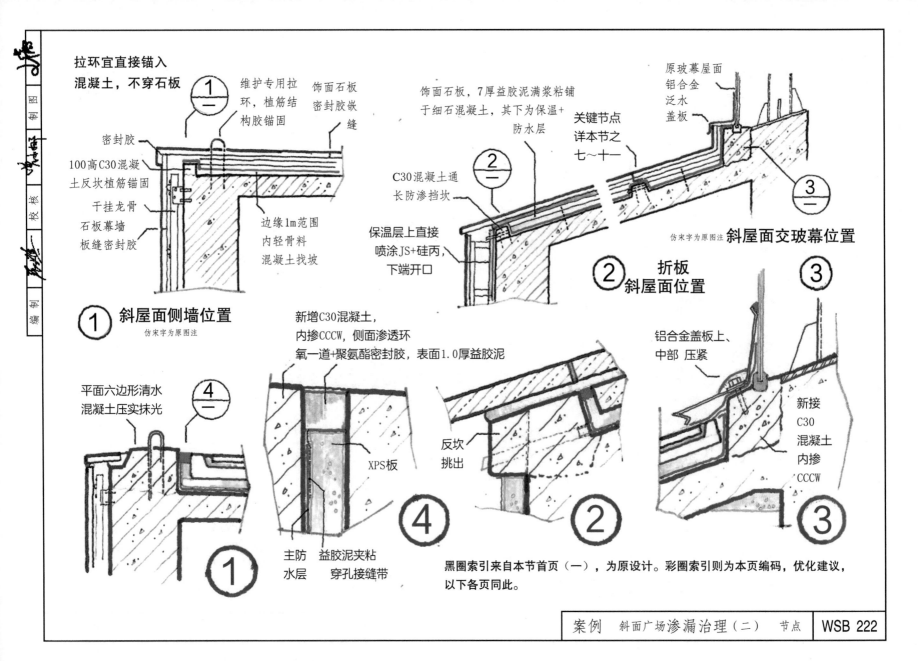

拉环宜直接锚入
混凝土，不穿石板

维护专用拉
环，植筋结
构胶锚固

饰面石板
密封胶嵌
缝

密封胶

100高C30混凝
土反坎植筋锚固

干挂龙骨
石板幕墙
板缝密封胶

边缘1m范围
内轻骨料
混凝土找坡

① 斜屋面侧墙位置
仿宋字为原图注

饰面石板，7厚益胶泥满浆粘铺
于细石混凝土，其下为保温+
防水层

关键节点
详本节之
七~十一

原玻幕屋面
铝合金
泛水
盖板

C30混凝土通
长防渗挡坎

保温层上直接
喷涂JS+硅丙，
下端开口

② 折板
斜屋面位置

仿宋字为原图注 **斜屋面交玻幕位置**

平面六边形清水
混凝土压实抹光

新增C30混凝土，
内掺CCCW，侧面渗透环
氧一道+聚氨酯密封胶，表面1.0厚益胶泥

XPS板

铝合金盖板上、
中部 压紧

新接
C30
混凝土
内掺
CCCW

反坎
挑出

主防
水层

益胶泥夹粘
穿孔接缝带

黑圈索引来自本节首页（一），为原设计。彩圈索引则为本页编码，优化建议，
以下各页同此。

案例 斜面广场渗漏治理（二） 节点 **WSB 222**

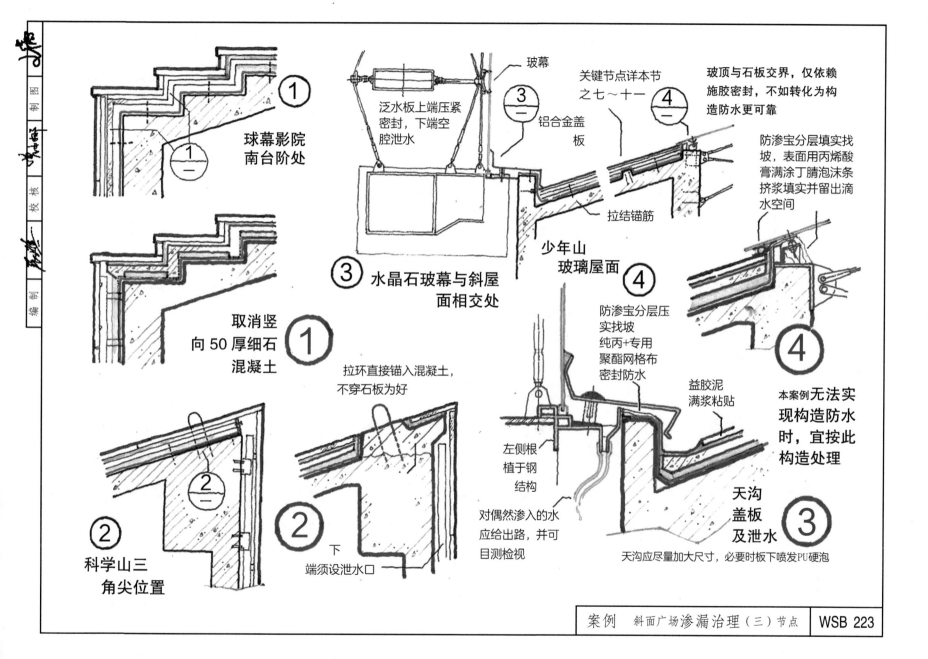

球幕影院
南台阶处

①

取消竖
向50厚细石
混凝土

①

科学山三
角尖位置

②

拉环直接锚入混凝土，
不穿石板为好

下
端须设泄水口

②

玻幕

泛水板上端压紧
密封，下端空
腔泄水

③
铝合金盖
板

水晶石玻幕与斜屋
面相交处

③

少年山
玻璃屋面

④

关键节点详本节
之七～十一

④

防渗宝分层压
实找坡
纯丙+专用
聚酯网格布
密封防水

益胶泥
满浆粘贴

左侧根
植于钢
结构

对偶然渗入的水
应给出路，并可
目测检视

玻顶与石板交界，仅依赖
施胶密封，不如转化为构
造防水更可靠

防渗宝分层填实找
坡，表面用丙烯酸
膏满涂丁腈泡沫条
挤浆填实并留出滴
水空间

拉结锚筋

本案例无法实
现构造防水
时，宜按此
构造处理

天沟
盖板
及泄水

③

天沟应尽量加大尺寸，必要时板下喷发PU硬泡

案例 斜面广场渗漏治理（三）节点　　WSB 223

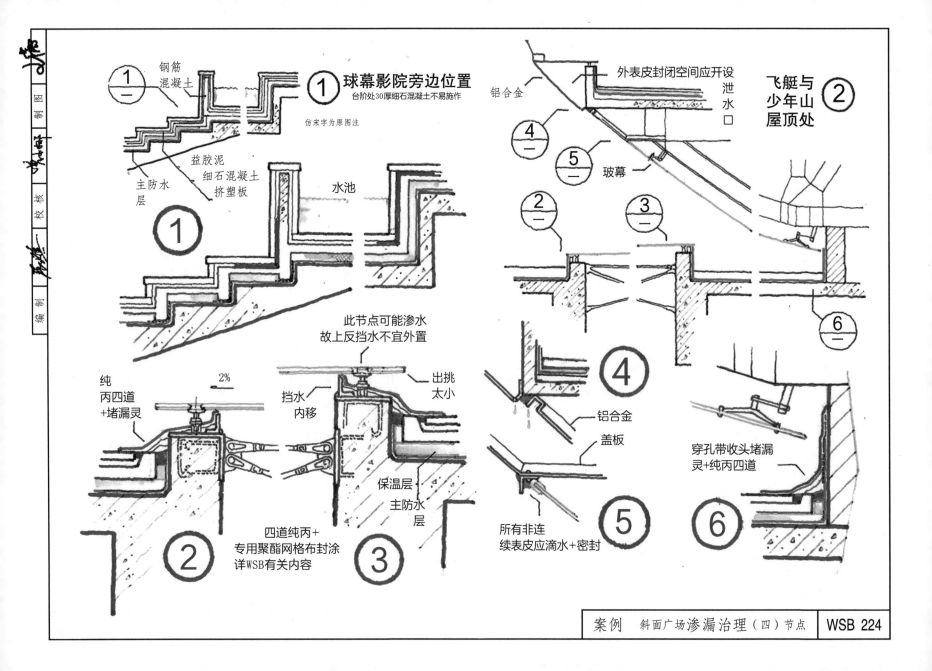

球幕影院旁边位置

① 台阶处30厚细石混凝土不易施作

仿宋字为原图注

钢筋混凝土

主防水层

益胶泥
细石混凝土
挤塑板

水池

飞艇与
少年山
屋顶处 ②

外表皮封闭空间应开设泄水口

铝合金

玻幕

此节点可能渗水
故上反挡水不宜外置

纯丙四道
+堵漏灵

2%

挡水
内移

出挑
太小

保温层

主防水层

铝合金

盖板

穿孔带收头堵漏
灵+纯丙四道

四道纯丙+
专用聚酯网格布封涂
详WSB有关内容

所有非连
续表皮应滴水+密封

案例 斜面广场渗漏治理（四）节点 WSB 224

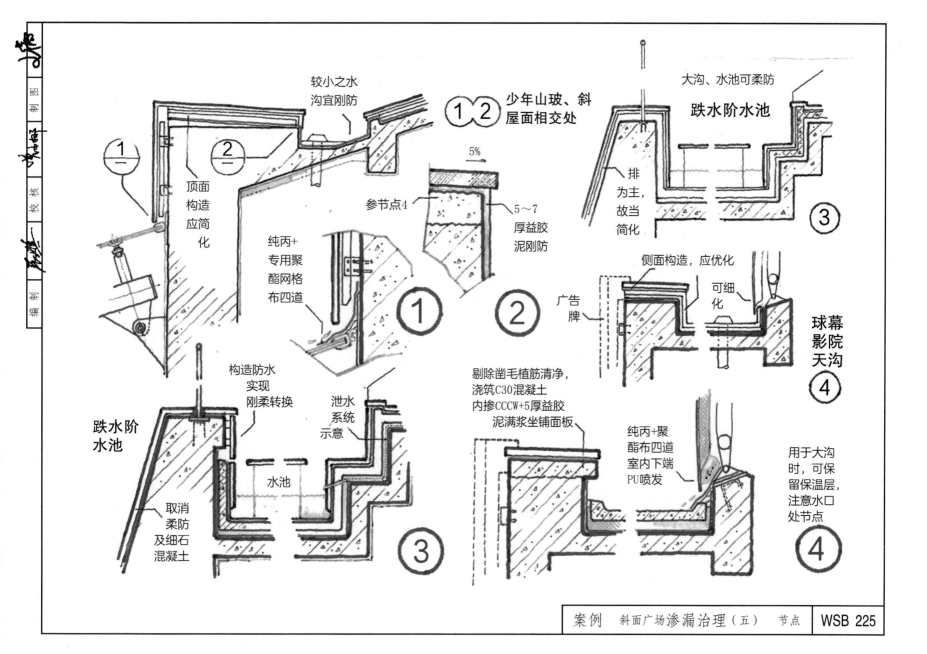

较小之水沟宜刚防

少年山玻、斜屋面相交处 ①②

大沟、水池可柔防

跌水阶水池

顶面构造应简化

排为主，故当简化

③

5%

参节点4

5～7厚益胶泥刚防

纯丙+专用聚酯网格布四道

①

②

侧面构造，应优化

可细化

广告牌

球幕影院天沟

④

构造防水实现刚柔转换

跌水阶水池

剔除凿毛植筋清净，浇筑C30混凝土内掺CCCW+5厚益胶泥满浆坐铺面板

泄水系统示意

水池

取消柔防及细石混凝土

③

纯丙+聚酯布四道室内下端PU喷发

用于大沟时，可保留保温层，注意水口处节点

④

案例 斜面广场渗漏治理（五） 节点 WSB 225

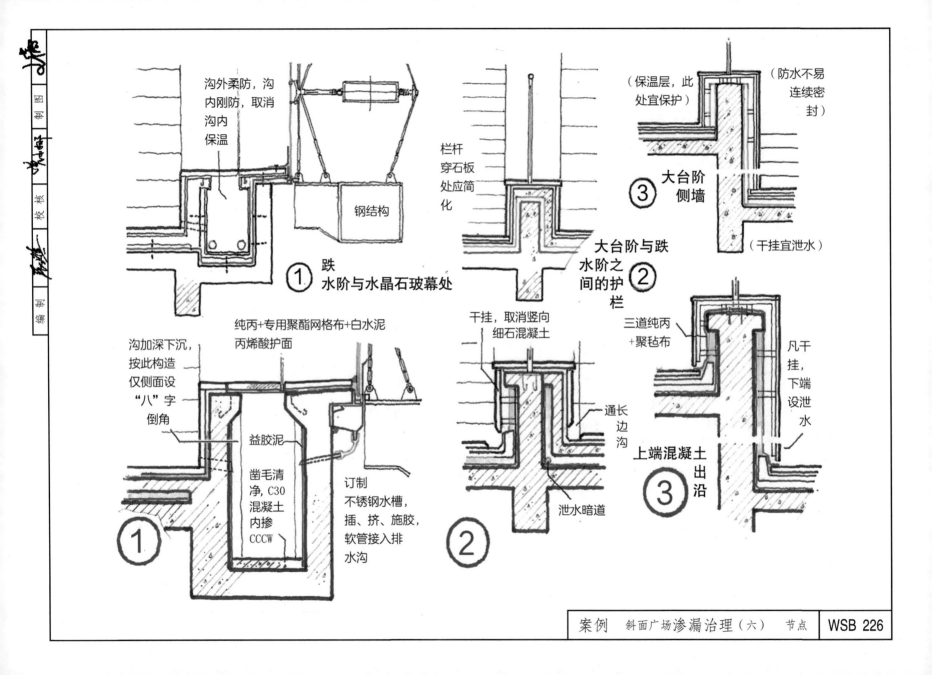

沟外柔防，沟内刚防，取消沟内保温

钢结构

① 跌水阶与水晶石玻幕处

栏杆穿石板处应简化

大台阶与跌水阶之间的护栏 ②

③ 大台阶侧墙

（保温层，此处宜保护）

（防水不易连续密封）

（干挂宜泄水）

纯丙+专用聚酯网格布+白水泥丙烯酸护面

沟加深下沉，按此构造仅侧面设"八"字倒角

益胶泥

凿毛清净，C30混凝土内掺CCCW

订制不锈钢水槽，插、挤、施胶，软管接入排水沟

①

干挂，取消竖向细石混凝土

通长边沟

泄水暗道

②

三道纯丙+聚毡布

凡干挂，下端设泄水

上端混凝土出沿 ③

案例　斜面广场渗漏治理（六）　节点　WSB 226

缺点：

因石板平面尺寸较大（1200×800），不易满浆铺贴，常造成渗积水溢出泛碱。

其二，角钢及其锚栓妨碍石板铺贴质量及效率。也增加暗水泄排之困难。

其三，即使采用三道纯丙+专用聚酯网格布防水包覆，也难彻底解决锈蚀问题。

采用不锈钢，则成本较高。

正确选用益胶泥，采用正规工法，即可止石板下滑，无须再设穿透防水、保温之锚筋。混凝土反坎可内掺CCCW。石板设缝较宽，可减弱气温较高时膨胀起拱。

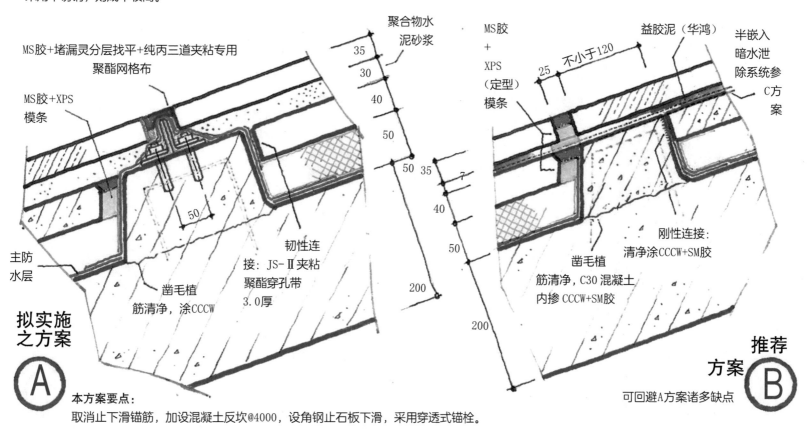

聚合物水泥砂浆

MS胶+堵漏灵分层找平+纯丙三道夹粘专用聚酯网格布

MS胶+XPS模条

主防水层

凿毛植筋清净，涂CCCW

韧性连接：JS-Ⅱ夹粘聚酯穿孔带3.0厚

35 30 40 50 50 35 7 40 50 200

拟实施之方案 Ⓐ

本方案要点：

取消止下滑锚筋，加设混凝土反坎@4000，设角钢止石板下滑，采用穿透式锚栓。

MS胶+XPS（定型）模条

益胶泥（华鸿）

半嵌入暗水泄除系统参C方案

不小于120 25

刚性连接：清净涂CCCW+SM胶

凿毛植筋清净，C30混凝土内掺CCCW+SM胶

200

推荐方案 Ⓑ

可回避A方案诸多缺点

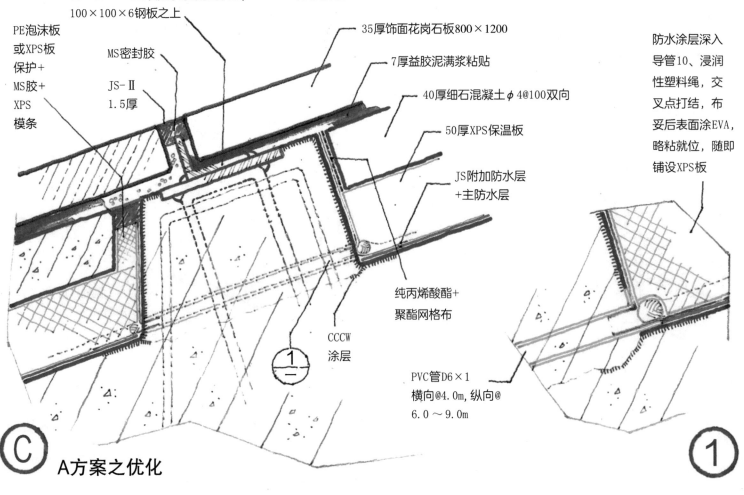

∠50×35×4（若设泄水系统应打孔φ4@6.0m）焊于预埋
100×100×6钢板之上

35厚饰面花岗石板800×1200

PE泡沫板
或XPS板
保护+
MS胶+
XPS
模条

MS密封胶

7厚益胶泥满浆粘贴

JS-Ⅱ
1.5厚

40厚细石混凝土φ4@100双向

50厚XPS保温板

JS附加防水层
+主防水层

防水涂层深入
导管10、浸润
性塑料绳，交
叉点打结，布
妥后表面涂EVA，
略粘就位，随即
铺设XPS板

纯丙烯酸酯+
聚酯网格布

CCCW
涂层

PVC管D6×1
横向@4.0m，纵向@
6.0～9.0m

Ⓒ A方案之优化

①

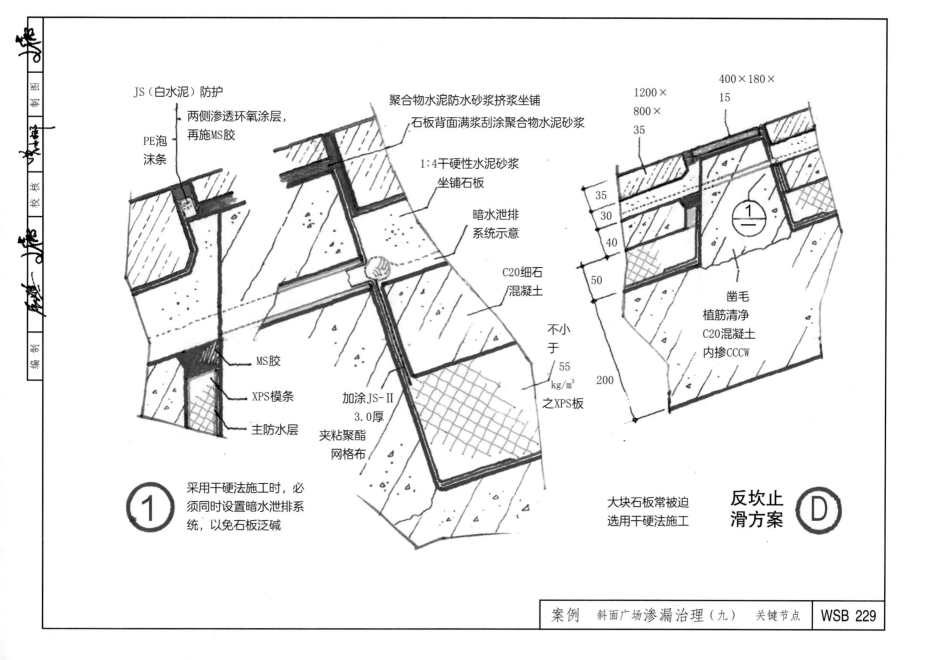

JS（白水泥）防护

两侧渗透环氧涂层，
再施MS胶

PE泡沫条

MS胶

XPS模条

主防水层

①采用干硬法施工时，必须同时设置暗水泄排系统，以免石板泛碱

聚合物水泥防水砂浆挤浆坐铺

石板背面满浆刮涂聚合物水泥砂浆

1:4干硬性水泥砂浆坐铺石板

暗水泄排系统示意

C20细石混凝土

不小于55kg/m³之XPS板

加涂JS-Ⅱ3.0厚夹粘聚酯网格布

大块石板常被迫选用干硬法施工

1200×800×35

400×180×15

35
30
40
50
200

①

凿毛
植筋清净
C20混凝土
内掺CCCW

反坎止滑方案 Ⓓ

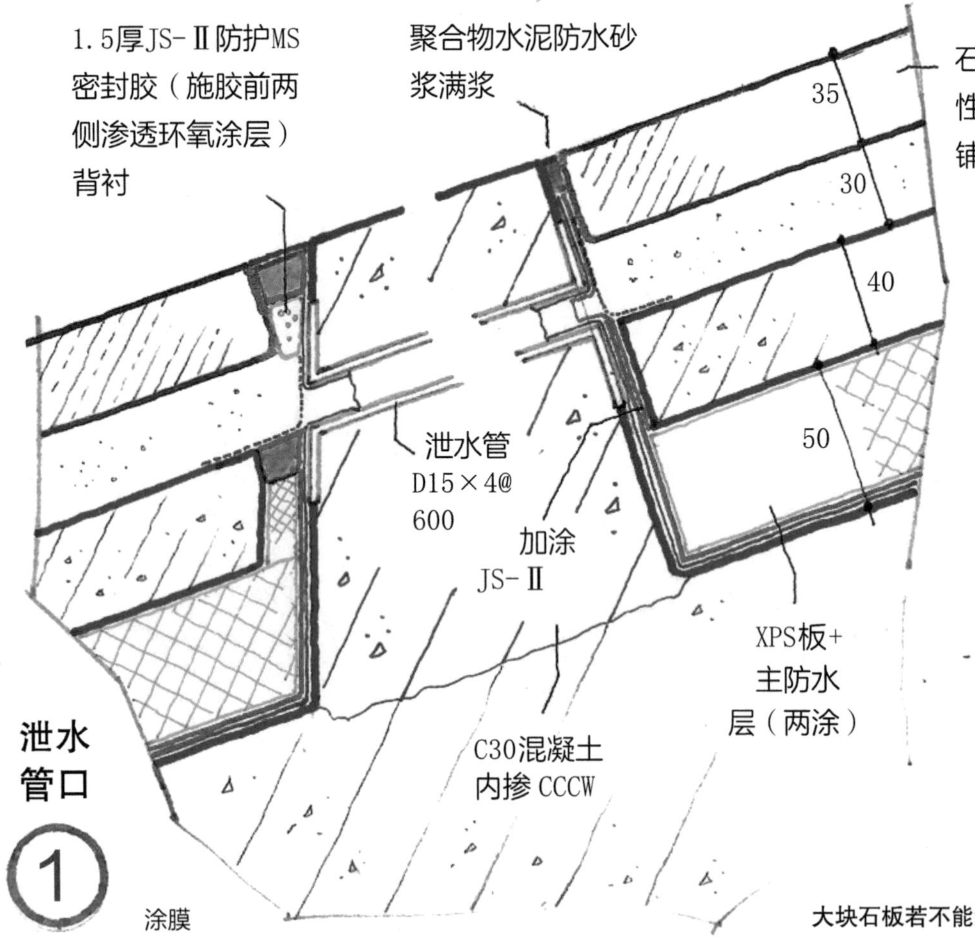

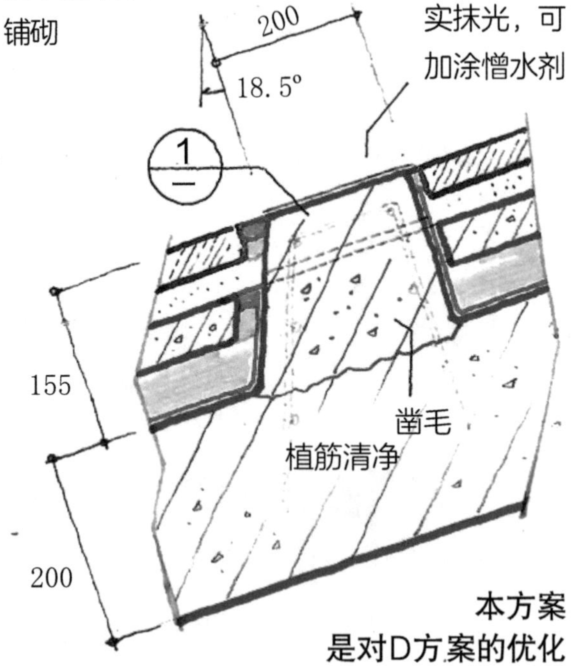

1.5厚JS-Ⅱ防护MS
密封胶（施胶前两
侧渗透环氧涂层）
背衬

聚合物水泥防水砂
浆满浆

石板1:4干硬
性水泥砂浆
铺砌

35

30

40

50

清水混凝土
顶面二次压
实抹光，可
加涂憎水剂

200

18.5°

①
—
—

155

200

凿毛
植筋清净

本方案
是对D方案的优化

要点：止滑反坎到顶，顶面清水混凝土。

泄水管
D15×4@
600

加涂
JS-Ⅱ

XPS板+
主防水
层（两涂）

泄水
管口

①

C30混凝土
内掺CCCW

涂膜
入管10。管口JS粘贴聚酯布

大块石板若不能满浆铺贴而被迫采用干硬工法施工
时，须设暗腔泄排水系统。

Ⓔ

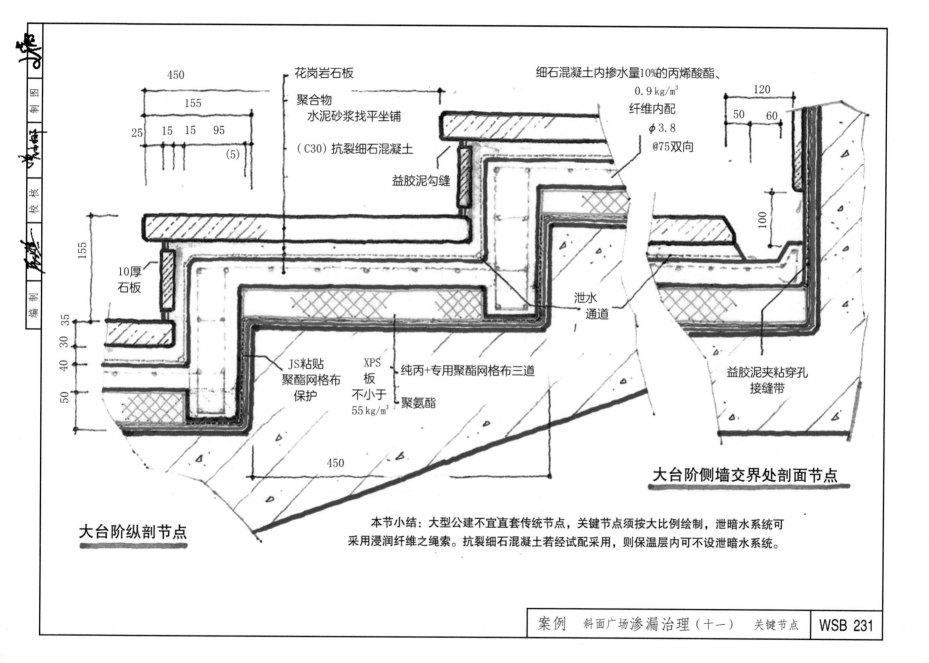

花岗岩石板

聚合物
水泥砂浆找平坐铺

（C30）抗裂细石混凝土

益胶泥勾缝

细石混凝土内掺水量10%的丙烯酸酯、
0.9 kg/m³
纤维内配
ϕ 3.8
@75双向

450

155

25   15   15   95

(5)

120

50   60

100

155

10厚
石板

泄水
通道

35
30
40
50

JS粘贴
聚酯网格布
保护

XPS
板
不小于
55 kg/m³

纯丙+专用聚酯网格布三道

聚氨酯

益胶泥夹粘穿孔
接缝带

大台阶侧墙交界处剖面节点

450

大台阶纵剖节点

本节小结：大型公建不宜直套传统节点，关键节点须按大比例绘制，泄暗水系统可
采用浸润纤维之绳索。抗裂细石混凝土若经试配采用，则保温层内可不设泄暗水系统。

案例　斜面广场渗漏治理（十一）　关键节点

WSB 231

制图

校核

编制

25厚花岗石板，10厚聚合物水泥砂浆满浆坐砌

40厚C20纤维细石混凝土φ4@100双向，挂焊于
φ16插筋之上，@6000设缝，密封，找平

10厚聚合物水泥砂浆保护，找平

75厚预制水泥聚苯板，15厚纤维
水泥砂浆坐砌

3厚益胶泥
保护（用于
CCCW涂层）

3厚聚合物水泥砂浆预填缝

@6000设缝，背衬、
密封

纵横 φ10拉筋，上与反
梁锚焊，中与 φ16锚筋（@3000）
焊牢，并涂聚合物水泥浆保护，150宽现浇
水泥聚苯

钢筋混凝土（屋面）板；M20水泥砂浆嵌平补实；渗透结
晶防水涂层 1.5kg/m²；聚氨酯防水涂层1.5厚
（原设计为JS，尚未固化成膜即被填封，造成渗漏）

18°

资料来源：深圳市新兴防水公司 （实例优化）

坡屋面　斜屋面广场　案例　WSB 232

地顶广场商业街

本节以某大型城市综合体之地顶广场（商业街）为例，说明渗漏始于初设。

该项目基地为包括6栋超高层办公、酒店及商务公寓的高端综合体，毗邻深圳CBD核心圈，位于两大城市中心公园之间。

本项目的设计任务是在其6万㎡的大型购物中心顶部，建造10万㎡的居住及办公LOFT。

整体规划理念：以人工山体和高低错落的小镇，消除地块自身超高层垂直向的巨大压力。

小镇内街两侧的建筑，下层为商业街，上层为办公空间。

大型公建必须坚持四阶段设计，并认真做好扩初设计，并不是所有的中标方案技术上都可行，也不是所有的问题都能靠构造设计解决。市场化造成大量的"三边"工程，已演变成边设计边施工边修改边治理。究其原因，是各专业拆分设计、分项审批，弱化了系统的合理性，也极少顾及安装、维护、维修。具体到本项目：本应为结构完成的沟，由景观设计按混凝土砂浆直接做在保温层上，详本节排水沟原设计，其优化设计参本节（一）～（七）；地灯等关键节点设计只是生搬硬套现有技术，均严重忽视了结构主体的作用，详本节之八a、八b、八c。

建设单位：深圳市科之谷投资有限公司

设计：URBANUS 都市实践　建筑施工图：华阳设计

资料来源：gooood

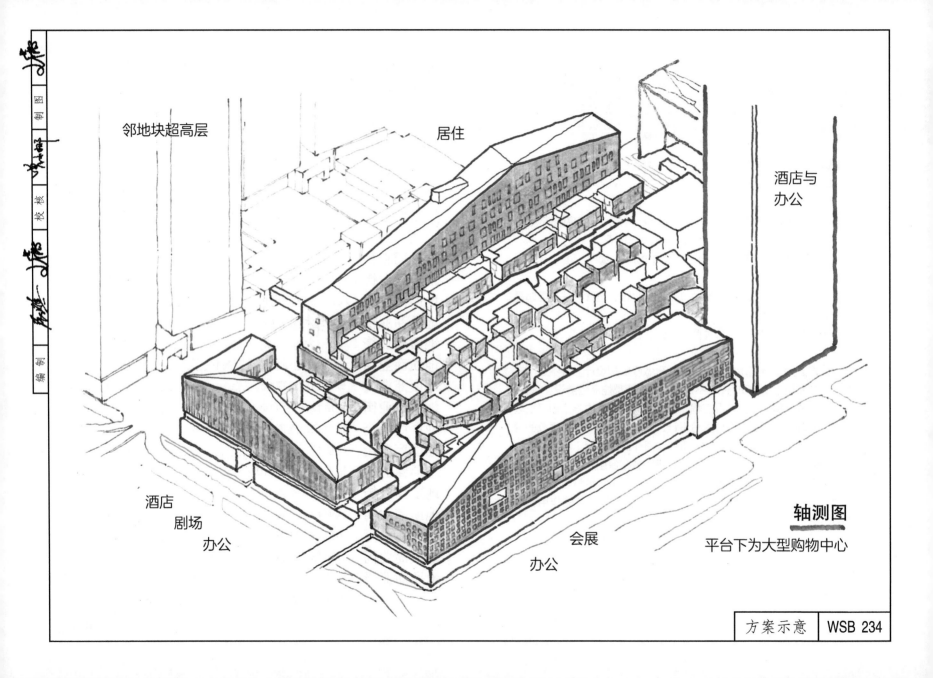

邻地块超高层

居住

酒店与
办公

酒店
剧场
办公

会展
办公

轴测图

平台下为大型购物中心

方案示意 | WSB 234

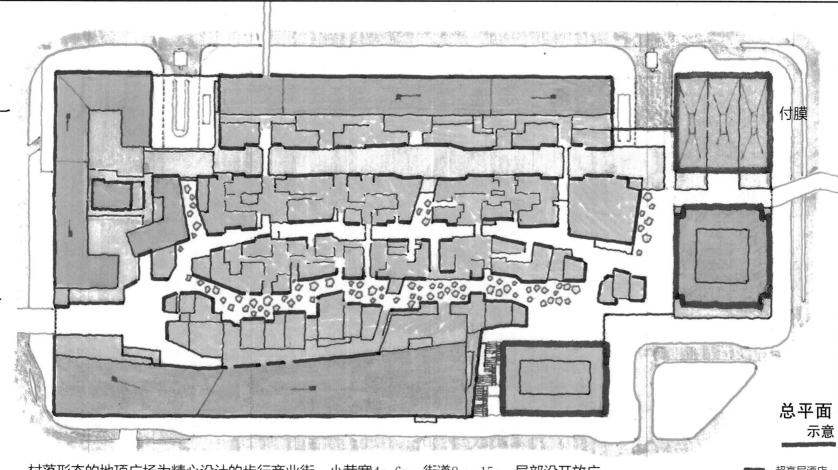

付膜

总平面
示意

村落形态的地顶广场为精心设计的步行商业街，小巷宽4～6m，街道8～15m，局部设开放广场。结合不同尺度的道路广场，设计了各种铺地、排水沟及近百个大小不一的精美地灯。

排水系统构造设计及地灯防水安装设计粗糙，导致刚刚完工即成为该工程渗漏水重点治理对象，影响使用及严重损害室内设计效果。下面将分解叙述，包括引发的构造设计新技术。

商业街地灯

超高层酒店
与办公

平台边界

山形高层及多层村落

| 总平面示意 | **WSB 235** |

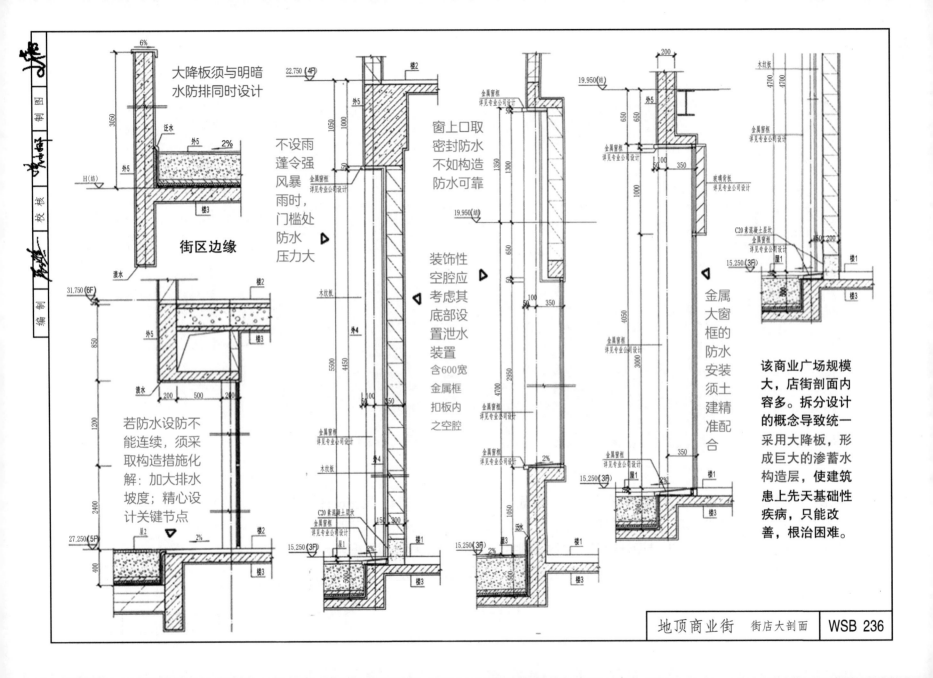

大降板须与明暗水防排同时设计

街区边缘

不设雨蓬令强风暴雨时，门槛处防水压力大

窗上口取密封防水不如构造防水可靠

装饰性空腔应考虑其底部设置泄水装置

含600宽金属框扣板内之空腔

若防水设防不能连续，须采取构造措施化解：加大排水坡度；精心设计关键节点

金属大窗框的防水安装须土建精准配合

该商业广场规模大，店街剖面内容多。拆分设计的概念导致统一采用大降板，形成巨大的渗蓄水构造层，使建筑患上先天基础性疾病，只能改善，根治困难。

地顶商业街　街店大剖面　WSB 236

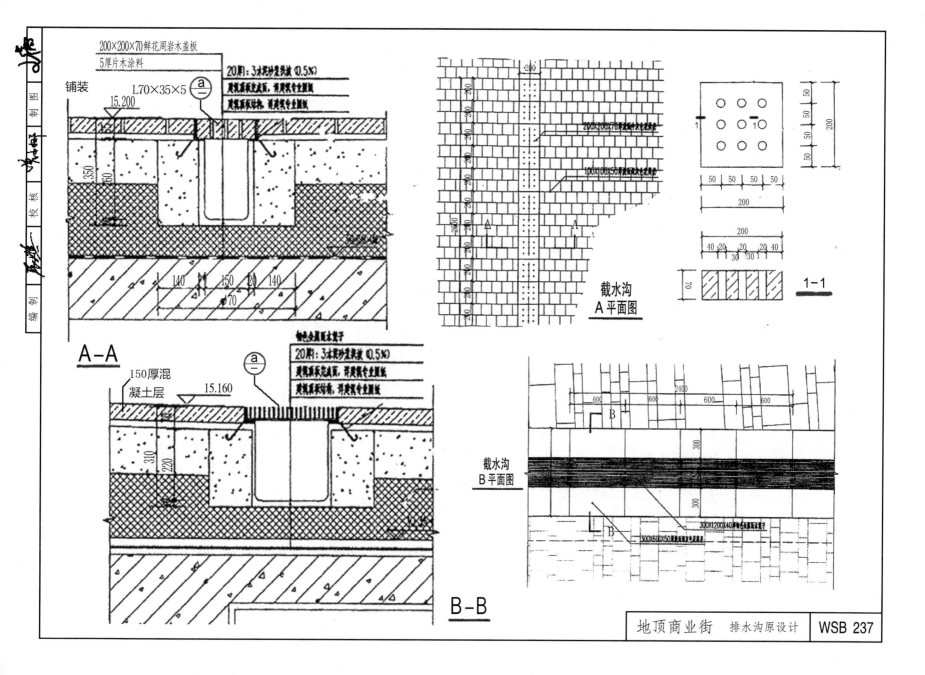

铺装

200×200×70鲜花周岩木盖板
5厚片木涂料

L70×35×5

15.200

20厚：3水泥砂浆找坡（0.5%）
建筑系承重底瓦，详建筑专业图纸
建筑系承重垫板，详建筑专业图纸

350
60

140 | 150 | 20 | 140
φ70

A-A

150厚混
凝土层

15.160

轴色夹圆顶达瓦子

20厚：3水泥砂浆找坡（0.5%）
建筑系承重底瓦，详建筑专业图纸
建筑系承重垫板，详建筑专业图纸

310
220

B-B

200

200×200×70厚夹面专业瓦台

100×100×50厚夹面专业瓦台

截水沟
A平面图

50 50
50 50
50 50
200

50 | 50 | 50 | 50
200

200
40 | 20 | 20 | 20 | 40
30 | 30

70

1-1

2400
600 | 600 | 600 | 600

300

300

截水沟
B平面图

300X1200X40厚专业面瓦瓦子
300X600X50厚夹面专业瓦台

地顶商业街　排水沟原设计　　WSB 237

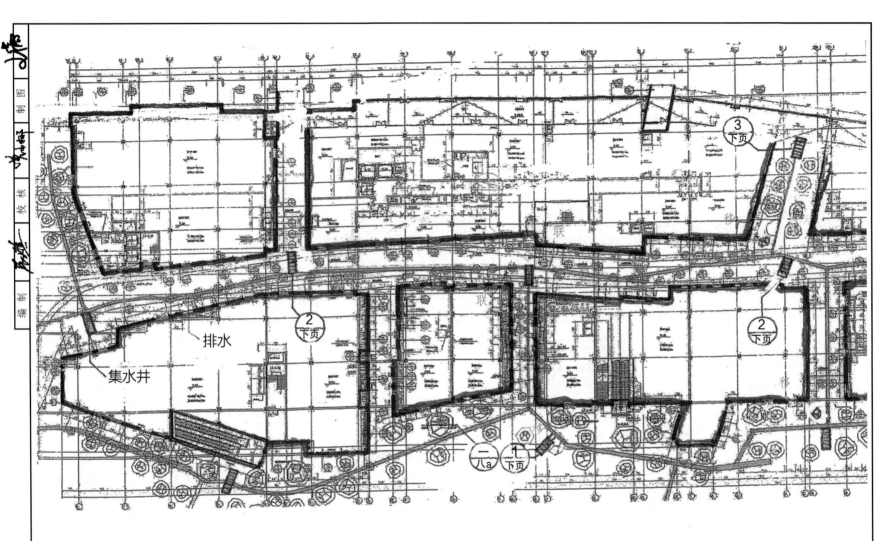

排水

集水井

③
下页

②
下页

②
下页

①
下页

一
八a

联

联

移

移

优化：基本维持原设计，仅联沟二处，移灯三处，增设标准集水池六个（也可为暗池）。集水池也可按非标池设计：池宽不变，只调池长，令其与沟联接节点高度统一。 地灯详本节末。

地顶商业街（一） A段平面 | WSB 238

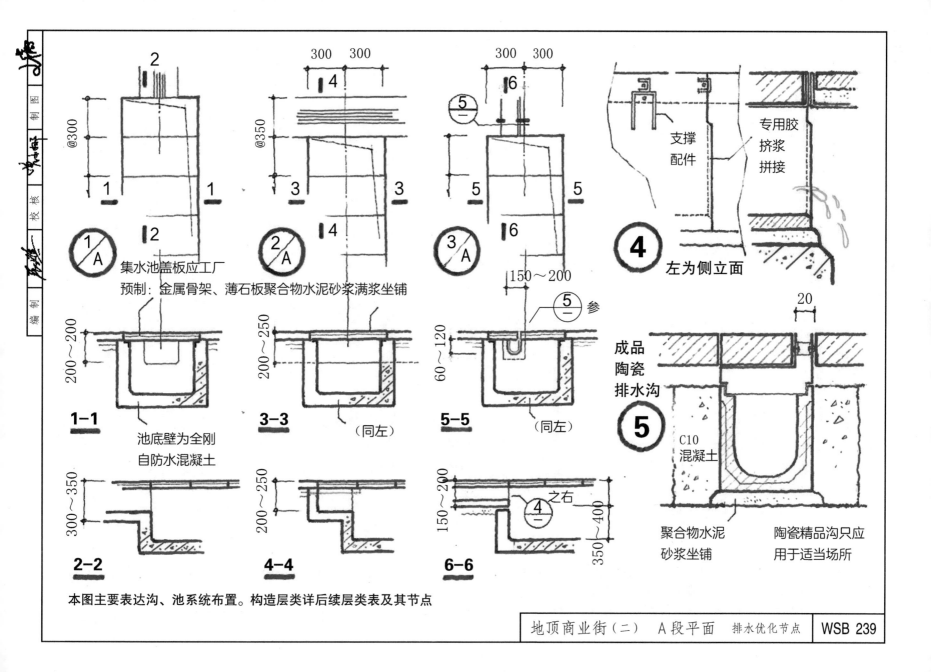

集水池盖板应工厂
预制：金属骨架、薄石板聚合物水泥砂浆满浆坐铺

支撑配件

专用胶
挤浆
拼接

左为侧立面

成品
陶瓷
排水沟

池底壁为全刚
自防水混凝土

（同左）

（同左）

之右

C10
混凝土

聚合物水泥
砂浆坐铺

陶瓷精品沟只应
用于适当场所

本图主要表达沟、池系统布置。构造层类详后续层类表及其节点

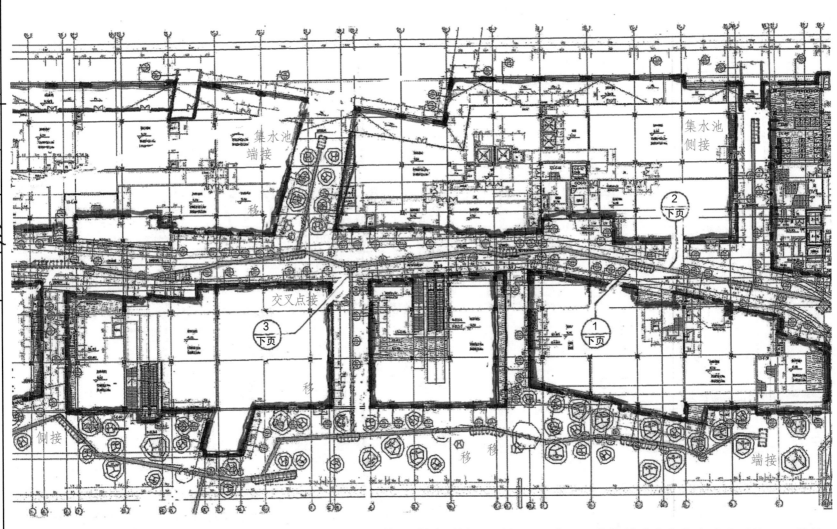

集水池
端接

集水池
侧接

移

交叉点接

2
下页

3
下页

1
下页

侧接

移　移

端接

案例： 集水池装饰性盖板与沟，或端接或侧接，或交叉接。避开结构梁、地灯、门店口。装饰铺地宜将集水池隐形处理，其盖板宁短勿长，刚度大，重量小，便于人工操作。
考虑到回填土厚度控制，集水池宜浅不宜深，或可加密设置，使排水便捷。

| 地顶商业街（三）　　B 段平面 | WSB 240 |

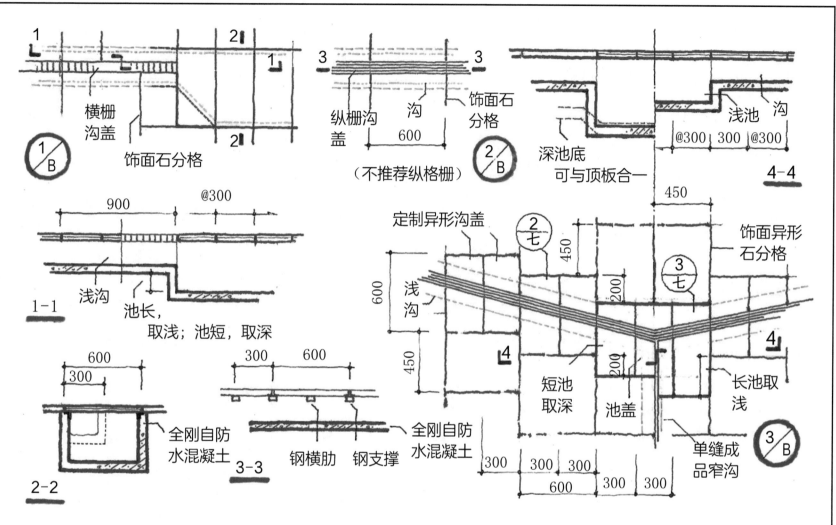

本图表达饰面分格与沟池盖板的协调设计示意（尚有多种方案）。活动盖板每块控制在300×600,个别异形除外。横栅受力合理,可300×900,纵栅构造复杂且受力不合理,不宜超过300×600。坐铺石板基本模数为300、600,个别异形除外。

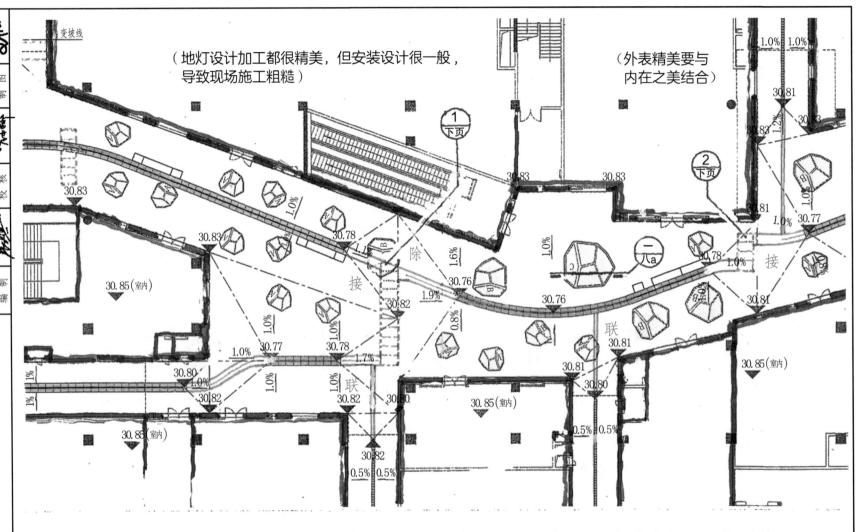

（地灯设计加工都很精美，但安装设计很一般，
导致现场施工粗糙）

（外表精美要与
内在之美结合）

灯、池、沟之设计都有极大弹性，故自由之平面设计，仍可能纳入不大于@300之模数化体系，街道路面小网格，局部@150、
@450。地灯则建议纳入一个完整格区，便于工厂加工，简化现场密封处理。详本节末。

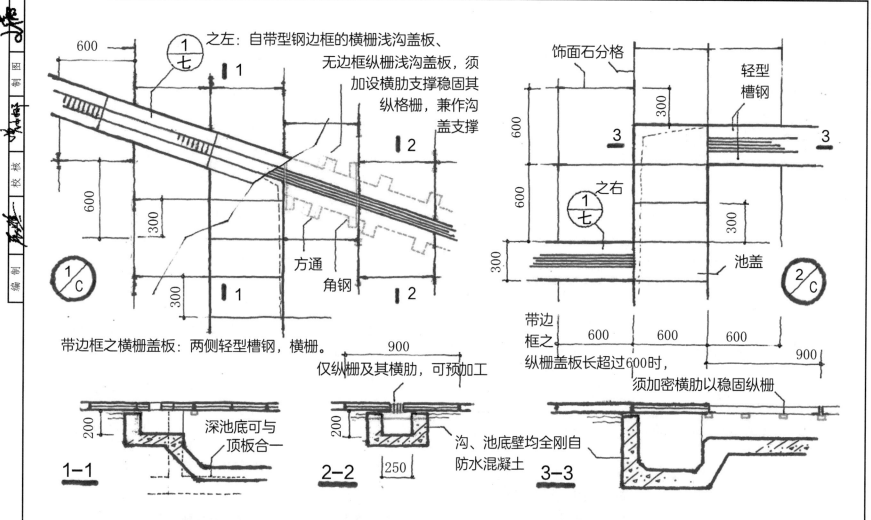

之左：自带型钢边框的横栅浅沟盖板、
无边框纵栅浅沟盖板，须
加设横肋支撑稳固其
纵格栅，兼作沟
盖支撑

①/七

①/C

600

600

300

300

饰面石分格

轻型
槽钢

300

3

600

之右

600

①/七

300

池盖

带边
框之

600   600   600

带边框之横栅盖板：两侧轻型槽钢，横栅。

900

纵栅盖板长超过600时，

900

仅纵栅及其横肋，可预加工

须加密横肋以稳固纵栅

方通

角钢

200

深池底可与
顶板合一

1—1

200

沟、池底壁均全刚自
防水混凝土

250

2—2

3—3

饰面石板分格应保持简单模数，景观设计之自由折线应尽快在小范围内"消化掉"。盖板结合饰面设计时，注意构造的合理性。建筑师
最喜欢的无框纵栅构造，也是最易受损的构造；表面设计简单，实际上，设计、加工、制作、安装、维护、维修都排名最末。

广场透水饰面石板应与沟盖石板质感、色彩相同

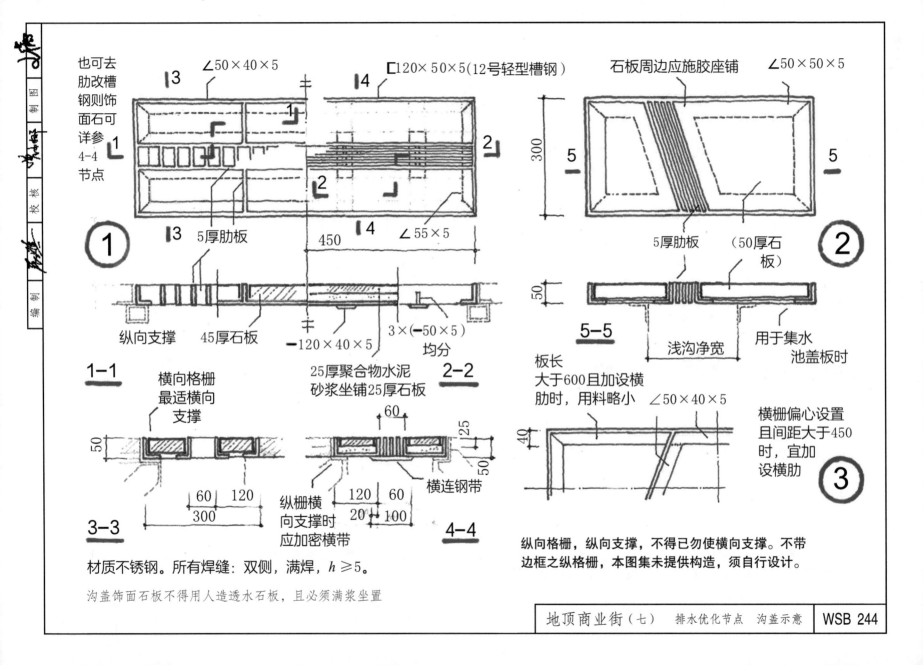

也可去肋改槽钢则饰面石可详参4-4节点

∠50×40×5

□120×50×5(12号轻型槽钢)

石板周边应施胶座铺

∠50×50×5

450

5厚肋板

∠55×5

300

①

②

纵向支撑　45厚石板

3×(−50×5)均分

─120×40×5

5厚肋板

（50厚石板）

50

5-5

浅沟净宽

用于集水池盖板时

板长大于600且加设横肋时，用料略小

1-1

横向格栅最适横向支撑

25厚聚合物水泥砂浆坐铺25厚石板

2-2

60

25

50

50

60　120

300

3-3

纵栅横向支撑时应加密横带

120　60

20　100

横连钢带

4-4

∠50×40×5

40

横栅偏心设置且间距大于450时，宜加设横肋

③

纵向格栅，纵向支撑，不得已勿使横向支撑。不带边框之纵格栅，本图集未提供构造，须自行设计。

材质不锈钢。所有焊缝：双侧，满焊，$h \geqslant 5$。

沟盖饰面石板不得用人造透水石板，且必须满浆坐置

编制　校核　制图

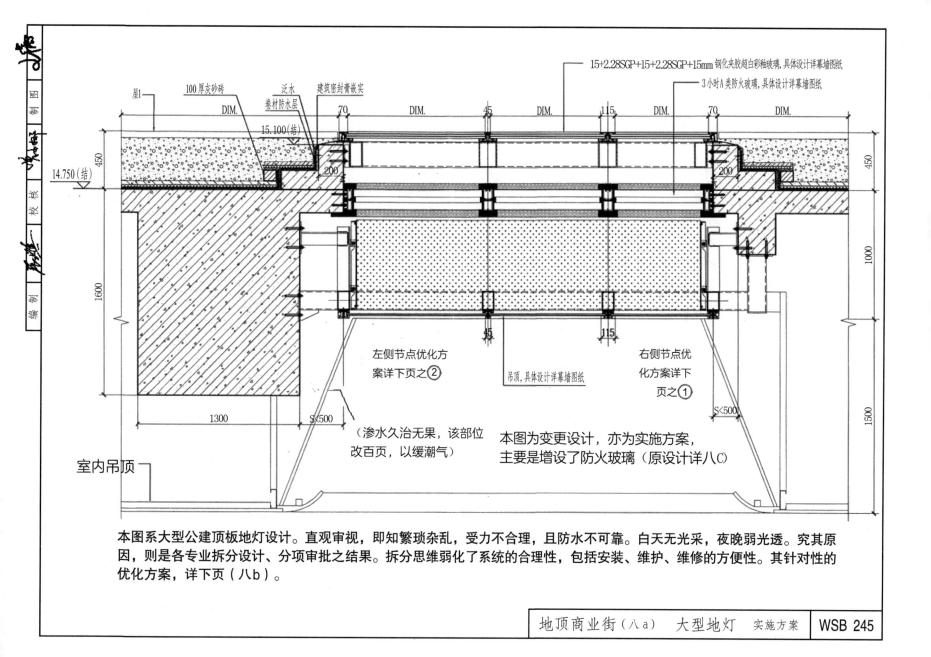

本图系大型公建顶板地灯设计。直观审视，即知繁琐杂乱，受力不合理，且防水不可靠。白天无光采，夜晚弱光透。究其原因，则是各专业拆分设计、分项审批之结果。拆分思维弱化了系统的合理性，包括安装、维护、维修的方便性。其针对性的优化方案，详下页（八b）。

地顶商业街（八a）　大型地灯　实施方案　WSB 245

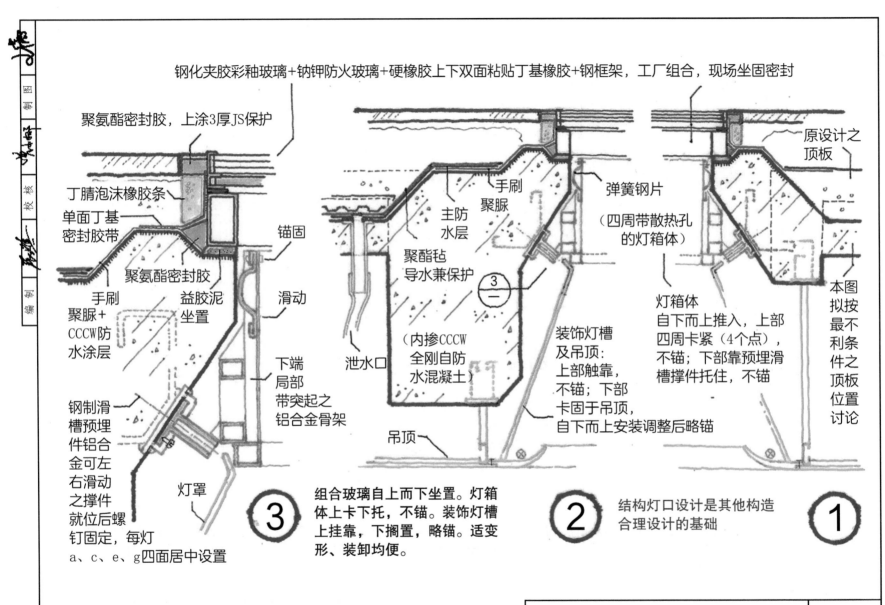

钢化夹胶彩釉玻璃+钠钾防火玻璃+硬橡胶上下双面粘贴丁基橡胶+钢框架，工厂组合，现场坐固密封

聚氨酯密封胶，上涂3厚JS保护

丁腈泡沫橡胶条

单面丁基密封胶带

聚氨酯密封胶

手刷聚脲+CCCW防水涂层

益胶泥坐置

手刷聚脲

主防水层

聚酯毡导水兼保护

锚固

滑动

泄水口

（内掺CCCW全刚自防水混凝土）

弹簧钢片

（四周带散热孔的灯箱体）

原设计之顶板

灯箱体自下而上推入，上部四周卡紧（4个点），不锚；下部靠预埋滑槽撑件托住，不锚

本图拟按最不利条件之顶板位置讨论

下端局部带突起之铝合金骨架

钢制滑槽预埋件铝合金可左右滑动之撑件就位后螺钉固定，每灯a、c、e、g四面居中设置

灯罩

装饰灯槽及吊顶：上部触靠，不锚；下部卡固于吊顶，自下而上安装调整后略锚

吊顶

③ 组合玻璃自上而下坐置。灯箱体上卡下托，不锚。装饰灯槽上挂靠，下搁置，略锚。适变形、装卸均便。

② 结构灯口设计是其他构造合理设计的基础

①

地顶商业街（八b）　大型地灯　优化设计　　WSB 246

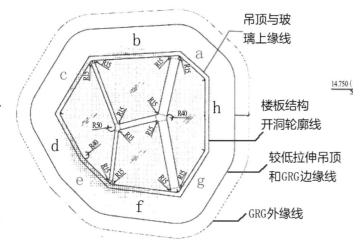

地灯吊顶大样图

吊顶与玻璃上缘线

楼板结构开洞轮廓线

较低拉伸吊顶和GRG边缘线

GRG外缘线

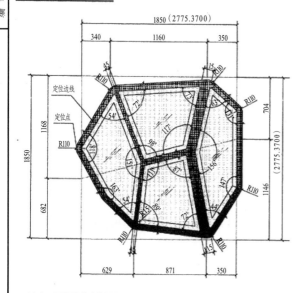

地灯平面大样图

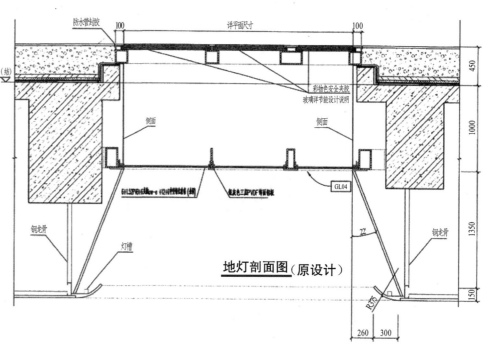

地灯剖面图（原设计）

防水管封胶

详平面尺寸

彩物色安全夹胶玻璃详节能设计说明

侧面

侧面

钢龙骨

灯槽

钢龙骨

14.750（结）

小结：地顶商业街构造层类应在协调好各专业节点的基础上进行设计，地灯洞口处，更不能拆分设计。各专业须在初设阶段调整到位。拆分，使结构、建筑、装饰单个看似可行，整合在一起，则十分不合理。消防审批后的变更设计则放大了这种不合理：不仅消防原理可疑，且受力复杂，无光可采，锚装更难，维修不便。优化设计含四部分：结构精细化设计、玻璃整合预组坐置、灯箱体卡托安装、装饰灯槽扶靠搁置。

| 地顶商业街（八c） | 大型地灯 | 原设计 | WSB 247 |

地顶9	13. 广场或非机动车道铺装，按单体设计（若采用干硬性工艺，须另设排水系统）	地顶10	11. 广场或非机动车道铺装，按单体设计（若采用干硬性工艺，须另设排水系统）
主体单做 配专用泄排水口 填充层内设置 集水坑及排水干沟	12. 安装成品精制排水沟（深200），聚合物水泥砂浆挤浆坐铺，两侧200宽C20现浇混凝土夹固，大面现场填筑泡沫混凝土（不小于500kg/m³）	主体降板 设集水坑及排水干沟 单设泄水装置	10. 安装成品精制排水沟（深200），聚合物水泥砂浆挤浆坐铺，两侧200宽C20现浇混凝土夹固，大面现场填筑陶粒混凝土拍实，20厚M15水泥砂浆找平压实（不小于500kg/m³）
	11. 50厚C25混凝土，配筋φ6@100双向，@6000设缝，10宽挤塑模条浇入缝内，缝面氨酯密封胶，深10		9. 40厚C20细石混凝土，φ4@100双向@5000设缝
	10. 0.5厚聚乙烯丙纶隔离	集水坑、排水干沟 可较深	8. 0.5厚聚乙烯丙纶隔离
	9. 防水层：按地顶11		7. 防水层：按地顶11
	8. 保护层：70厚C30混凝土，φ8@120双向，@5000设缝10宽挤塑模条浇入缝中，缝面聚氨酯密封胶，深10	适回填规模较小之 工程	6. 保护层：70厚C25混凝土，φ6@100双向@6000设缝10宽挤塑模条浇入缝中，缝面聚氨酯密封胶，深10
集水坑、排水干沟 深度受限 适回填规模较大之 工程	7. 填筑泡沫混凝土（不小于500kg/m³）		5. 陶粒混凝土（不小于500kg/m³）
	6. 局部全刚自防水钢筋混凝土排水沟或集水井，大面空铺60厚护砖		4. 40厚C20细石混凝土，φ3.5@75成品钢筋网片
	5. 5厚聚酯毡导水层满铺		3. （保温层）30厚挤塑板，JS密封粘贴
	4. 隔离兼保护：0.7厚聚乙烯丙纶		2. 防水层：按地顶12
	3. 防水层：按地顶12		1. 结构主体，全刚自防水混凝土
	2. 渗透环氧二道（在混凝土尚未大面积污染之前施作）		
	1. 结构主体，防水混凝土		
		地顶 简10	（将地顶10之4、6、7、8、9减除）

构造层类   排水干沟及集水井底壁均为全刚自防水混凝土，内掺CCCW防水剂，5厚华鸿高分子益胶泥压实抹光。

地顶 11		地顶 12	
	14. 广场或非机动车道铺装，按单体设计（若采用干硬性工艺，须另设排水系统）		11. 广场或非机动车道铺装，按单体设计（若采用干硬性工艺，须另设排水系统）
	13. 安装成品精制排水沟（深 200），聚合物水泥砂浆挤浆坐铺，两侧 200 宽 C20 现浇混凝土夹固，大面现场填筑泡沫混凝土（不小于 500kg/m³）		10. 安装成品精制排水沟（深 200），聚合物水泥砂浆挤浆坐铺，两侧 200 宽 C20 现浇混凝土夹固，大面现场填筑陶粒混凝土（不小于 500kg/m³）拍实，20 厚 M15 水泥砂浆找平压实
	12. 30 厚 C25 混凝土，配筋 ϕ 3.5@75 双向点焊成品钢筋网片		9. 0.5 厚聚乙烯丙纶隔离（水泥胶满粘）
	11. 0.5 厚聚乙烯丙纶隔离		8. 防水层：8.2～22（21、20、19、18）
	10. 防水层：2.0 厚非固化橡胶沥青防水涂料 3.0 厚自粘聚合物改性沥青防水卷材（PY 类） 1.5 厚自粘聚合物改性沥青防水卷材（N 类高分子膜）		7. 保护层：70 厚 C25 混凝土，ϕ 6@100 双向 @6000
	9. 保护层：70 厚 C30 混凝土，ϕ 8@120 双向		6. 陶粒混凝土（不小于 500kg/m³）
	8. 填筑泡沫混凝土（不小于 500kg/m³）		5. 0.7 厚聚乙烯丙纶保护
	7. 局部全刚自防水钢筋混凝土排水沟或集水井		4. 5 厚聚酯毡导水层
	6. 50 厚 C25 细石混凝土，ϕ 4@100 双向		3. 0.3 厚聚乙烯丙纶隔离兼保护
	5. 不小于 400kN/m² 之 10 高排水板，杯口朝下顶带泄水孔，杯外填轻质砾石		2. 防水层：4.0 厚自粘改性沥青防水卷材 2.5 厚非固化橡胶沥青防水涂料
	4. 隔离兼保护：0.7 厚聚乙烯丙纶		1. 结构主体，全刚自防水混凝土
	3. 防水层：4.0 厚自粘改性沥青防水卷材 2.5 厚非固化橡胶沥青防水涂料		
	2. 渗透环氧二道（在混凝土尚未大面积污染之前施作）		
	1. 结构主体，防水混凝土		

| 构造层类 | 排水干沟及集水井底壁均为全刚自防水混凝土，内掺 CCCW 防水剂，5 厚华鸿高分子益胶泥压实抹光。 | 地顶商业街 地顶 11、地顶 12 | WSB 249 |

地顶 13	9. 广场或非机动车道铺装，按单体设计（若采用干硬性工艺，须另设排水系统）	地顶 14	8. 广场或非机动车道铺装，按单体设计（若采用干硬性工艺，须另设排水系统），局部安装成品精制排水沟（深 200），聚合物水泥砂浆挤浆坐铺，两侧 200 宽 C20 现浇混凝土夹固，大面现场填筑泡沫混凝土（不小于 500kg/m³）

地顶 13 栏：

8. 安装成品精制排水沟（深 200），聚合物水泥砂浆挤浆坐铺，两侧 200 宽 C20 现浇混凝土夹固，大面现场填筑泡沫混凝土（不小于 500kg/m³）

7. 保护层：50～60 厚 C30 混凝土 ϕ6@100 双向，@5000 设成品模条分格缝（自带聚氨酯密封胶，深 10）

6. 局部自防水钢筋混凝土之排水明沟及集水坑之外，大面积填筑不小于 500kg/m³ 之现浇泡沫混凝土

5. 30 厚 C25 细石混凝土，内配 ϕ3.5@75 成品点焊钢筋网片

4. 10 高排水板，壁厚 1.5，抗压强度不小于 400kN/m²，杯口朝下（植土部位为 10 厚蓄排水板，顶带泄水孔），上铺 400g/m² 之滤水毡

3. 1.5 厚 PVC 或 TPO 防水卷材，双道热熔焊

2. 水泥基渗透结晶防水涂料（1.5kg/m²）

1. 结构，防水混凝土

若采用全刚自防水混凝土，则 CCCW 防水涂层可以取消。

地顶 14 栏：

7. 2x0.8 厚聚乙烯丙纶复合防水卷材

6. 保护层：50~60 厚 C30 混凝土 ϕ6@100 双向，@5000 设成品模条分格缝（自带聚氨酯密封胶，深 10）

5. 局部自防水钢筋混凝土之排水明沟及集水坑之外，大面积填筑不小于 500kg/m³ 之现浇泡沫混凝土

4. 30 厚 C25 细石混凝土，内配 ϕ3.5@75 成品点焊钢筋网片

3. 10 高排水板，壁厚 1.5，抗压强度不小于 400kN/m²，杯口朝下（植土部位为 10 厚蓄排水板，顶带泄水孔，上铺 400g/m² 之滤水毡）

2. 1.5 厚 PVC 或 TPO 防水卷材，双道热熔焊

1. 结构，全刚自防水混凝土

构造层类

地顶15	6. 安装成品精制排水沟（深200），聚合物水泥砂浆挤浆坐铺，两侧200宽C20现浇混凝土夹固，大面现场填筑泡沫混凝土（不于500kg/m³） 5. 填筑泡沫混凝土（不小于500kg/m³） 4. 0.5厚聚乙烯丙纶空铺 3. 5厚聚酯毡导水层满铺 2. 1.8厚PVC或TPO防水卷材，双道热熔焊 1. 结构主体，全刚自防水混凝土	地顶16	7. 全刚自防水混凝土浅沟或广场或非机动车道铺装，按单体设计（若采用干硬性工艺，须另设排水系统） 6. 30厚C25细石混凝土，内配 φ3.5@75成品点焊钢筋网片 5. 填筑泡沫混凝土（不小于500kg/m³） 4. 60厚板砖拼缝空铺 3. 5厚聚酯毡导水层满铺 2. 1.8厚PVC或TPO防水卷材，双道热熔焊 1. 结构主体，全刚自防水混凝土
		地顶16 加强	在地顶16基础上： 4 或改为0.7厚聚乙烯丙纶空铺保护 6 之上增加：40厚C25混凝土，配筋同6 　　　　　　0.5厚聚乙烯丙纶隔离 　　　　　　防水层：见地顶11之10

构造层类

地顶 17	7. 全刚自防水混凝土浅沟或安装成品精制排水沟（深 200），聚合物水泥砂浆挤浆座铺，两侧 200 宽 C20 现浇混凝土夹固，大面现场填筑泡沫混凝土（不小于 500kg/m³） 6. 30 厚 C25 细石混凝土，内配 ϕ 3.5@75 成品点焊钢筋网片 5. 填筑泡沫混凝土（不小于 500kg/m³） 4. 0.7 厚聚乙烯丙纶空铺或 60 厚板砖拼缝 3. 5 厚聚酯毡导水层满铺 2. 1.8 厚 PVC 或 TPO 防水卷材，双道热熔焊 1. 结构主体，全刚自防水混凝土	地顶 18	7. 广场或非机动车道铺装，按单体设计（若采用干硬性工艺，须另设排水系统），局部安装成品精制排水沟（深 200），聚合物水泥砂装挤浆坐铺，两侧 200 宽 C20 现浇混凝土夹固，大面现场填筑泡沫混凝土（不小于 500kg/m³） 6. 保护层：50～60 厚 C30 混凝土 ϕ 6@100 双向，@5000 设成品模条分格缝（自带聚氨酯密封胶，深 10） 5. 填筑泡沫混凝土（不小于 500kg/m³） 4. 0.5 厚聚乙烯丙纶空铺 3. 5 厚聚酯毡导水层满铺 2. 1.8 厚 PVC 或 TPO 防水卷材，双道热熔焊 1. 结构主体，全刚自防水混凝土

构造层类

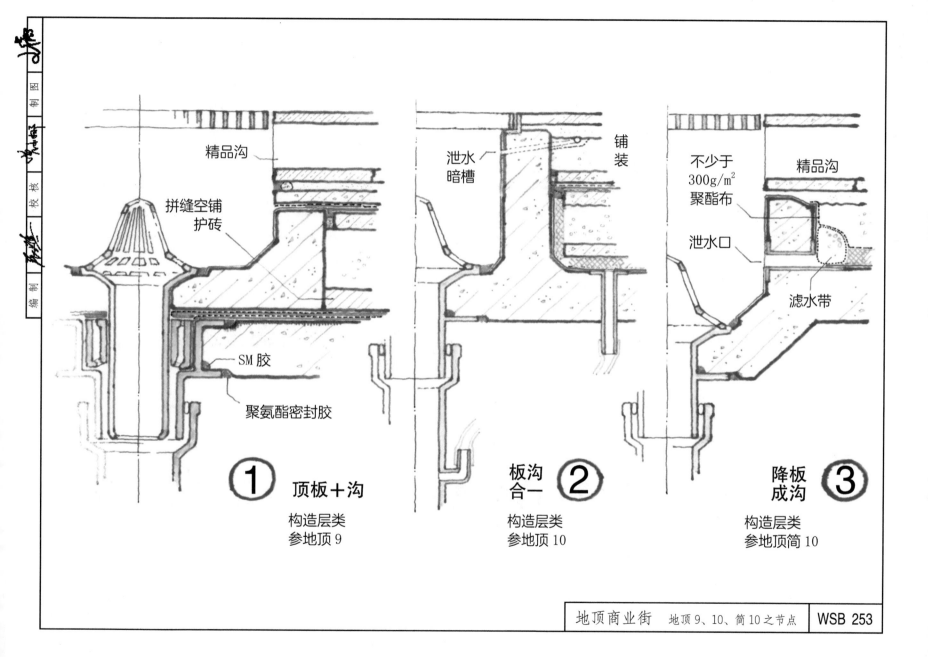

精品沟

拼缝空铺
护砖

SM 胶

聚氨酯密封胶

泄水
暗槽

铺装

① 顶板＋沟

构造层类
参地顶 9

② 板沟
合一

构造层类
参地顶 10

不少于
300g/m²
聚酯布

精品沟

泄水口

滤水带

③ 降板
成沟

构造层类
参地顶简 10

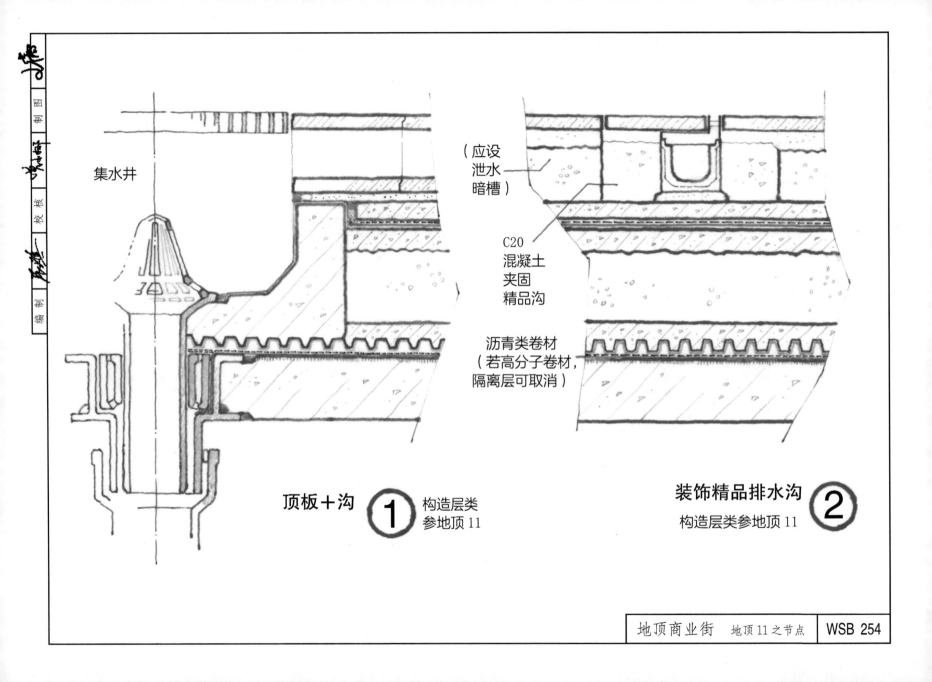

集水井

（应设
泄水
暗槽）

C20
混凝土
夹固
精品沟

沥青类卷材
（若高分子卷材，
隔离层可取消）

顶板＋沟 ① 构造层类
参地顶11

装饰精品排水沟 ②
构造层类参地顶11

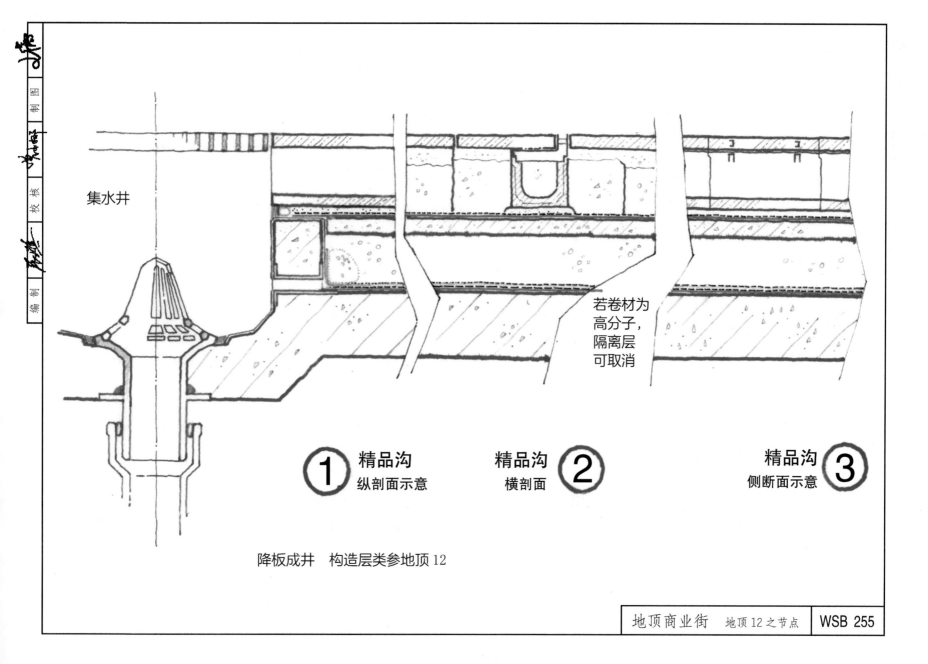

集水井

若卷材为
高分子，
隔离层
可取消

精品沟 ① 纵剖面示意

精品沟 ② 横剖面

精品沟 ③ 侧断面示意

降板成井　构造层类参地顶12

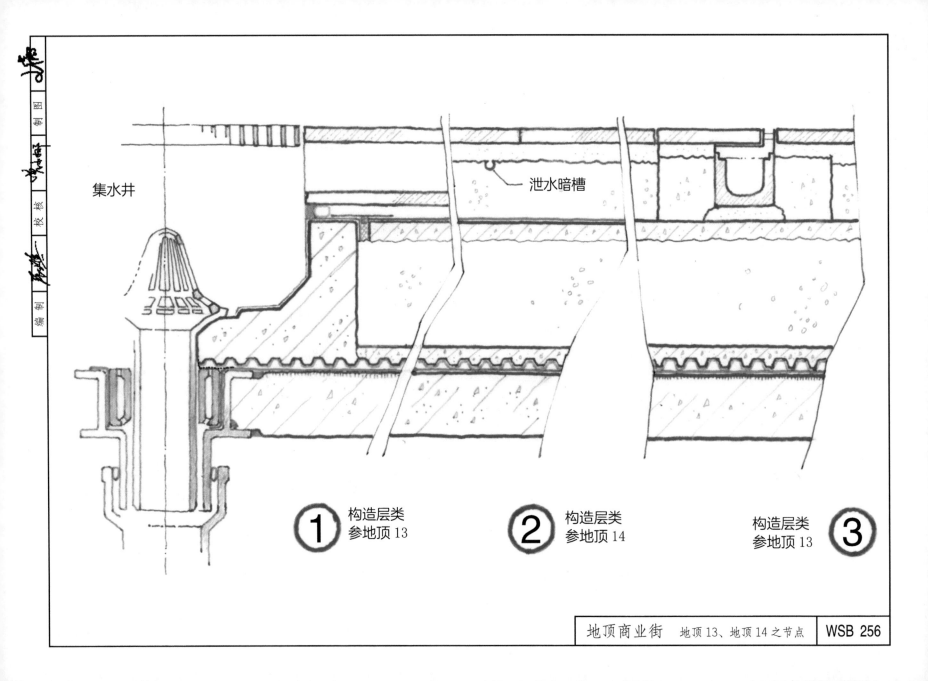

集水井

泄水暗槽

① 构造层类
参地顶 13

② 构造层类
参地顶 14

构造层类
参地顶 13 ③

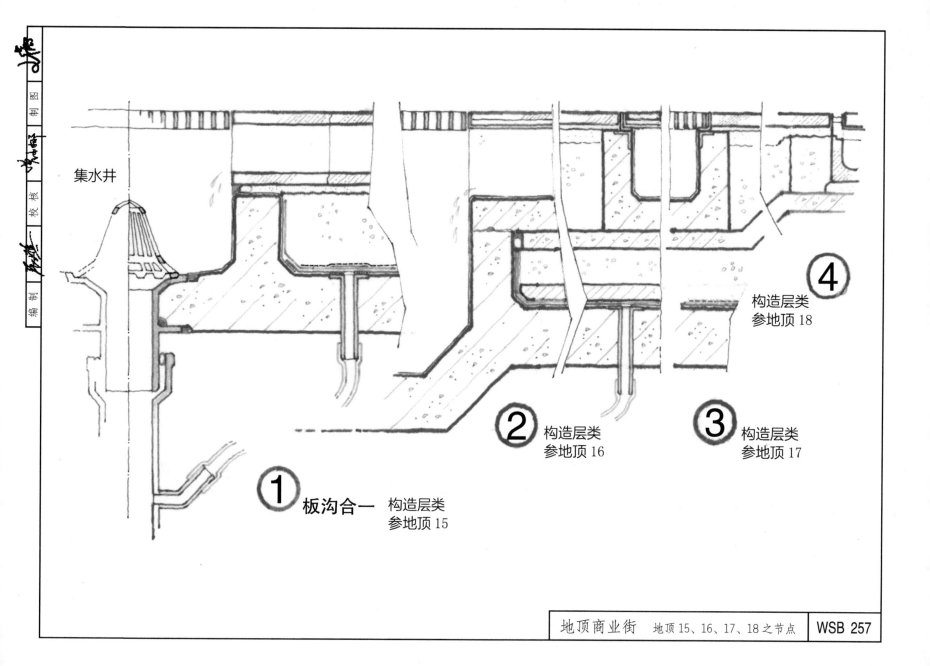

集水井

④ 构造层类
参地顶 18

② 构造层类
参地顶 16

③ 构造层类
参地顶 17

① 板沟合一 构造层类
参地顶 15

聚脲或
益胶泥

浅沟

车道

参WSB
之18页

构造参
WSA之
134页

广场

顶带
泄水孔之
蓄排水板

泄水口

排水板、杯口朝下

顶带泄水孔之蓄排水板

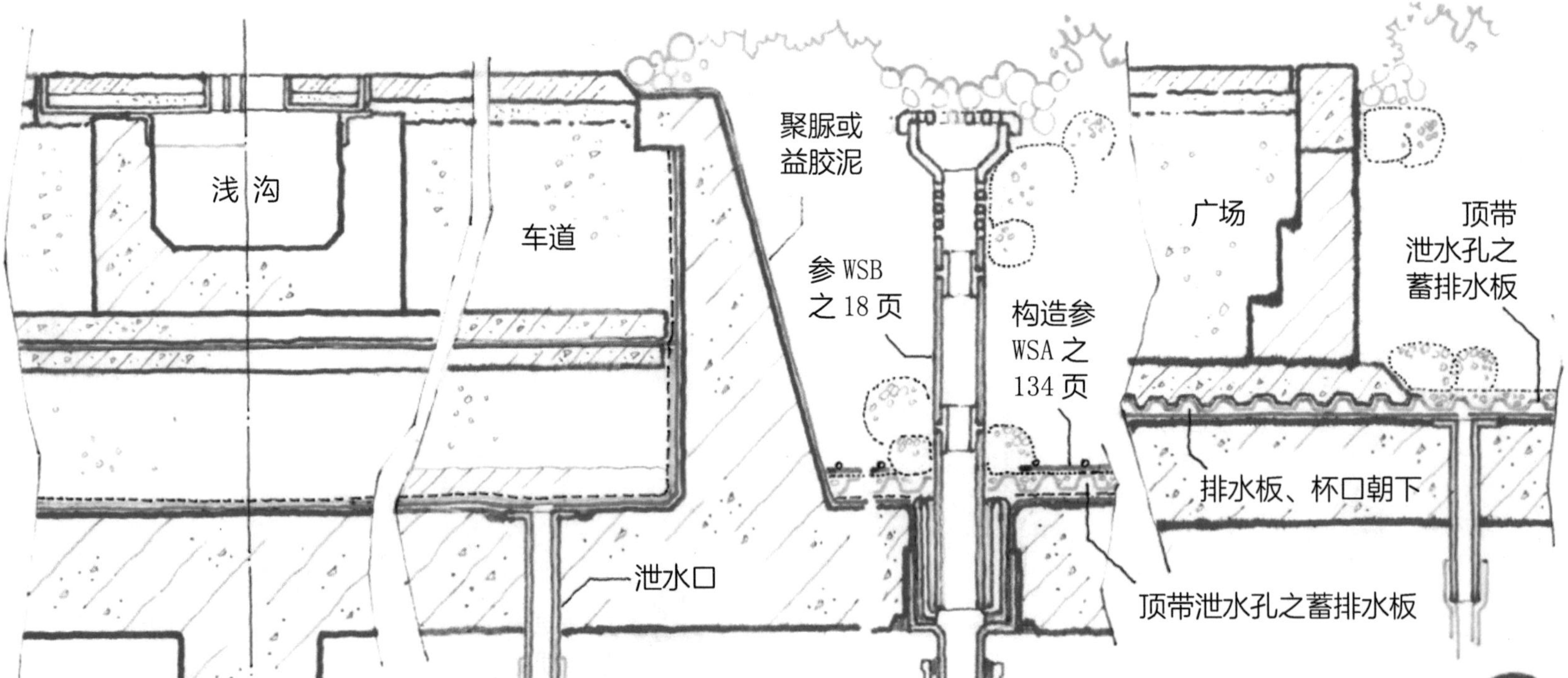

① 浅沟

构造层类参地顶16加强

② 路植交界

顶植面积通常有限，回填较厚时，不宜采取路基放坡方式。

广场、顶植交界 ③
（适用浅植土）

底板内排治理

本案例资料来自专项技术咨询

本节通过某工程地下室底板渗漏内排治理案例的分析，讨论底板内排系统及其节点的优化设计，包括集水井构造设计。

原设计、改进设计及优化设计之说明，均在各平面图左下。改进优化的目的是使坡长缩短、减少滞水。

沟槽边缘需溜边，以减少踩踏。支模需稳固精细，特别是集水井周边要确保坚实。井边尺寸误差，若靠修补，寿命不会很长。建议通过井盖设计化解。

需要指出的是：新设计不推荐内排，因内排掩盖渗漏，影响混凝土主体寿命。内排的前提是：地下工程防水质量达到验收标准后的补充措施，并应限制总排量，且以设置内排计量装置予以保证。

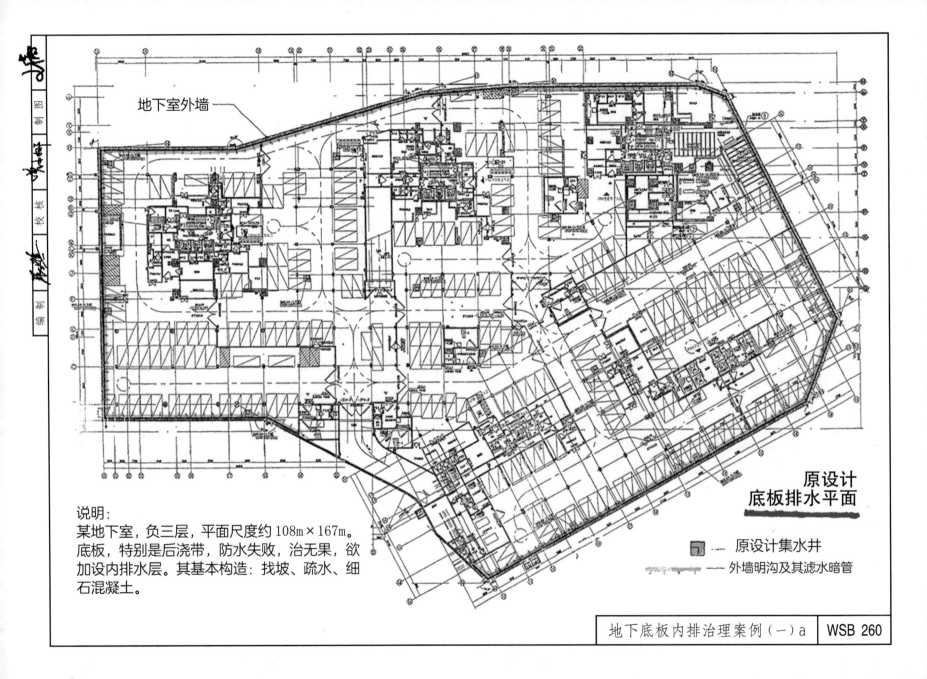

地下室外墙

原设计
底板排水平面

说明：
某地下室，负三层，平面尺度约 108m×167m。
底板，特别是后浇带，防水失败，治无果，欲
加设内排水层。其基本构造：找坡、疏水、细
石混凝土。

▯ —— 原设计集水井

〰〰〰 —— 外墙明沟及其滤水暗管

地下底板内排治理案例（一）a | WSB 260

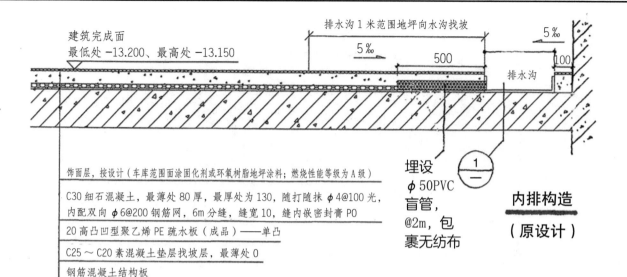

建筑完成面
最低处 −13.200、最高处 −13.150

排水沟1米范围地坪向水沟找坡

5‰

5‰

500

100

排水沟

饰面层，按设计（车库范围面涂固化剂或环氧树脂地坪涂料；燃烧性能等级为A级）

C30细石混凝土，最薄处80厚，最厚处为130，随打随抹φ4@100 光，内配双向 φ6@200 钢筋网，6m分缝，缝宽10，缝内嵌密封膏 PO

20 高凸凹型聚乙烯 PE 疏水板（成品）——单凸

C25～C20 素混凝土垫层找坡层，最薄处 0

钢筋混凝土结构板

埋设
φ 50PVC
盲管，
@2m，包
裹无纺布

内排构造
（原设计）

C30细石混凝土
内配双向 φ6@200 钢筋网

地下室外墙

10 厚聚合物水泥防水砂浆

20 高凸凹型聚乙烯
PE 疏水板〈成品〉

φ10@500
∟=150

10 厚1：3 水泥砂浆找平

不锈钢铸铁箅子，承载 20t
400×600×30

地下室底板

C20 素混凝
土垫层找坡层

∟30×5 角钢层，底部采用砂浆找平

10 厚聚合物水泥防水砂浆

① 外墙排水明沟

排水沟做法大样图

对原设计的评审要点

一、混凝土底板结构质量达到验收标准的前提下，由专业公司对所有渗漏进行封堵治理。建议作永久性引排，减少渗漏压力。

二、优化平面排水设计，缩小排水坡长，实现面、线、点的系统排水。

三、构造。清净，加高排水板，限定最小壁厚，对缝拼接。

四、建议取消封边设盲管之构造。

五、集水井口很不规则，其周边构造须另行研究。

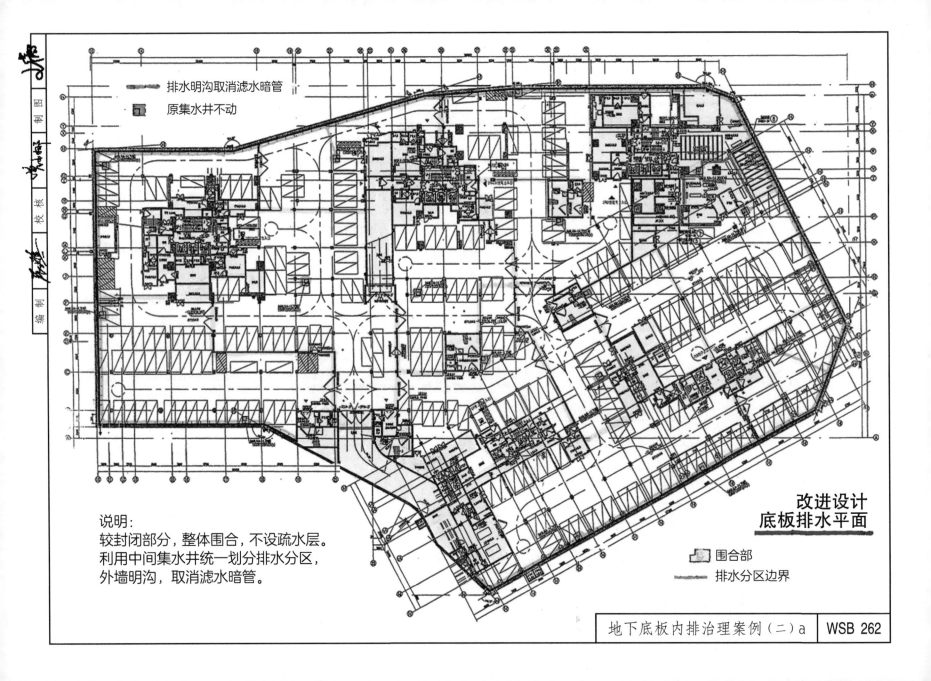

排水明沟取消滤水暗管

原集水井不动

改进设计
底板排水平面

围合部

排水分区边界

说明：
较封闭部分，整体围合，不设疏水层。
利用中间集水井统一划分排水分区，
外墙明沟，取消滤水暗管。

地下底板内排治理案例（二）a   WSB 262

建筑完成面
最低?-9.30、最高?-9.19

饰面层，按设计车库范围面涂固化剂或环氧

C30 细石混凝土，最薄处 50 厚，最厚
处为 110，随打随抹光，内配双层双向
φ4@200 钢筋网，6m 分缝，缝宽 10，
缝内嵌密封膏

C20 素混凝土垫层找坡层，最薄处 0

钢筋混凝土结构板

围合部

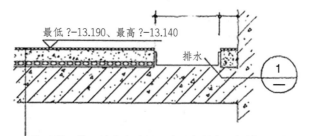

最低?-13.190、最高?-13.140

排水

饰面层，按设计车库范围面涂固化剂或环氧树脂地坪涂料

C30 细石混凝土，最薄处 80 厚，最厚处为 130，随打随抹
光，内配双层双向 φ4@200 钢筋网，6m 分缝，缝宽 10，
缝内嵌密封膏

30 高凸型聚乙烯 PE 疏水板成品

C20 素混凝土垫层找坡层，最薄处 0

钢筋混凝土结构板

排水构造

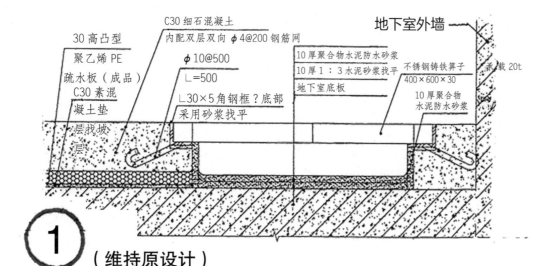

30 高凸型
聚乙烯 PE
疏水板（成品）

C30 细石混凝土
内配双层双向 φ4@200 钢筋网

φ10@500

L=500

C30 素混
凝土垫
层找坡
层

L30×5 角钢框?底部
采用砂浆找平

地下室外墙

10 厚聚合物水泥防水砂浆
10 厚 1：3 水泥砂浆找平
地下室底板

不锈钢铸铁箅子
400×600×30

素载 20t

10 厚聚合物
水泥防水砂浆

① （维持原设计）

对改进设计的建议要点：

一、将较为封闭的排水高点部分，设计成"围合部"，不设找坡，也可不设疏水板，直接 C30 混凝土，双向 φ4@100，厚度与其他面层部分平接。

二、取消滤水层短管及其封边混凝土。（原设计未接受该建议）

三、为找坡准确，其脊、沟投影线尽量正确。建议清理打磨后设置找坡层。井口 300 范围内为 A、2～7 厚益胶泥；其后，1500 范围内为 B、7～30 厚聚合物水泥砂浆；大面积则 C25 混凝土为 C、30～130 厚；超过 80 厚，则加配 φ3.8@7.5 成品点焊钢网。

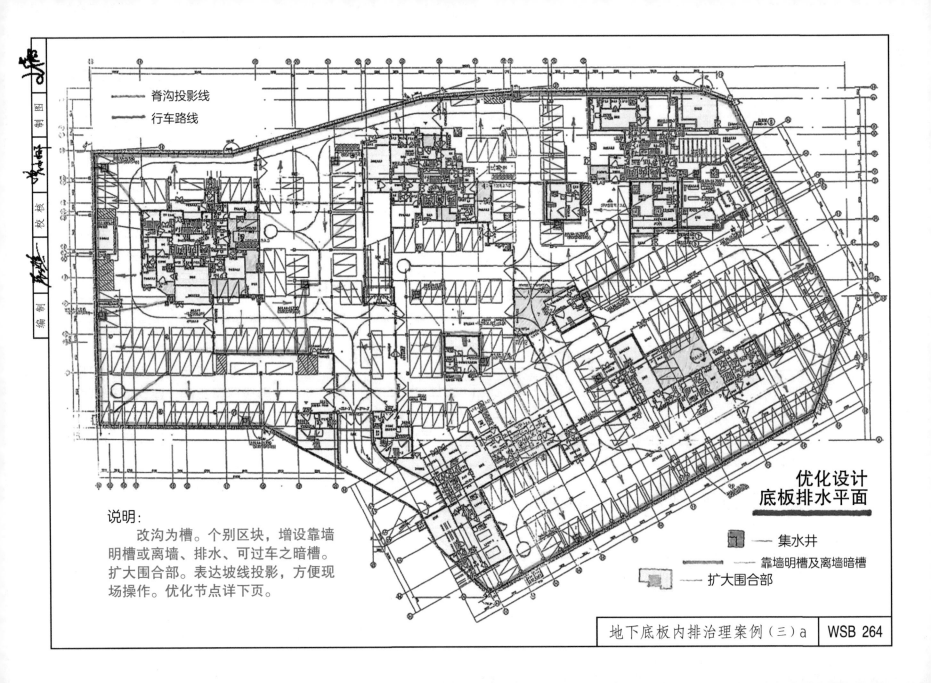

脊沟投影线

行车路线

**优化设计
底板排水平面**

说明：
改沟为槽。个别区块，增设靠墙
明槽或离墙、排水、可过车之暗槽。
扩大围合部。表达坡线投影，方便现
场操作。优化节点详下页。

集水井

靠墙明槽及离墙暗槽

扩大围合部

地下底板内排治理案例（三）a ｜ WSB 264

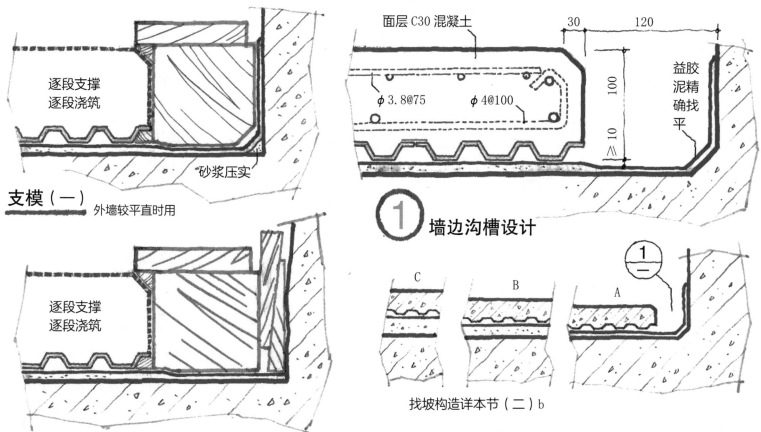

逐段支撑
逐段浇筑

砂浆压实

支模（一） 外墙较平直时用

逐段支撑
逐段浇筑

支模（二）
外墙须调整局
部平直时采用

面层 C30 混凝土

30　120

100

≥ 10

益胶
泥精
确找
平

ϕ 3.8@75　　ϕ 4@100

① **墙边沟槽设计**

C　　B　　A

①

找坡构造详本节（二）b

内排构造
（墙边沟槽）

内排治理之沟槽完成面应低于疏水板底。疏水板高 30 ~ 40，壁厚 2.0，对缝平接，
丁基自粘胶带联接，单凸，凸点朝下。面层 C30 混凝土，80 ~ 130 厚（二次找坡），
可不设分格缝。

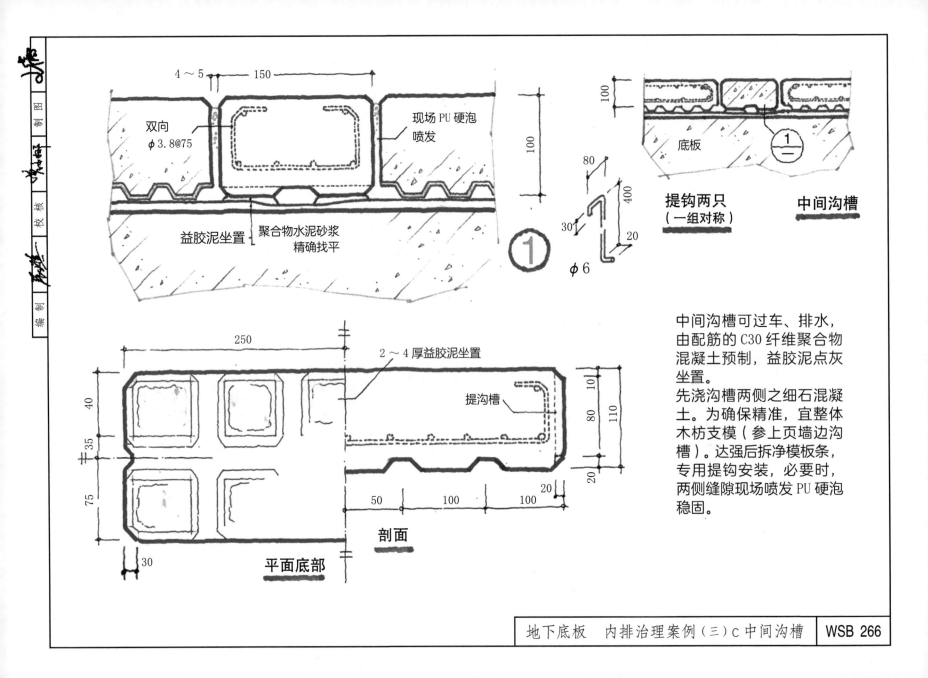

双向
φ3.8@75

现场 PU 硬泡
喷发

100

益胶泥坐置

聚合物水泥砂浆
精确找平

①

4～5

150

100

80

400

30

20

φ6

提钩两只
（一组对称）

底板

①

中间沟槽

中间沟槽可过车、排水，由配筋的 C30 纤维聚合物混凝土预制，益胶泥点灰坐置。

先浇沟槽两侧之细石混凝土。为确保精准，宜整体木枋支模（参上页墙边沟槽）。达强后拆净模板条，专用提钩安装，必要时，两侧缝隙现场喷发 PU 硬泡稳固。

250

40

35

75

30

2～4厚益胶泥坐置

提沟槽

10

80

110

20

50

100

100

20

剖面

平面底部

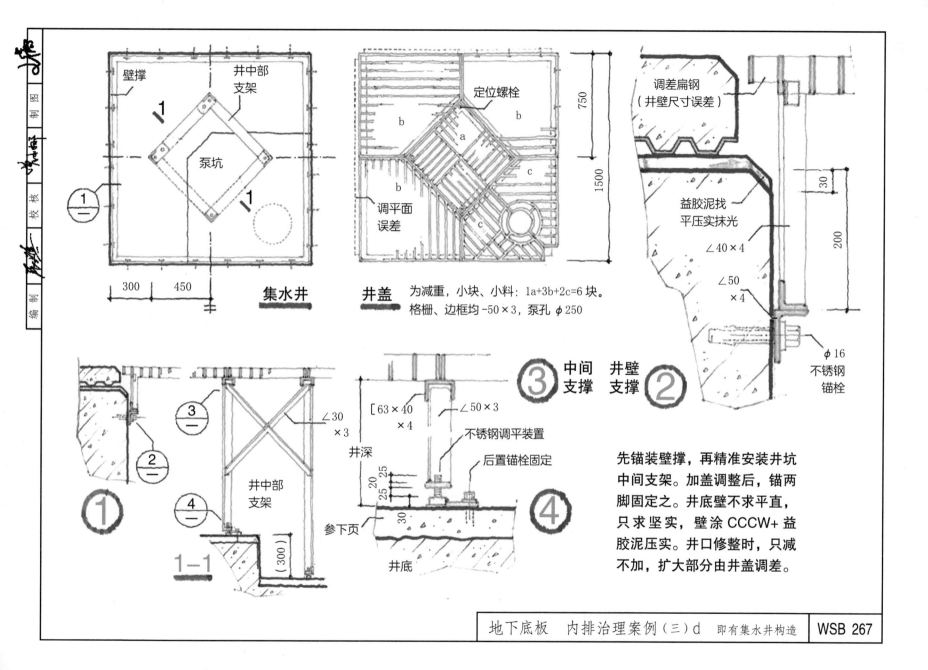

壁撑

井中部支架

泵坑

300 450

集水井

定位螺栓

b b

a

b

c

c

调平面误差

750

1500

井盖

为减重，小块、小料：1a+3b+2c=6块。
格栅、边框均 -50×3，泵孔 φ250

调差扁钢
（井壁尺寸误差）

益胶泥找
平压实抹光

∠40×4

∠50×4

30

200

φ16
不锈钢
锚栓

∠30×3

井中部
支架

1—1

（300）

[63×40×4

∠50×3

不锈钢调平装置

后置锚栓固定

井深

20 25 25
25

30

参下页

井底

③ 中间支撑   井壁支撑 ②

④

先锚装壁撑，再精准安装井坑
中间支架。加盖调整后，锚两
脚固定之。井底壁不求平直，
只求坚实，壁涂 CCCW+ 益
胶泥压实。井口修整时，只减
不加，扩大部分由井盖调差。

地下底板　内排治理案例（三）d　即有集水井构造　　WSB 267

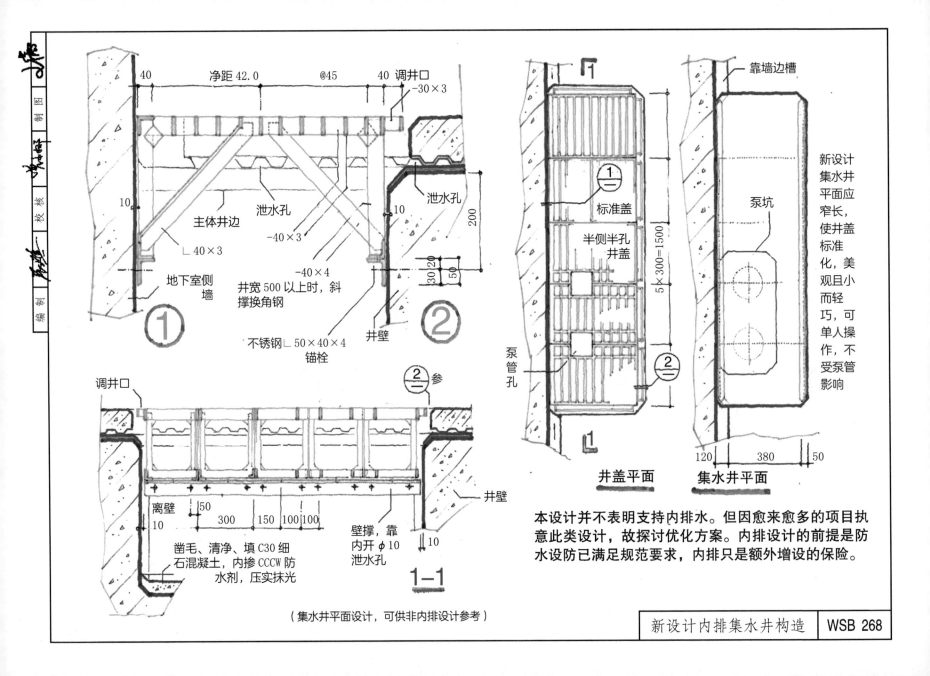

净距 42.0 @45 40 调井口
40 −30×3

泄水孔

10

主体井边

泄水孔

−40×3

200

地下室侧墙

井宽 500 以上时，斜撑换角钢

−40×4

30 20 50

①

不锈钢∟50×40×4 锚栓

井壁

②

调井口

② 参

离壁 10

50 300 150 100 100

凿毛、清净、填 C30 细石混凝土，内掺 CCCW 防水剂，压实抹光

壁撑，靠内开 φ10 泄水孔

井壁

1—1

10

（集水井平面设计，可供非内排设计参考）

靠墙边槽

① 标准盖

半侧半孔井盖

泵管孔

5×300=1500

②

泵坑

井盖平面

集水井平面

120 380 50

新设计集水井平面应窄长，使井盖标准化，美观且小而轻巧，可单人操作，不受泵管影响

本设计并不表明支持内排水。但因愈来愈多的项目执意此类设计，故探讨优化方案。内排设计的前提是防水设防已满足规范要求，内排只是额外增设的保险。

新设计内排集水井构造　WSB 268

零星案例

本节资料多来自
专项技术咨询

○ 地下室临水侧墙，注意解决好柔性防水收头及其保护。有水景特别要求时，结合顶板等构造，可采用内掺自修复全刚自防水清水混凝土或聚脲喷涂。

○ 下沉车道的经验是：小工程，不宜拆解。方案时，必须整合，在合理的整体设计之前提下，方可分包设计。

○ 变形缝，若坚持设置接水盘，建筑、结构方案时就应调整柱网及梁柱设计，提供安装维护维修之操作空间，或采用其他办法解决可操作问题。

○ 预设后接通道时，关键节点，应先从结构主体入手。缝内设沟的前提是应对意外发生的渗漏，而不是先将水放进来，再接走。

○ 严寒地区外保温，注意冷凝水排除构造。

○ 南极科考站的启发是：装配式外围护结构借助辅助安装设备，可确保精准度，使极简构造也能解决复杂问题。

○ 隔震设计，只有通过结构主体设计，才能提供合理的防排水方案。

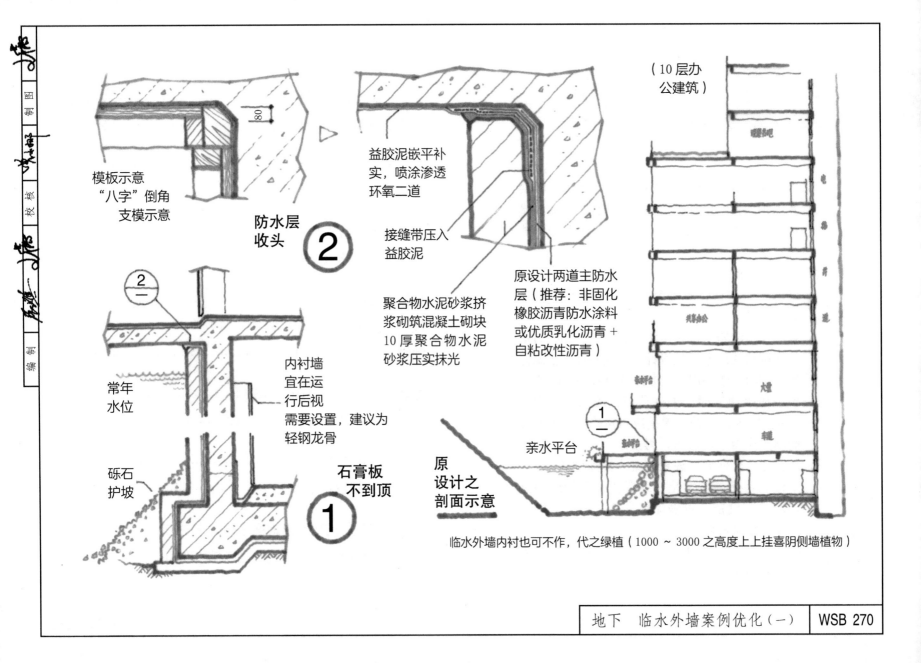

模板示意
"八字"倒角
支模示意

防水层
收头 ②

益胶泥嵌平补
实，喷涂渗透
环氧二道

接缝带压入
益胶泥

聚合物水泥砂浆挤
浆砌筑混凝土砌块
10厚聚合物水泥
砂浆压实抹光

原设计两道主防水
层（推荐：非固化
橡胶沥青防水涂料
或优质乳化沥青＋
自粘改性沥青）

常年
水位

内衬墙
宜在运
行后视
需要设置，建议为
轻钢龙骨

砾石
护坡

石膏板
不到顶 ①

原
设
计
之
剖
面
示
意

亲水平台

（10层办
公建筑）

临水外墙内衬也可不作，代之绿植（1000～3000之高度上上挂喜阴侧墙植物）

地下　临水外墙案例优化（一）　　WSB 270

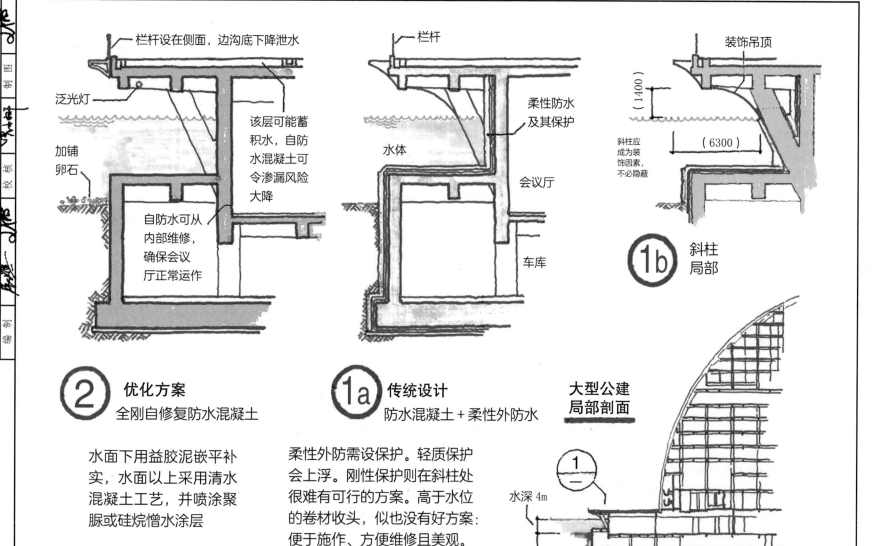

栏杆设在侧面，边沟底下降泄水

栏杆

装饰吊顶

泛光灯

柔性防水及其保护

（1400）

（6300）

加铺卵石

该层可能蓄积水，自防水混凝土可令渗漏风险大降

水体

斜柱应成为装饰因素，不必隐蔽

会议厅

自防水可从内部维修，确保会议厅正常运作

车库

1b 斜柱局部

2 优化方案
全刚自修复防水混凝土

水面下用益胶泥嵌平补实，水面以上采用清水混凝土工艺，并喷涂聚脲或硅烷憎水涂层

1a 传统设计
防水混凝土＋柔性外防水

柔性外防需设保护。轻质保护会上浮。刚性保护则在斜柱处很难有可行的方案。高于水位的卷材收头，似也没有好方案：便于施作、方便维修且美观。

大型公建局部剖面

1／—

水深4m

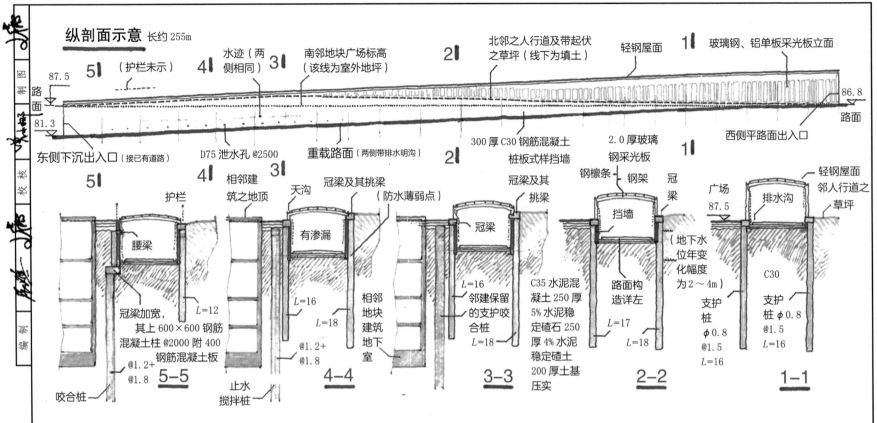

纵剖面示意 长约255m

设计 七个专业，分别为道路、交通、给排水、电气、建筑、结构、岩土。
设计内容如下：

道路：路面及两侧排水沟；给排水：雨水收集、排放及消火栓；岩土：支护桩墙及其冠梁、腰梁，局部设有挑梁（按结构要求）；结构：钢架、钢梁及轻钢顶棚（钢架以支护提供的冠梁、腰梁、挑梁为基础）；建筑：桩墙上部外围护装饰性钢柱，彩压钢板及玻璃顶盖。详参剖面。
交通、电气，此略。

概述 某封闭式车行通道，长约255m，宽8m，下沉，带顶，净高约5.4m。设计内外高差0.7～6.2m，实际为0.4～6.2m。东西走向。南邻城市干道，紧接人行道及草坪；北邻已建建筑，并紧挨其基坑支护桩，参剖面图。设计车速20km/h，间歇式通行，每年通勤次数预计不超过十次。

下沉车行道（一）　实施方案　WSB 272

支护＋侧墙底板　支护板墙与道路、排水沟整合

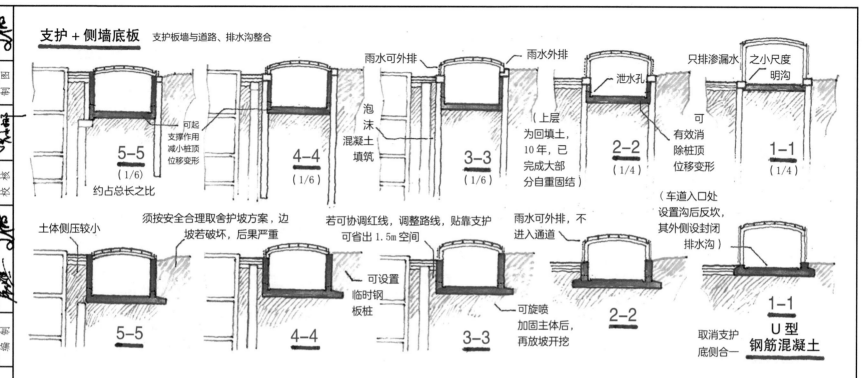

（上部图组）

5-5 （1/6）　约占总长之比
可起支撑作用减小桩顶位移变形

4-4 （1/6）　泡沫混凝土填筑　雨水可外排

3-3 （1/6）　雨水外排　（上层为回填土，10年，已完成大部分自重固结）

2-2 （1/4）　泄水孔　可有效消除桩顶位移变形

1-1 （1/4）　只排渗漏水　之小尺度　明沟

（下部图组）

5-5　土体侧压较小　须按安全合理取舍护坡方案，边坡若破坏，后果严重

4-4　若可协调红线，调整路线，贴靠支护可省出 1.5m 空间　可设置临时钢板桩

3-3　雨水可外排，不进入通道　可旋喷加固主体后，再放坡开挖

2-2　（车道入口处设置沟后反坎，其外侧设封闭排水沟）

1-1 **U 型钢筋混凝土**　取消支护底侧合一

因侧墙曾渗水，各方开会研讨，连带问及结构安全，遂引发优化设想。

渗漏问题。现场观察（非雨季），两侧板墙均有陈旧水迹，但无明显裂缝。

防水最弱点：道路及排水沟与侧板交界处（含水沟内），雨季时有渗水；桩板墙设置的泄水孔亦有水。故渗漏疑似为逆作法施工的侧板未处理好接缝（设计未见其节点），由施工期间渗积水所致。鉴于侧板设有泄水孔，不积水，无上浮，仅建议观察，两个雨季后，再作处理，或注浆堵漏，或重新涂饰，也可仅改作风景壁面，化解云状污迹。

顺提：有认为，支护规范并不要求防水，故有渗水也正常。但已兼做侧墙，故说法不妥。

支护问题。查观测记录，桩顶位移为10。规范为40～100，"在允许范围内"，似也欠妥。

实际上，支护已直接成为主体结构的一部分，且悬臂工况下的柱墙紧邻排水沟，可能进一步削弱路面对柱墙的支撑作用。故应建议：**支护柱墙按结构悬臂复核计算的同时，长期维持位移观测。**

优化方案 支护＋侧墙底板方案，可部分提供柱墙的支撑，并解决侧墙与底板交接处可能发生的渗漏。

U 型钢筋混凝土方案，可在其他条件较理想状态下，省去护壁桩。

附加措施：设两道后浇带或按加强带连续浇筑。

小结：工程永远的学问在因地制宜，不在死背硬套。小工程应鼓励整合，或先合后分。既使大工程，也不支持过早拆分。

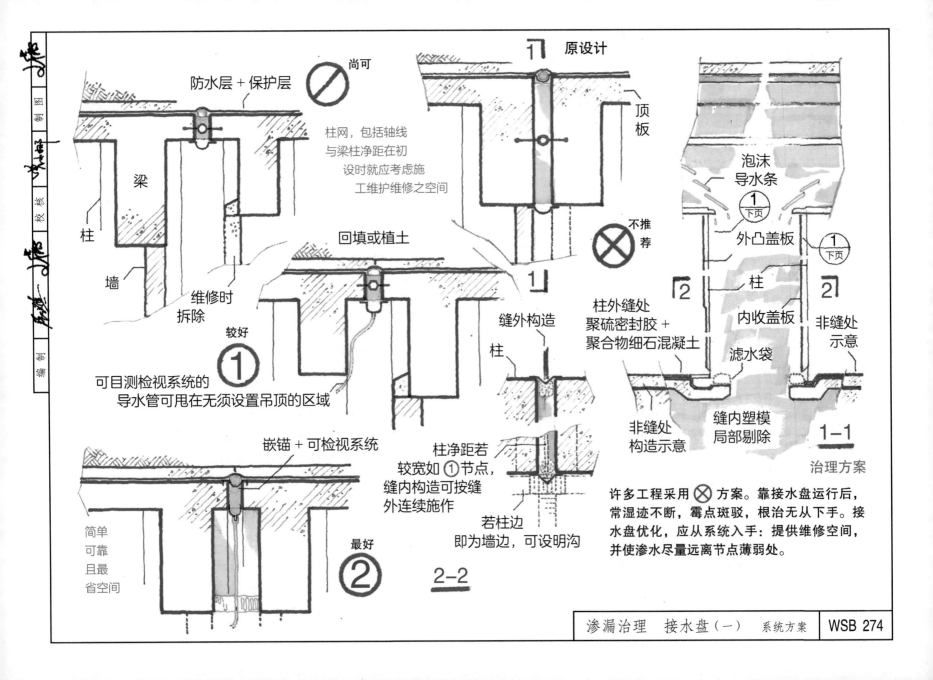

原设计

防水层＋保护层

尚可 ⊘

柱网，包括轴线
与梁柱净距在初
设时就应考虑施
工维护维修之空间

梁

柱

顶板

墙

回填或植土

维修时
拆除

可目测检视系统的
导水管可甩在无须设置吊顶的区域

较好 ①

缝外构造

柱

不推荐 ⊗

嵌锚＋可检视系统

柱净距若
较宽如 ① 节点，
缝内构造可按缝
外连续施作

若柱边
即为墙边，可设明沟

简单
可靠
且最
省空间

最好 ②

2-2

泡沫
导水条

①
下页

外凸盖板

①
下页

柱外缝处
聚硫密封胶＋
聚合物细石混凝土

柱

内收盖板

非缝处
示意

滤水袋

非缝处
构造示意

缝内塑模
局部剔除

1-1

治理方案

许多工程采用 ⊗ 方案。靠接水盘运行后，
常湿迹不断，霉点斑驳，根治无从下手。接
水盘优化，应从系统入手：提供维修空间，
并使渗水尽量远离节点薄弱处。

渗漏治理　接水盘（一）　系统方案　WSB 274

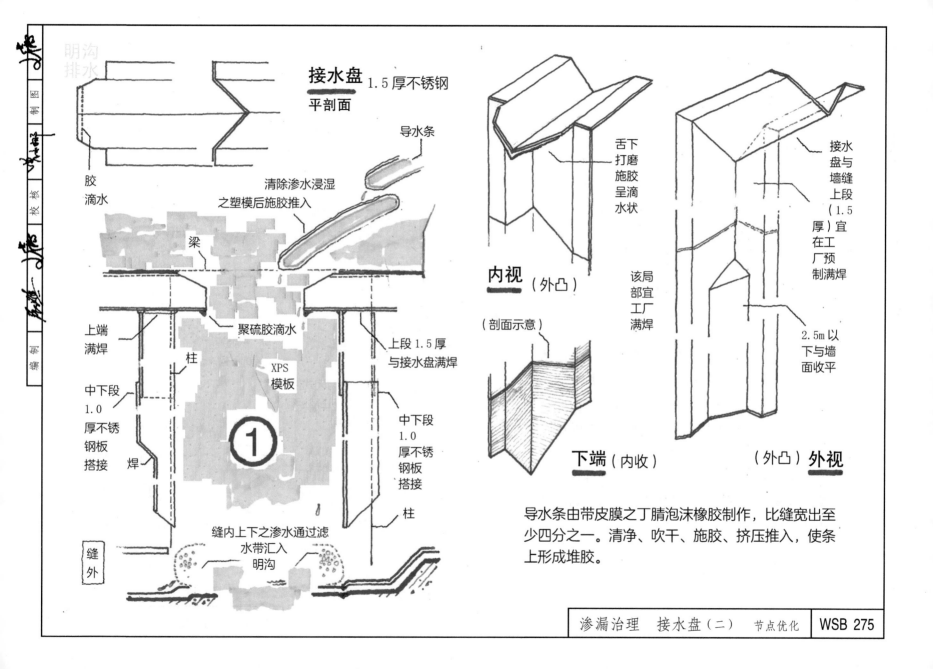

接水盘 1.5厚不锈钢
平剖面

导水条

胶滴水

清除渗水浸湿
之塑模后施胶推入

梁

聚硫胶滴水

上端满焊

柱

XPS模板

①

上段1.5厚
与接水盘满焊

中下段1.0厚不锈钢板搭接

焊

中下段1.0厚不锈钢板搭接

柱

缝外

缝内上下之渗水通过滤
水带汇入明沟

舌下打磨施胶呈滴水状

内视（外凸）

（剖面示意）

该局部宜工厂满焊

下端（内收）

接水盘与墙缝上段（1.5厚）宜在工厂预制满焊

2.5m以下与墙面收平

（外凸）外视

导水条由带皮膜之丁腈泡沫橡胶制作，比缝宽出至少四分之一。清净、吹干、施胶、挤压推入，使条上形成堆胶。

渗漏治理　接水盘（二）　节点优化　　WSB 275

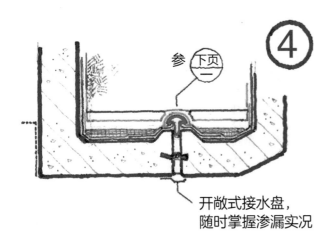

④ 参下页
开敞式接水盘，随时掌握渗漏实况

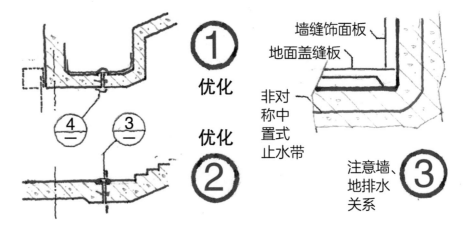

① 优化
② 优化

墙缝饰面板
地面盖缝板
非对称中置式止水带

注意墙、地排水关系 ③

优化内容

○ 采用非对称中置式止水带。避免了先期中置预埋后，长时间保护及维护正常运转的难度。

○ 本应在大雨后验收，仅作为附加保险，且能量化排水时才采用的接水盘、排水沟，若随意采用，只能起掩盖渗漏的作用。

○ 低位缝处采用暗水排除措施时，将缝处顶面抬高，可降低渗漏率，若采用嵌锚技术，则可不向上突起。

首要的是对**关键节点**，结构主体应作出响应。

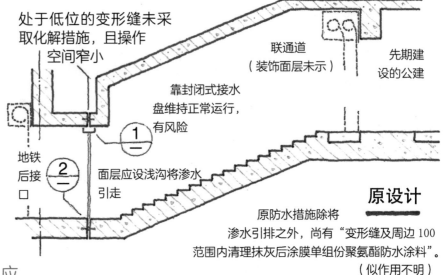

处于低位的变形缝未采取化解措施，且操作空间窄小

联通道（装饰面层未示）

先期建设的公建

靠封闭式接水盘维持正常运行，有风险

地铁后接口

面层应设浅沟将渗水引走

①

②

原设计

原防水措施除将渗水引排之外，尚有"变形缝及周边100范围内清理抹灰后涂膜单组份聚氨酯防水涂料"。
（似作用不明）

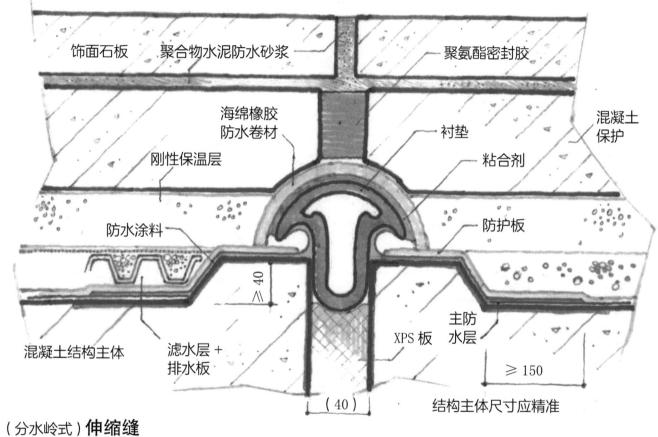

饰面石板　聚合物水泥防水砂浆　　　聚氨酯密封胶

海绵橡胶
防水卷材

刚性保温层

衬垫

粘合剂

混凝土
保护

防水涂料

防护板

≥ 40

主防
水层

混凝土结构主体　滤水层＋
排水板

XPS 板

≥ 150

（ 40 ）

结构主体尺寸应精准

（分水岭式）**伸缩缝**

适用于地顶广场设置暗水排除时伸缩缝处构造
　其上部构造层，只有同时按图右注释之原则设计，才能使下部蓄积水保持有限深度。

使用粘合剂将背衬海绵橡胶防水卷材粘固到弹性支撑衬垫上。防水涂层应厚质、耐水，现场施作时注意与衬垫形成连续密封。

饰面石板宜满浆挤浆坐铺粘贴，板缝用柔性聚合物水泥砂浆（增加聚合物乳液用量）勾平。混凝土保护层之其他部位的分格缝，应采用定制模条。

地铁　后接通道（二）　　WSB 277

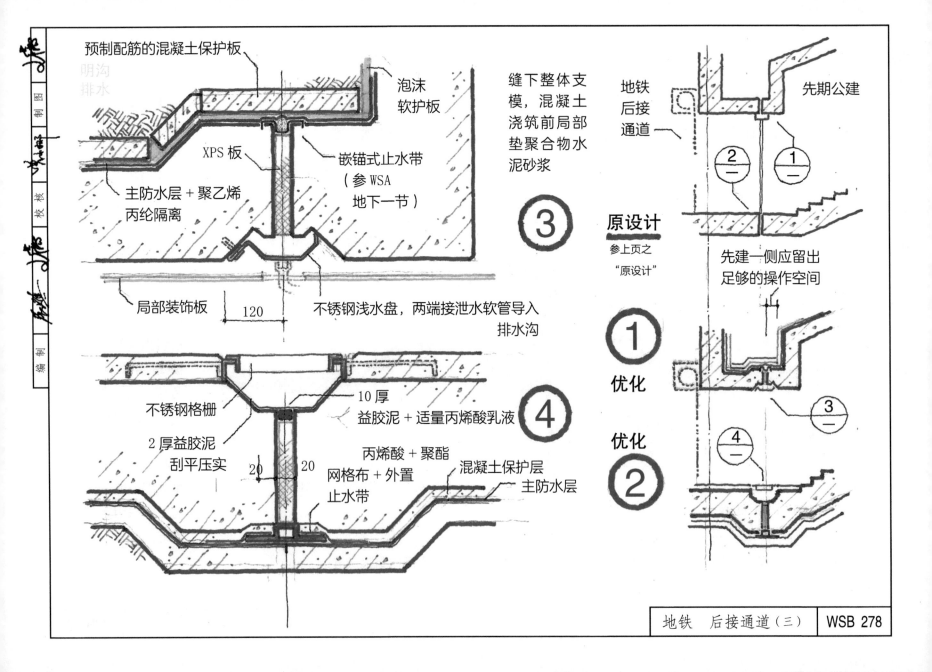

预制配筋的混凝土保护板

明沟
排水

泡沫
软护板

缝下整体支
模，混凝土
浇筑前局部
垫聚合物水
泥砂浆

XPS板

嵌锚式止水带
（参WSA
地下一节）

主防水层＋聚乙烯
丙纶隔离

地铁
后接
通道

先期公建

②　①

③

原设计
参上页之
"原设计"

局部装饰板　120　不锈钢浅水盘，两端接泄水软管导入
排水沟

先建一侧应留出
足够的操作空间

①
优化

不锈钢格栅

10厚
益胶泥＋适量丙烯酸乳液

2厚益胶泥
刮平压实

20　20

丙烯酸＋聚酯
网格布＋外置
止水带

混凝土保护层
主防水层

④

②
优化

③

④

地铁　后接通道（三）　WSB 278

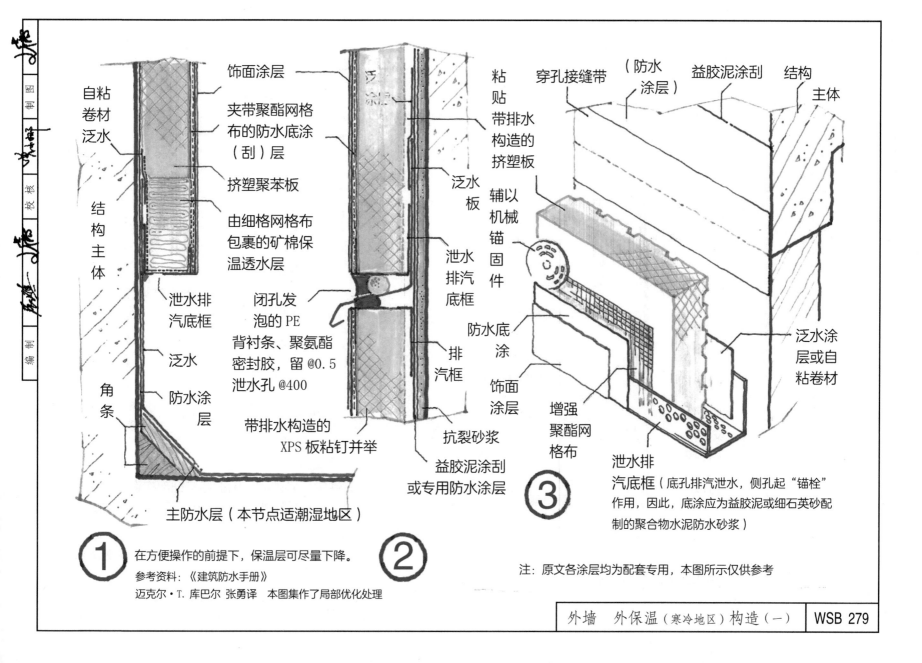

饰面涂层

夹带聚酯网格布的防水底涂（刮）层

挤塑聚苯板

由细格网格布包裹的矿棉保温透水层

自粘卷材泛水

结构主体

泄水排汽底框

泛水

防水涂层

角条

闭孔发泡的 PE 背衬条、聚氨酯密封胶，留 @0.5 泄水孔 @400

带排水构造的 XPS 板粘钉并举

主防水层（本节点适潮湿地区）

① 在方便操作的前提下，保温层可尽量下降。

参考资料：《建筑防水手册》
迈克尔·T.库巴尔 张勇译　本图集作了局部优化处理

粘贴带排水构造的挤塑板

泛水板

泄水排汽底框

排汽框

防水底涂

饰面涂层

抗裂砂浆

益胶泥涂刮或专用防水涂层

②

穿孔接缝带　（防水涂层）

益胶泥涂刮

结构主体

辅以机械锚固件

增强聚酯网格布

泄水排汽底框（底孔排汽泄水，侧孔起"锚栓"作用，因此，底涂应为益胶泥或细石英砂配制的聚合物水泥防水砂浆）

泛水涂层或自粘卷材

③

注：原文各涂层均为配套专用，本图所示仅供参考

外墙　外保温（寒冷地区）构造（一）　WSB 279

编制　校核　制图

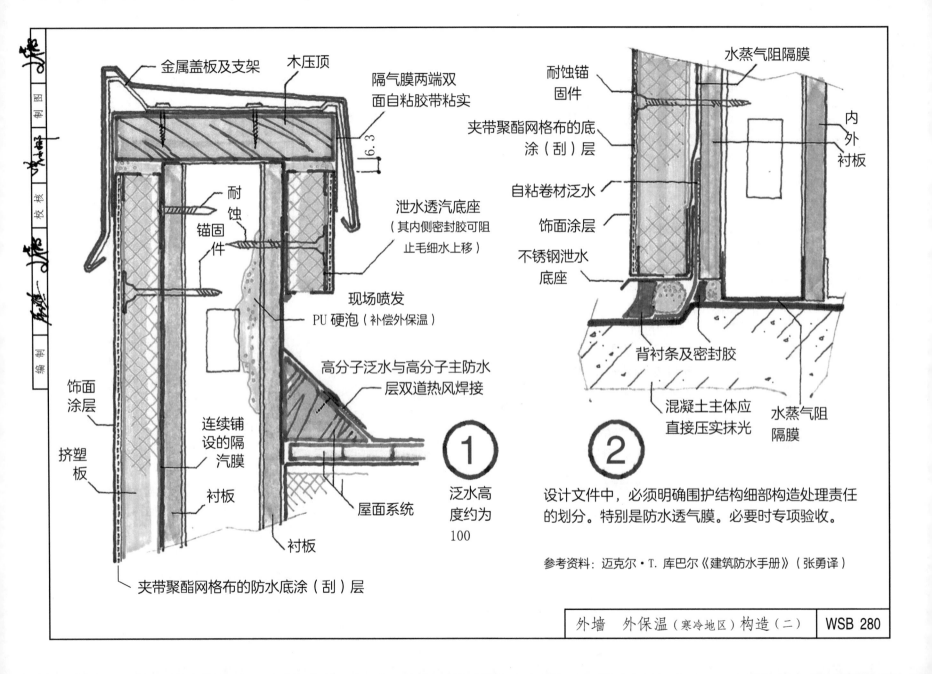

金属盖板及支架　木压顶

隔气膜两端双面自粘胶带粘实

6.3

耐蚀锚固件

泄水透汽底座
（其内侧密封胶可阻止毛细水上移）

现场喷发
PU硬泡（补偿外保温）

高分子泛水与高分子主防水层双道热风焊接

饰面涂层

挤塑板

连续铺设的隔汽膜

衬板

屋面系统

衬板

夹带聚酯网格布的防水底涂（刮）层

①

泛水高度约为100

水蒸气阻隔膜

耐蚀锚固件

夹带聚酯网格布的底涂（刮）层

自粘卷材泛水

饰面涂层

不锈钢泄水底座

内　外
衬板

背衬条及密封胶

混凝土主体应直接压实抹光

水蒸气阻隔膜

②

设计文件中，必须明确围护结构细部构造处理责任的划分。特别是防水透气膜。必要时专项验收。

参考资料：迈克尔·T.库巴尔《建筑防水手册》（张勇译）

外墙　外保温（寒冷地区）构造（二）　　WSB 280

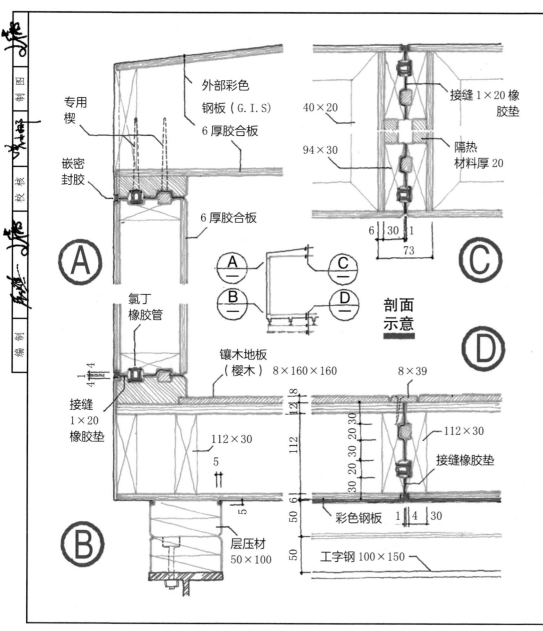

外部彩色
钢板（G.I.S）

专用楔

6 厚胶合板

嵌密
封胶

接缝 1×20 橡
胶垫

$40×20$

$94×30$

隔热
材料厚 20

6 厚胶合板

Ⓐ

Ⓒ

$6\ |\ 30\ |\ 1$

73

氯丁
橡胶管

Ⓐ

Ⓑ

Ⓒ

Ⓓ

剖面
示意

Ⓓ

$4\ |\ 4$
1

镶木地板
（樱木）　$8×160×160$

接缝
1×20
橡胶垫

$8×39$

$112×30$

$112×30$

5

$30\ 20\ 30$

$30\ 20\ 30$

接缝橡胶垫

Ⓑ

层压材
$50×100$

彩色钢板

$1\ |\ 4\ |\ 30$

工字钢 $100×150$

$2\ |\ 8$
$12\ |\ 2$
112
6
50
50

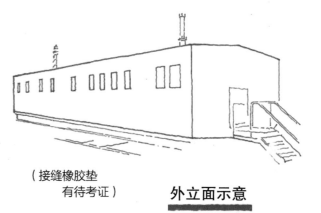

（接缝橡胶垫
有待考证）

外立面示意

本例为典型的木造墙板体系。因要求在极地
快速组装，所以各个接缝均以楔子连接。事
先装有连接器的平面与结合面垂直，将各个
连接器合在一起固定，再将氯丁橡胶管和两
层橡胶衬垫围在结合部上，从外侧嵌填密封
胶，方法简单实用。前提是：预制加工的配
件材质过硬，现场作业简便。

（日本资料）

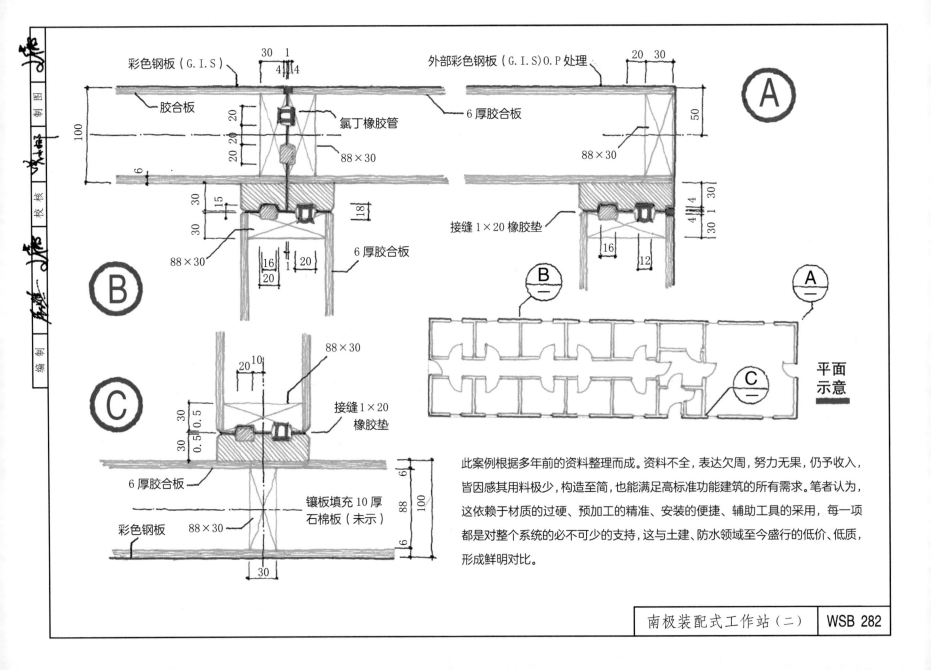

彩色钢板（G.I.S）

胶合板

100

6

氯丁橡胶管

88×30

30 15

30

18

88×30

6 厚胶合板

16 1 20

20

Ⓑ

外部彩色钢板（G.I.S)O.P 处理

20 30

6 厚胶合板

50

88×30

接缝 1×20 橡胶垫

4 4

30 1 30

16

12

Ⓐ

88×30

Ⓒ

20 10

接缝 1×20 橡胶垫

30

0.5

30

0.5

6 厚胶合板

镶板填充 10 厚石棉板（未示）

彩色钢板

88×30

6

88

100

6

30

Ⓑ Ⓐ

Ⓒ

平面示意

此案例根据多年前的资料整理而成。资料不全，表达欠周，努力无果，仍予收入，皆因感其用料极少，构造至简，也能满足高标准功能建筑的所有需求。笔者认为，这依赖于材质的过硬、预加工的精准、安装的便捷、辅助工具的采用，每一项都是对整个系统的必不可少的支持，这与土建、防水领域至今盛行的低价、低质，形成鲜明对比。

南极装配式工作站（二） WSB 282

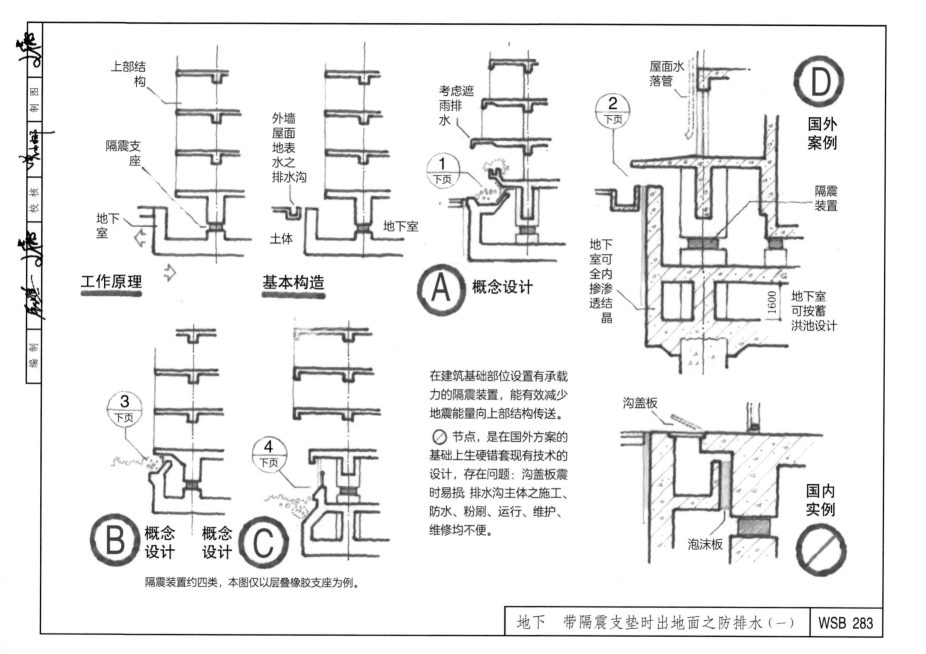

上部结构

隔震支座

地下室

工作原理

外墙屋面地表水之排水沟

土体

地下室

基本构造

考虑遮雨排水

① 下页

Ⓐ **概念设计**

③ 下页

Ⓑ **概念设计**

④ 下页

Ⓒ **概念设计**

隔震装置约四类，本图仅以层叠橡胶支座为例。

② 下页

屋面水落管

Ⓓ **国外案例**

隔震装置

地下室可全内掺渗透结晶

1600

地下室可按蓄洪池设计

沟盖板

泡沫板

国内实例

在建筑基础部位设置有承载力的隔震装置，能有效减少地震能量向上部结构传送。

⊘ 节点，是在国外方案的基础上生硬错套现有技术的设计，存在问题：沟盖板震时易损 排水沟主体之施工、防水、粉刷、运行、维护、维修均不便。

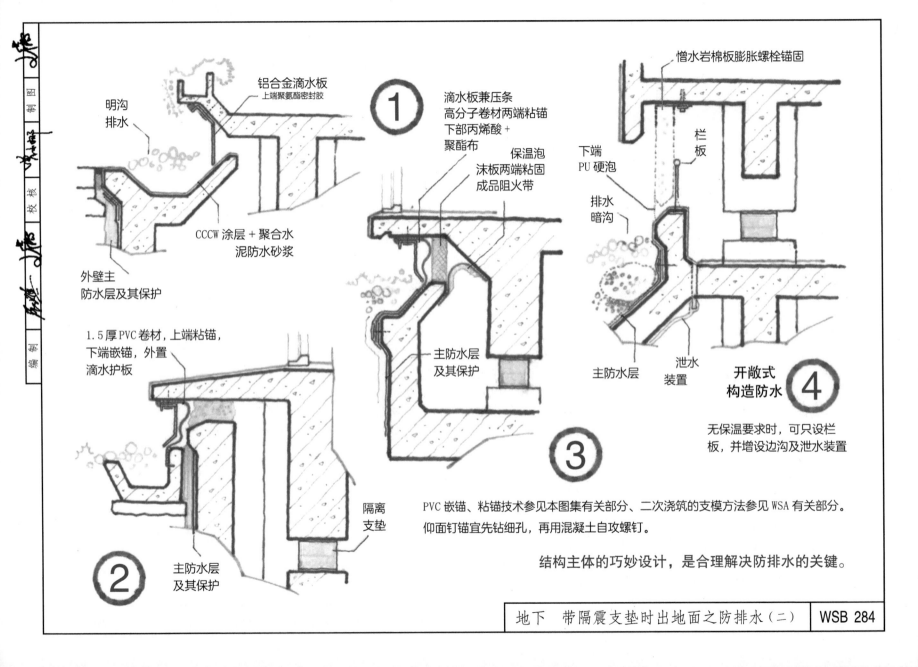

明沟
排水

铝合金滴水板
上端聚氨酯密封胶

① 滴水板兼压条
高分子卷材两端粘锚
下部丙烯酸+
聚酯布

憎水岩棉板膨胀螺栓锚固

保温泡
沫板两端粘固
成品阻火带

下端
PU 硬泡

栏板

排水
暗沟

CCCW 涂层 + 聚合水
泥防水砂浆

外壁主
防水层及其保护

1.5 厚 PVC 卷材，上端粘锚，
下端嵌锚，外置
滴水护板

主防水层
及其保护

主防水层

泄水
装置

④ 开敞式
构造防水

无保温要求时，可只设栏
板，并增设边沟及泄水装置

③

② 主防水层
及其保护

隔离
支垫

PVC 嵌锚、粘锚技术参见本图集有关部分、二次浇筑的支模方法参见 WSA 有关部分。
仰面钉锚宜先钻细孔，再用混凝土自攻螺钉。

结构主体的巧妙设计，是合理解决防排水的关键。

地下　带隔震支垫时出地面之防排水（二）　　WSB 284

附 录

注册建筑师　关注

本图集是在防水质量强力提升的背景下修编的，故质量提升涉及的诸多方面，均当关注。对实施建筑师负责制的项目，应关注如下四点：

一、标准的应用

规范。规范条文必须与条文说明同时研读，避免死抠字眼。只有掌握了规范条文之要旨，才能解决好实际问题。

图集。必须全面完整地选用图集。因此，请详读其说明提要、注释及附录，其中概念设计是必读的。

资料。采用专业公司提供的产品或技术时，须注重其工程实践效果，起码运行三年以上；重要项目，建议与甲方共同回访，最好五年以上，方才可靠。

详读参阅原版《建筑防水》（注册建筑师必修教材之九）第5页之"标准的应用"及第12页之"延续阅读6"．

二、设计管理

首要的防水工程原理，即所谓："99%的渗漏水都出现在1%的节点上"，是建筑师自动取得监理权的前提下才成立的。因此，建筑师有必要强力介入设计管理。否则，渗漏通常会"遍地开花"，绝不止1%。

建议参阅原版《建筑防水》第18页之"建筑师的责任"。

三、设计风险

任何情况下，注册建筑师对设计文件负主要责任。因此，有必要讨论设计风险的规避，其要点有三：原始设计要合理；修改过程要记录；峻工验收要把关。

最难的是过程记录。应对方法：可在最终设计文件中，作如下表述："若采用本设计以外的设计，能否保证质量，本设计不能确认"。"本设计"，包括对专业公司的推荐。建议参阅原版《建筑防水》第17页之"规避设计风险"及其"延伸阅读8"。

四、施工管理

鉴于土建施工质量劣化仍未得到遏制，建议监理验证弱化纸质文件，以实景照片、视频为据。特别是重要的隐蔽工程，纸质文件只限于目录索引，实证必须是现场照片、视频。

采用专利技术须知

技术专利化，专利标准化，已成大趋势。

强制性标准，原则上不涉及专利。如确有必要涉及，应由相关部门和专利权人"协商"处置。关键是放下身段，平等协商。尊重知识产权是大道理。

推荐性标准，涉及专利的，不应取拒绝之态度。同时应履行如下义务：信息披露并提供专利许可声明。专利许可声明主要内容是：专利权人应同意合理无歧视的许可。关键在"合理无歧视"。说明白了，就是标准主管部门或技术支撑机构出资购买专利。购买专利，就是尊重知识产权。

在非专利技术能够基本满足标准发展的情况下，标准对专利可以采取较为强势的态度。非专利技术不能满足标准发展需要的情况下，可对专利更加开放，给专利权人更多的权利空间。团体（协会）标准是国家标准体系中重要的、不可或缺的部分。团体（协会）标准可以发挥完全意义上的自愿性标准的作用。采取更针对当前公权益与私权益很不平衡，专利权人相当弱势的现状，应采取更为积极的专利政策，即著名的抛橄榄枝政策，换句话说，适当放松对必要专利的要求，允许一部分技术先进、应用效果好的专利有序进入协会标准。当积累到一定数量的专利时，协会可以承担更多的专利事务，甚至可以探索使用专利池，不但能促进先进专利技术的应用，而且还能给协会带来收益，将专利的"权益"带到标准编制中，使标准和专利互相促进、协同发展。

参考资料：中国建筑科学研究院，姜波，程志平，程骐，刘雅芹，《工程建设标准纳入专利的对策研究》，《工程建设标准化》2014年第8期
《全国专利事业发展战略》，《工程建设标准化》2013年10月

声明 本图集对专利的真实性、有效性和范围无任何立场。专利持有人愿意同任何申请人在合理且无歧视的条款和条件下，就专利授权许可进行谈判。相关信息可通过企业信息或协会获取。有些大型技术的某些内容可能涉及其他专利，本图集不承担识别这些专利的责任。

专利免责许可声明 为推动新技术的发展，本图集放弃除变形缝之外的所有专利权。采用图集专利内容时，应主动联系专利人，以便提供书面免费专利许可声明。

主编　张道真

副主编　曾小娜　黄瑞言

律师　周婧

主要参考资料 | 补充资料

1 （日）奥水肇．建筑空间绿化手法 [M]．赖明洲，李叡明译．台湾：台北地景企业股份有限公司出版部，1992.

2 侯宝隆，陈强，蒋之峰编译．建筑物的接缝处理 [M]．北京：地震出版社，1993.

3 田岛儿一．建筑防水资料 [M]．东京：株式会社，1997.

4 中国建筑防水材料工业协会编．建筑防水手册 [M]．北京：中国建筑工业出版社，2001.

5 项桦太，杨杨，张文华编著．建筑防水工程技术 [M]．北京：中国建筑工业出版社，1994.

6 李承刚主编．建筑防水技术 [M]．北京：中国环境科学出版社，1996.

7 中国建筑防水材料工业协会，中国建筑防水材料公司．建筑防水工作手册 [M]．北京：中国建筑工业出版社，1994.

8 建筑设计资料集：第二版 第 8 集 [M]．北京：中国建筑工业出版社，1996.

9 张道真．防水工程设计 [M]．北京：中国建筑工业出版社，2010.

10 项桦太．防水工程概论 [M]．北京：中国建筑工业出版社，2010.

11 张道真．《建筑防水》全国一级注册建筑师必修教材（之九）[M]．北京：中国城市出版社，2014.

12 沈春林，李伶，李翔．种植屋面的设计与施工 [M]．北京：化学工业出版社，2008.

13 建筑设计制图标准资料图集（合订本）[M]．美国建筑师协会．

14 广东省建设厅．建筑防水工程技术规程 DB 15-19-2006.

15 ［美］迈克尔·T. 库巴尔．建筑防水手册（原著第二版）[M]．张勇，译．北京：中国建筑工业出版社，2012.

16 王寿华，王比君编著．屋面工程设计与施工手册 [M]．北京：中国建筑工业出版社，1996.

17 朱祖熹，陆明，柳献 编著．隧道工程防水设计与施工 [M]．北京：中国建筑工业出版社，2012.

18 王天．建筑防水 [M]．北京：机械工业出版社，2006.

防水层—责任人—质保—低价

摘要：从宏观上讨论了防水设计、责任人、质保、低价的相互关系，并提出系统解决方法。

关键词：防水层 责任人 质保 低价

1. 谁该对防水负责

卷材，粗略讲，1+1 并不一定会大于 2。但 1+1+1+1 却一定不会大于 4。

叠层源自沥青类，且必须热熔。

高分子卷材素以厚度论高低，不适叠，叠层越多，缺点越突显。防水层的"高低"，不能脱高其所处之构造系统讨论。渗漏率居高不下，大部分不单是防水层的责任。这说明大系统出了大问题。

首先，谁负责。一件事一人负责，不能有二。这是一切管理学最基本的原则。其次，是保证期、低价。三者纠缠在一起分不开，必须同时解决。

2. 质保

出于公众利益，国家应规定最低质量保证（但根儿上，谁出钱，谁说了算。理想状态：政府项目，受纳税人制约；开发商项目，受股民制衡）。

国外有 5 年保质期，但属"历史遗留"，早被市场超越：普遍 20 年，争向 30 年，最高 50 年。国内，在缺少诚信的情况下，5 年只能为渗漏挡箭。

二十年来，材料与技术、房价水平、百姓需求，诸多相关背景均已发生巨变，唯 5 年不变，有道理吗？保修变保证，提高年限，总说"程序复杂"，但办法总有。先说"改"还是"不改"，再说怎么改。还没改，就打退堂鼓，不好。

质保 15 年，必须，至少。必须奋争进入第一队阵。必须立即走出第一步，已然没时间再讨论 5 年的事情了。也可"暂定"，但必须就 15 年、20 年的目标及时间表向公众同时公布。

3. 责任人

责任（20 年保证）谁承担？民用建筑：建筑师；工程类：总包；作为过渡，可以。但最终的主框架应是：

业主←→设计←→总包。灵活办法多，总原则不变。

开发商要求多少年，就应出多少年的钱；设计按要求年限设计（全系统，非构造层，更非只有防水层）；施工搞好施工组织设计，确保落实。三者关系顺畅。

业主只愿承担低保，自然竞争不过高保；高质保卖高价，只有炒房人不悦。

想省钱，房价先降，防水后降，年限随之而降。实际上，相对高企的房价及各种虚投入（表皮、广告、公关），防水压价，几乎没有意义。

政府要做的是：解释质保（年限涵义）、要求明示、实地监督。具体：设计文件注明，工地明宣，售楼告示，物业认可。

4. 造价

定额必须全面跟进。过去几十年，定额不作为，甘为绊脚石，危害建设全过程。笔者在多种场合向多个责任主体咨询，均认为现有定额与低价逃不脱干系。

需要指出的是：提价主要涉及构配件、使用高级工、提高材料标准及保证金，而非简单地、缺乏针对性地增加道数。

5. 建筑师

主创建筑师必须对最终成品承担主要责任。

什么样的构造达到什么年限，本是注册建筑师的基本功之一。不会赶紧学。不消三五年，就会涌现大批真会干活儿的建筑师。只会考试，卖证章，出假图的注册者，渐渐会减少；昏玩表皮者，愚而醉，将渐讨人嫌。

当前设计院的终身责任制，关键点是由后补无效之文件组成的。表面完美，实则虚假。技术设计阶段无实权，几乎被其他利益集团绑架。若抗拒，不仅自取灭亡，而且伤及一大片。因此，收回监理权是关键。

监理权由注册建筑师承接（自己设计的项目）后，总包被迫进行的总承包诡计投标、公关砍价、强改设计等诸多牺牲质量的活动，将受到抑制，转以提高效率赚取利润为主，一改层层分包、低质蛮干之积习，包括"下行性"科研。

较大的专业防水公司带头压价，低至已无诚意之事似将不再，取代的将是减少"公关"投入，积极采用标准构配件。

中小专业防水公司，则可将来之不易的利润更多地投入工人素质（全面培训，包括文化修养）、福利（可稳定队伍）中去。

6. 规范

有朝一日，规范不再权威，是好事。不当的权威性，阻滞了技术的进步，犯了标准制定的大忌，也拉低了几代建筑师的技术水平（技术设计权，已面临被没收的危险）。

作为过渡，首先应引入合规性条文（目标性）。别老说这是政府的事，政府退出是大趋势，早晚要走这一步。加入管理性条文也势在必行。政府只审查合规性条文，只参与管理性条文。如何达至目标，也就是方法性条文（现有规范全部条文都是这一类），应是开放性的、咨询式的，不是规定性的。凡能

达至目标的办法均不排除。判断是否可信的办法，就是银行联保，银行的专家"一准儿"最敬业。作为过渡，可协会担保。若干年后，诚信"普及"了，银行联保配套的质保期方可由保修期替代（可降低各方事故诉论成本）。

7. 管理

前述主框架之外，参与建设各方之间均当有合同关系。合同自然都含责权利。

总包、分包之间，也应银行联保，保险公司自然会调查背景，警惕乱来。而现在，政府监管，睁眼的时候少，闭眼的时候多。接报后马上串通的事也时有发生。联保合同，须当众人述读，随即签字画押存档。

此等管理性条文的主要内容（过去以政府行文方式），建议收入规范，与合规性条文、现行规范配套，三部分共构完整体系。

8. 展望

各级政府只要不干涉过多，不必再为渗漏闹心（政府项目）。投诉找律师，律师找法官，法官、律师找协会，协会找专家，专家靠信誉，签字承责。责重，可促进独立思考。"雾"虚向实，多专少"砖"，也渐养成习。

照此坚持，渗漏率一定会下降，全寿命投资也会随之下降，诚信一定会提升，创新一定会大发展。大系统进入良性持续自动运行之时，防水业界才会成为受人尊敬的行业，防水人才可能以诚实的劳动立足于社会，享有尊严，工作愉悦，自在快乐。

延伸阅读请参考《细读〈建筑与市政工程防水通用规范（报批版)有感〉》，《Bio Green》国际期刊

2022 年 9 月 19 日

坡屋面内通风绝热系统

在地域广阔，人口众多的长江中下游地区，坡屋面的传统构造（夹心饼），无法合理兼顾夏季和冬季的不同热工要求。为此，设计了中悬膜空气间层构造，全称：坡屋面金属中悬膜双空气间层内通风隔热保温系统，简称为内通风绝热系统。

该系统由顶棚与排风口组成，已在该节首页中简述。下面着重介绍构造，可对照构造图示阅读。排风口形式多样，应结合建筑剖立面设计选择。顶棚构造则较为单一，主要由金属隔热膜、双层木筋及保温板组成。

金属膜夹在上、下两层纵向重叠的木筋之间，形成两个空气间层，并可同时反射来自上下两面的热（冷）辐射；下层木筋外，粘钉保温板（耐火 A 级），直接起绝热作用；保温板外，直接喷涂非流挂装饰涂料：亚光、糙面，以化解不设置找平层之缺陷。

夏季，坡顶热空气爬升，不断将混凝土斜板内表面的热带走，可通过排风口无动力排出室外，并随时将潮气（如果有的话）带走。冬季，则将设置在低处的进风口封闭，使净空小于 20 的两个间层中的空气几乎静止，起到绝热作用。

该系统将坡屋面彻底从夹心饼式的构造中解放出来，令各种瓦只保留单一的防水兼装饰之功能。再进一步，坡屋面斜板混凝土如能按刚性全自防设计，即内掺亚力士（BESTONE）或内渗型 CCCW，则屋面可直接安装太阳能板、太阳能热水器。若需装饰，可加涂任意（浅色为佳）颜色的非流挂耐候防滑装饰涂层兼防水，也可选择任何心仪的瓦直接安装。不过此时的瓦也以装饰为主，兼为防水。二者均令防水构造大为简化。简化可直接转化为可靠。

实例

简介。江苏长江北岸，某坡屋面顶层住宅，结合室内装修，采用内通风绝热系统，并在夏、冬两季与对照屋面（室内吊平顶）进行了实测温度、热流数据的对比分析，证明该屋面构造在节能和提高使用者舒适度方面具有显著的优越性。

夏季工况。数据显示，在室外气温和太阳辐射的共同影响下，采用该构造的试验房间屋顶内表面平均温度和温度振幅都明显低于传统屋面构造的内表面吊顶温度，隔热能力显著提升。特别是在正午时刻附近的瞬间时热流，仅有传统屋面的一半左右，说明该构造大大减少了日间热量向室内的传递；而夜间，当内表面温度高于外表面温度时，中悬间层构造的热流大小与原屋面基本持平，有利于室内通过屋面向外散热。当屋面采用混凝土刚性全自防构造时（无装饰瓦），散热将更加快畅。

冬季工况。采集的数据，经分析对比，证明中悬膜空气间层构造具有最大的表观热阻值，凸显封闭空气间层的良好热工性能。同时，室外温度越低，或者室内外温差越大，中悬膜空气间层构造的热工优势也越显著。

主要实验材料。在本案例节能构造中起关键作用的金属隔热膜由上海康斯佳建材有限公司提供，具有高反射率、低发射率。保温板材质，设计采用聚异氰脲酸酯，后改为 XPS 板。若推广，则建议采用 STP 板。后者防火达到 A 级，曾在上海世博会中国馆等众多重大项目中采用。由青岛科瑞新型环保材料有限公司生产。

小结。实验中的中悬膜空气间层屋面在夏季的作用相当于低反射率屋面与通风屋面的组合，日间及夜间的降温隔热功能均良好；而其在冬季的功能则结合了低发射率膜、空气间层与内保温的组合，提高了保温性能。通过调整使用方式能够满足夏热冷冷地区的热工和节能要求。
实际上，该系统对冬季保温无要求的夏热冬暖地区也可适用。因此，总体而言，中悬膜空气间层屋面在中国南方地区具有普遍的适用性和推广价值。
进一步的研究，请参阅袁磊博士在《建筑技术》2010 年第 7 期发表的《中悬金属隔热膜空气间层在坡屋面中的应用》一文，该研究系国家自然科学基金资助项目，编号 50778112。该技术已获发明专利授权。

预拼（支线）管廊新系统

本文作为补充资料，仅对新系统的核心内容予以展开。系统主架构还应参阅《预拼（支线）管廊相关设计探讨》一文。

新系统包括5个部分，分述如下。

A 改横向分舱为上、下分舱，下舱现浇，上舱预制拼装，现浇的下舱及其桩基兼作上舱之基础，承荷载，抗上浮。

B B1：下舱为雨污管超长无缝重型现浇内掺型全刚自防水混凝土。

B2：混凝土主体只在出线井处设置变形缝，并采用外置嵌锚连续密封、内置带钢护板的粘锚连续密封胶圈、附加可目测检视系统复合防水技术（上述三项已获发明专利授权或实用新型授权）。

B3：包括预拼管段与变形缝之间采用现浇过渡舱段。过渡舱段与非标预拼段之连接按预注浆后浇带构造设计。非标预拼段与标准段连接的一侧，按标准节点设计；与过渡段连接之端肋外侧，预留钢筋，保持粗糙面。

B4：包括过渡舱段采用全内掺现浇混凝土。

B5：雨污管则通过传统法兰与出线井处的管线完成密封连接。

C C1：上舱为预制轻型薄壁带肋加长管段，内掺型全刚自防水混凝土。

C2：管段承插拼接且完成拼缝防水构造后，作连续全外包柔性防水。注意底板柔性防水卷材应预施于下舱顶板。

D D1：拼缝中部采用传统双胶圈柔性密封构造，内侧加作内置橡塑弹性体耐水黏结密封止水圈（专利技术）。

D2：拼装外侧：其中侧壁、顶板之拼装按传统构造（PE泡沫条背衬，施聚氨酯密封胶密封），其中底板外侧采用专利技术：PE泡沫条背衬，空心泡沫条填充聚氨酯凝胶复合弹性体密封（该工法发明专利正在申请中）。

D3：上舱室可通过现浇过渡舱段与出线井连接。如B2所述。

D4：上、下舱叠置。下舱顶板设置防水卷材，卷材保护层为聚乙烯丙纶。吊装上舱时需采用护板，护板为9厚夹板。丙纶与夹板可预先复合。

E E1：上舱室舱间墙采用半刚性预制轻质板密封拼接。

E2：管线支架为非直锚轻型可伸缩装配式。

E3：舱内纵横肋节点处，预埋锚孔，方便各类管线安装维修更换。

其中**A**，包括上下舱等宽。桩基抗浮。下舱周边及间墙均为厚壁（同类舱间墙可开圆洞），兼上舱之箱型基础。不作外防水，以利及时回填。

其中**B**，包括雨水舱之净高不低于900（除注明者外，均以mm为单位，余类推），以减少操作难度。

内壁阴角均设"八"字倒角。可采用 HDPE＋粉煤灰＋废塑料之混合材质，在线接口，承插双极热熔连接，内层热熔焊接。用于雨水管兼内模，直接浇入混凝土。水平施工缝如图留设，并按无止水钢板水平缝专利技术施作。其中 B，包括污水管为预制波纹玻璃钢制作，壁厚不小于 4，三布四涂。管口"植入"-50×3 之不锈铜暗圈。其中包括管段接头 80~150 范围内无波纹，"带"梢，其承插口精度不大于 1.0。承插顺序方向按水流向。承插时，管口内侧加涂适量厚型环氧，润滑密封，然后拉铆固定。铆钉直径、锚点间距视管径而定，确保牢靠。随即用玻纤带及环氧封固接口，其宽度不小于 70~120，三布四涂，密实无空腔。接口验收签字后置于底壁扎好钢筋的模内，按要求支固牢靠，随即浇筑混凝土。

其中 **B**，包括在超长管段内也不设变形缝，而用后浇带解决水化收缩问题。后浇带必须采用拆网或无网专利技术及预注浆系统，并辅以 SM 胶。只在管线与出线井衔接处设置变形缝。变形缝必须采用 B2 所述技术。

其中 B1，包括采用内掺纯天然无机活性抗裂自愈硅粉防水混凝土（亚力士 BESTONE），也称混凝土内掺型自修复抗裂防水。掺量、掺法均由专业公司与搅拌站协调确定。若选用其他类似内掺型 CCCW，须指明赛柏斯，并由其总部指定项目负责方可，暂不推荐其他品牌。

其中 B1，包括下舱顶面浇筑后，平整度 5.0m 内误差不大于 5，否则应采取措施取平。

其中 **C**，包括上舱室顶、壁厚约为 180~200，管段长度在 4.0～6.0m 之间。具体按管段剖面尺寸、路桥通行荷载、吊装能力、运行工况确定。

上舱室底板上表面，如图设计深 30×宽 150 之排水沟，通长，在拼缝处用聚合物水泥防水砂浆勾平连接。

管段顶、两端分别加设纵梁、横向内肋，侧壁则加设纵横向内肋。肋高控制在 300（含壁厚）以内。肋外口宽 120，内口宽按管段吊装、舱内管线安装维修挂荷载而定(图示为 180）。纵横肋交接节点处预设锚孔，可装滑轮吊钩，方便室内小空间内安装维修活动。

其中 C1，包括采用内掺纯天然无机活性抗裂自愈硅粉防水混凝土（亚力士 BESTONE）。掺量、掺法均由专业公司与搅拌站协调确定。

其中 C2，包括管段拼装前，清理承插杂物尘屑之同时，检查承插口处双胶圈是否黏结牢固，检视管口是否畅通。

按常规方法将管段压挤紧密后，将肋脚处设置的紧固螺栓，按序紧固。

拼装并处理缝内防水后，缝处先用聚酯网格布增强的聚氨酯防水加强带，2.0 厚，宽 200，向下延伸 100。然后大面积施作外防水。

外防水应与下舱侧壁预贴的卷材应有不小于 100 的搭接，形成有效连续密封。

在完成的防水层表面，用 JS-Ⅱ满铺 0.5 厚宽幅聚乙烯丙纶保护，其邻幅搭接不小于 100。保护层完成后，应及时回填，避免暴晒。

回填土必须按规定进行，并分段签字验收存档。有条件的地区应首选三七灰土或黏土，无条件或无把控回填时，可加作轻质护墙。

护墙与聚乙烯丙纶之间随填随粘贴 5 厚聚乙烯泡沫片保护。

任何情况下，不允许野蛮回填，包括垃圾、有机物，也不允许回填石粉等，避免形成虚空不实的透水层。

其中 **D**，包括双胶圈应与承插口及边肋作协调设计，其中包括 D1 检测口预留在方便处，必要时以柔性管接出，避免受管线障碍之影响。

其中D2，详见有关专利技术（其中材料专利已获授权，工法专利正在申报中）。

工法专利简述如下：

其中，包括背衬泡沫条为PE，扁平带膜皮，贴上安置。其中包括空心泡沫条采用橡塑弹性体，低压注入进口水性膨胀型聚氨酯浆料，固化时间控制在20min左右，形成永久性均压弹性体。

空心泡沫条穿置于底板拼缝中，两端各缩进底板约20，预埋注浆导管，并用聚氨酯密封胶密封，达到强度后，从两端注入浆料。压力、固化时间由现场试验确定，以泡沫端部断面开始渗出浆料为度。稍后，在该处补胶密封。

上下舱外侧缝隙，塞满PE扁平泡沫条（竖向放置）之后，施打密封胶。

底板、侧壁拼缝外侧之密封胶以及上下舱之间外侧密封胶，均为聚氨酯密封胶，并全部形成连续密封。

其中D3，包括管道伸缩段设在过渡舱段范围之内。

其中D4，包括下舱顶侧转角混凝土应有20的倒角。顶板应压实抹光，达到强度后，顶板及侧壁向下200处，应涂渗透环氧二道。防水层可采用自粘卷材。基面未达到上述标准，自粘卷材应改为4厚聚酯胎改性沥青防水卷材，热熔法施工。两种卷材均应保证侧壁下部粘贴质量。

防水保护层之聚乙烯丙纶为0.5厚，双面带丙纶纤维，并预先用JS粘固于9厚夹板之底面，侧面包覆至顶面不小于30，并用气动骑马钉钉牢（同时采用JS，粘钉并举）。其中9厚夹板由至少5层夹板组成。

吊装上舱时，同时空铺覆好聚乙烯丙纶的夹板，丙纶面朝下。

其中E，包括舱间隔断可采用轻质韧性材料预制拼装，确保拼缝可以密封。并在重型管道安装后进行拼装（图中为φ700之给水管）。

其中E1，如图示，隔断采用的是白色玻璃钢预制板。

Ea、Eb两块主板，互为镜像对称，高宽各约2.0m，两人徒手协作即可安装，也可借助滑轮减轻体力，提高效率。

辅板Ec，高宽各约650、800。给水管若用法兰连接，辅板Ec应按图示带脊肋形式加工。

各板之厚度均不小于2.5，两布三胶。主板上、下边缘夹带铝合金暗条板，条板宽50，厚2.0，包覆在玻璃钢中间。包覆后的条板位置带预留孔φ4@约200，边孔距板边约30。板侧边拼缝处宽20范围内加厚至3.5（三布四胶），并圆滑过渡。

上缘在50×30扁钢处作出凹槽避让。其中E1，包括主板上部用半圆头木螺钉固定于顶板纵肋梁之上。下部则固定于150×150×4之纵向通长底部钢梁之上。钢梁底距地坪约75。由φ3.5×156之细纹螺钉固定，@约200。

现场按主板上边预留孔位置在肋梁上钻孔，清灰、打入φ6×40之胶塞，木螺钉φ4x40，加设粗制垫圈，公称直径4，外径15，厚2.0。在底钢梁之上相对主板下边预留孔位置钻φ3.0孔，套丝（φ3.5细螺纹），加如上垫圈，φ3.5半圆头螺钉固定。

主板与主板之间，主板与辅板之间用抽芯铆钉固结，板搭接不小于20，铆径3，@100。其中辅板下缘可直插入底钢梁预加设的∠50×3之内，并可按主板方法锚固其上。

其中E1，包括底钢梁用φ10螺栓固定于给水管预制混凝土支墩之上。螺栓贯穿预埋，另一端为预留之吊钩。混凝土支墩如图450×（150~180）×200，C25混凝土。其中包括支墩顶圆弧（半径同给水管）如图偏心设置。方便在管舱一侧装卸。

底钢梁下部空档用75×40、长400之闭孔泡沫玻璃条打入封闭，其左右拼缝及上下缝隙用益胶泥勾缝封实。泡沫玻璃外露面涂刮1.0厚益胶泥。

其中 E1，还包括主辅板的纵向位置不一定与管节对应，但辅板须与主管道接头对应（图中所示为长 4.0m 之给水管）。

包括在电缆舱室内主辅板之缝隙连同铆钉孔应用薄型单面自粘丁基胶带压紧密封。螺钉固定处则用置于金属垫圈之下的丁基垫圈密封。

在给水燃气舱室一侧之主板与辅板连接缝处加涂由聚酯网格带增强的 JS 多道，总厚度 1.2，宽度超出丁基胶带两边各 10，涂刷 JS 时，预贴美纹纸保护两侧不受污染。JS 由纯丙烯酸配制。

其中 E2，包括电缆支架为装配式，其锚固点与舱室外壁无关，因此未削弱其防水有效厚度。装配式电缆支架由 3 部分组成。如图所示：锚固件 a，∠120×90×4，长 120；主架 b，□80×40×4，长 350+120；伸缩段 C，方钢 30×3，长 300（可伸出有效长度 200）。b 焊于 a，c 装于 b。a 用 φ12 螺栓锚于混凝土水平肋上预留的套管内。套管底预焊 60×60×4 钢板，呈水平状，与套管垂直，套管为 φ12.5×3，镀锌，通长。预埋套管组件时，混凝土水平肋局部自然形成如图（60×60）之凹坑。组件以 @500 之距浇入混凝土，且必须位置正确，状态（垂直）精准。

其中 E2，包括 b 前段 200 范围内两侧预打 @50φ4 孔，孔中心距槽钢顶面 27，成排均布。

c 全段中线均布 φ4 孔，与 b 孔对应，使其可在 0～200 之间伸缩。

其中，包括每组支架配置一至二枚销钉。销钉镀锌 φ3.8 钢筋制作，L 形，65+20，60 一端套丝，长 15，配方形螺母。

其中 E2，包括电缆舱顶部安装一般电线之折线型支架，由 ∠50×4 加工而成，下、上两端如图分别加焊 90×40×4 及 40×40×4 之钢板，磨挫去除尖锐外边角。下钢板中央开 φ12.5 孔，上端如图直接放置在顶肋侧凸之上。就位后，可在下端加螺栓，螺栓孔利用最上层混凝土水平肋之套管组件。

所有预焊为满焊，焊缝高不小于 6。

其中 E2，包括弱电支架为刚柔轻型。龙骨为 −50×4，其上端用螺栓锚固于预埋的钢套管之内，下端则锚于顶肋预留的锚栓及底钢梁预留的螺孔之中。预埋锚栓均为 φ10，@ 约 666，均布，粗螺纹丝扣。龙骨安装时，先加置单面丁基密封胶垫，再加钢垫圈（同前述），配套六角螺母拧紧。

锚于龙骨之上的支架如图由角铝 30×3 组合而成。

弱电桥架用 0.75 厚穿孔镀锌钢板制作，孔径 φ10，孔间净距 15，桥宽有 100、300 两种，两侧均上翻 50 成肋，每段长约 666，放置后，用紧固尼龙带多点固结，使龙骨、支架、桥架连成整体。

其中 E3，包括混凝土肋上预留锚孔。

锚孔由预埋 φ12.5×4（内径）之镀锌钢管构成，位于纵横肋相交之节点处，可设于纵肋下方之左右，亦可设于横肋之下。安装维修时，可组装滑轮、吊钩、绳索，在狭窄空间内提高工作质量。其中，包括燃气管安装，可通过锚孔，用钢丝绳吊挂于舱室顶侧，维修时，只需缓缓放松外端绳索，管道自然向侧下位移，也可变换自由端锚挂点，使管道移至其他合适位置。修后复位，同样方便。占用舱室空间几达最小化。工厂预制，细部构造配件可标准化，量大、通用，故虽精细，不增投资，减少人工。

由上述诸多新技术整合而成的预拼管廊新系统，可期望渗漏率大降，维持费大减，健康而长寿，是较有发展前途的地下管廊系统。

预拼管廊上舱在运行中抗上浮问题，还有多种解决方案。如：改进节点 3，增设预埋件，装后锚固；在上舱低腰位置设置外排水系统；上舱顶部回填加载，等等。可视具体工程采用合适的措施。

住宅工业化——集成卫浴及外挂墙板

建筑工业化，首先是住宅工业化，量大，影响大，问题也多。

有些研究，仍然围绕混凝土结构预制装配的各种方法：从模块系统到预制混凝土大板，从叠合梁板到大模板工艺，从预制楼梯到自升式爬架，均系旧技重谈；近年从国外调研引进的先吊后浇或先浇后吊技术，并不一定适合住宅。

许多年前，从台湾地区引进的铝模全现浇加气外墙，使保温防水一体化；分户隔墙，连带一次整浇。外墙直接上涂料：装饰、防水、防护、透气、自洁，如此简约，也可算一种工业化。其户内隔墙，应为轻质条板或轻钢龙骨石膏板，直接使用涂料、墙纸或薄瓷片，基本干作业，适合多层住宅。

该系统配以预拼装卫浴，只需接管打胶；若进一步，整体盒子卫生间，则只剩下现场接管了。如是，摈弃了最糟糕的二次装修、用户自理的模式，基本上消灭了建设阶段的最大垃圾源（不仅包括凿墙打洞的垃圾，还包括为应付验收虚装的一系列卫生器具及其管线）。

盒子卫浴间，可算是住宅工业化的重大举措，引进四十多年了，只因低价竞争，用得很少，至今尚未长大。如今，昂贵的房价给了集成卫浴大发展的机会，政策上应该废除毛坯房。技术上应重点考虑土建配合，主要是提供一个防水可靠，又方便安装过程中拖拽、磨刮的基层——

全刚防水混凝土。其初步解决方案是：全内掺CCCW混凝土楼板，底平上坡，周边设浅沟槽及泄水口，益胶泥找平压光。

外墙则循住宅立面仿办公建筑的时髦趋势，可按幕墙设计，但GRC板除外（重表现，无内涵；防水、安全存风险）。

退一步的讨论，就是预制外挂墙板系统了。

涉及外挂混凝土墙板时，难点有二：一是结构构造的安全，二是墙板拼缝的防水。本文重在后者。防水不仅要可靠，还应与墙板安装主工序契合，流畅、从容，才能提高防水质量保证率。

为此，以整间板为例，设计了一种暂且称作"三防两腔"的拼缝新构造。其特点是：密封胶置于室内，横缝、竖缝独立交叉；竖缝采用嵌卡式弹性金属条，形成构造防水，与缝中连续预设的密闭空芯胶圈、室内密封胶共同形成"三防两腔"构造。分述如下：

A 密封胶置于室内。
施胶处设计渗透环氧，并在工厂预施，其中包括所述预施环氧，只需一道。现场施胶前，缝处清净，推入聚乙烯泡沫条之后，再薄涂渗透环氧一道。涂前板缝两侧预贴美纹纸保护。
聚氨酯密封胶应为工业化墙板专用低模量产品。

B 现场以吊装墙板为主工序，室内从容打胶为辅。
外墙板的设计，应将牛腿设计在楼板面之上，安装时，简单搁置、就位、微调后，便可锚固。

拼缝位置设计在与牛腿同高处，使横缝距楼板上表面约 300，便于后续施胶作业。

牛腿平面位置避开结构梁、柱，使横竖缝施胶时，均少障碍。

板之下方则锚固于下板之上方（主体若为竖条板时，牛腿设计参此）。

打胶后，立即采取规范的保护措施，该措施应维持72h。

墙板周围定型空芯丁腈橡胶密封圈，应为工厂预装粘固，现场直接拼板压紧。

C　横缝、纵缝独立交叉。
其构造防水包括横缝按主流技术，缝宽约 18 ～ 20，设置台阶，其后腔与纵缝连通，包括：当竖缝后腔被封堵时应设置泄水管，并使后腔仍能以等压空腔工作（该情况通常发生在底层）。

为此，在第二腔设置泄水管，预制板时就预埋。其位置在板上口两侧图示位置；材质为 316 不锈钢，规格 ϕ 10×0.5，弧形，两端形成椭圆状开口；墙板吊装就绪前，确认该管畅通。运行中，例行检查时，可目测检视缝内是否进水，并可简单使用钢丝查修，使之畅通。该管应与板内配筋预焊牢固，使管位精准经过胶圈及最外道嵌板之凹槽。

其中，竖缝嵌置不锈钢条板。
墙板在嵌条板位置预设通长凹槽，如图。

条板为 316 不锈钢，0.75 厚，断面形状如图。墙板安装完成后，即可加嵌条板。专用卡具将条板压窄（如图中虚线所示），送入板缝，推至凹槽后，随即退出卡具，条板弹开嵌撑在凹槽内，形成挡水板。条板应自下而上安装，以便上板搭下板，形成构造防水。外嵌条板因施作快捷，故可采用多种手段，在任何适当时机嵌入。总体形成流水作业，现场不等工误时。

横向外墙板在窗下口窗台板内设置暗泄水孔。泄水孔用 ϕ 10×2 之 PVC 管预埋于板内，可采用简单办法疏通泄水管（预留室内插口，即设在冷凝水槽内的泄水口，插入软管吹气即可），其下口设在板下（窗上口）的滴水槽内，形成各层独立的泄水通道。滴水槽应由混凝土板直接作出，宽 20、深 15，外槽线向外倾斜 60°，如图。

竖向外墙板的横缝第二腔也宜设置弧形泄水管，其出口设在凹窗洞口侧面。

后续讨论
建筑工业化，当下主要目标是减少现场湿作业。故简单地拆散分解凑分，分值够了就行，哪怕采用湿作业也认可，是形式上的工业化。
从防水角度看，关键是厨卫、外墙；前者关键是模数、模块，后者是预制精度及装后密封；密封防水，宜室外靠构造，室内靠施胶。

植屋研究　刚性耐根穿试验

张道真　李富强　蓝芬　易举　王莹　任绍志　吴兆圣　赵岩　王荣柱

本文与"海绵城市"论坛讲演配套，后者文件庞大（约390页）。《种植屋面耐根穿新构造》已于2018年结题，并由深圳大学校内外专家评审通过。为节省篇幅，上述两文件，连同科研申请报告均未收入，本文只是该实验简介，并与"再谈植屋构造"配套。

一、问题的提出

1. 规范认可的耐根穿材料均为柔性。刚性被排除在外。

2. 耐根穿之上应设保护层。考虑到园艺操作的影响及砂浆的脆裂，绝大多数的设计都会选用配筋的细石混凝土。

3. 将细石混凝土优化，使其兼具耐根穿，自然就成了值得努力的方向。保护层、耐根穿，合二而一，不仅节省大笔投资，而且令构造层类简化。简化，是构造技术进化的主要方向之一。

二、优化的目标

一是使细石混凝土不产生贯穿裂缝，二是使分隔缝处的密封胶具有阻根性。

混凝土长期稳定处于潮湿状态下，基本上不产生裂缝，包括表面裂缝。即使有裂缝，根也未必长入胀裂。理由：

1. 根长在裂缝中，皆先有缝，后生根。

行道树根令铺砖拱起，也是先有缝后有根。风吹树摇，缝扩大，根胀满，再扩再胀，遂拱起。这一过程与根系不断木质化的生长过程是同步进行的。木质化的根，可保持住撑开的缝，并等待下次的外力将缝隙扩大。

同理，所谓根系胀裂岩石，也是先有缝，后有根。不同之处在于岩石裂隙之扩大，多由温度、冻融、风化引起。

2. 混凝土与被保护的防水层之间设有隔离层，并设有分格缝，使水化收缩、温湿度变形均不受约束，因此不会产生有害裂缝。若采取了优化措施（减水、CCCW、纤维、聚合物）则可进一步使裂缝分散，达到足够细微。

3. 小结：细石混凝土只要不裂，根穿的可能性就没有。理论上讲，混凝土是多孔的，带裂缝的。但若孔洞足够小，裂缝足够细微，其危害便失去了工程学上的意义。

三、系统优化设计

1. 首先将细石混凝土按刚性防水层设计，设置隔离层及分格缝。按植土厚度，采用不同的厚度、强度、配筋及分隔缝间距：

薄土层：细石混凝土40厚，C25，成品钢筋网片，ϕ3.8@75，双向；厚土层：细石混凝土70厚，ϕ6@100，双向；中等土厚：细石混凝土55厚，ϕ4@100，双向，等等。

在此基础上，按实际工程，设计分格缝平面图，细化其间距：周边及水落口处，600，中间@3000~6000；全年气候强度较大地区取下限（3000～4500），较小地区取上限（4500～6000），干燥地区取下限。

2. 降低水胶比，掺外加剂，增加混凝土密实度的同时，减弱裂缝发生率。本实验采取的具体措施有：掺萘系高效减水剂，内掺或外涂CCCW（赛柏斯），掺聚丙纤维（杜拉），掺纯丙烯酸酯（巴斯夫）。试样分别掺加，或单掺，或双掺，配比各不相同，均记录在案。预制混凝土板标准养护28d后，拼装试验种植箱。按标准尺寸先预制角钢框架，防锈处理后，将混凝土板拼入其内。

3. 关键是分格缝密封胶。先预埋专门设计的"上下合二而一"的XPS模条。拼装并临时固定后，去掉上模条，填入聚氨酯密封胶（普赛达）。该密封胶掺入了专门进口的阻根剂。胶固化后，缝处加铺300宽聚乙烯丙纶盖缝，JS粘贴。

四、可行性分析

1. 调查研究。种植屋面规范编制之初，进行全国实地调研时，绝大多数民间种植屋面并无耐根穿柔性防水层，只简单在普通防水层之上作砂浆或素混凝土。其正常使用，长则二十年，短则数年，均未支持柔性耐根穿卷材（或涂膜）的唯一性。

实际上，阳台落地花池，在全国都有至少60年的实践，基数庞大，均未设耐根穿卷材，大多为水泥砂浆粉刷，似无根穿裂之报道。

2. 2010年，我院在读硕士研究生蓝芬选择了种植屋面的研究课题。在研究过程中，网上作了普查，与上述结果大体吻合。补充调研是在深圳实地进行的，大多是在防水层之上加作砂浆或混凝土。其中有一处屋面，规模较大，但构造简陋，只是在架空隔热板上覆土，满植灌木林。许多年了，截至2010年，尚未发生渗漏。

3. 其他实例。浙江农民在自家屋顶上种高产水稻，那时尚无柔性耐根穿防水层之说。同样，宝安某外企，在多个厂房上大面积种植蔬菜，品种多样，施有机肥，据说只在沥青卷材上作了细石混凝土。种植屋面规范之后，有人将自家屋面辟为屋顶花园，只在防水层上刮涂聚氨酯密封胶，但未掺阻根剂，已超过十年，未发生渗漏。

4. 深圳市质检站局部屋面，851涂料，砂浆保护，二十多年无人管，也无渗漏情况。该实例提醒我们重新审视"野种飞来说"。深圳大学园林研究所专家几十年的观察经验是：在深圳大学这样绿化面积大、植物品种繁多、鸟儿兴旺的环境中，若有种子在远处落地生根，无人干预，长成1m高，达至可危害建筑的最高概率是1km内七八年一例。

5. 小结。柔性耐根穿防水卷材（或涂膜）并不是耐根穿刺的唯一选择。压实的砂浆或混凝土，在潮湿状态下，阻根穿能力比想象中强大。

五、相关理论

1. 关于根的向水性

我国采用的耐根穿实验方法（JC/T 1075-2008），套用的是德国标准（ELL），德国标准几乎就是世界标准。该实验标准设计的主要依据就是根有向水性。不过，日本有两个标准，一个与德国类似，另一个为"针刺穿孔"（JSTMG 7101），则以物理阻根为依据（指卷材）。细石混凝土即为物理阻根，其效果不见得低于卷材。

2. 根到底有无向水性，说法不一。大多数论文说有，但出处单一。且均未在微观层面上进一步阐述其生化原理。讲得较细的是牛津科学展望丛书之一的《化学与生命》。但美国时代科技文库的《森林》，则明确认为"根有寻水而长的观点"未获科学支持。该书认为，根之所以在有水的地方生长更旺，只是因为根"偶尔"延伸靠近，受到水的滋润的结果。

实际上，植物学科研究论文中涉及根的活性测试，主要关注呼吸、营养，与"生存竞争"有关，细胞水平上的生化研究很少。数百篇相关论文，尚未找出有价值的研究。国际上未考虑细石混凝土，可能有多种原因。混凝土重，湿作业，无此传统。而且，将现有卷材优化、开发，使其具有多项性能，品质追求极致，是很多人研发卷材的主要思路，特别是德国人。

六、模拟试验

1. 现行标准试验要点

耐根穿卷材按标准试验箱铺贴后，种植指定灌木"火棘"，每组8箱，每箱4株，箱底隔防水层之下设蓄水层。按标准方法养护浇水施肥，2年初步结果，4年最终结果。

2. 质疑

标准试验设计的最大疑点在于：植株根系隔防水层向下寻水而长，若防水层完全无瑕疵，根如何感知水在下方？即便防水层透汽，所透之汽，大多不会多过空气中的水分。

试验箱中，耐根穿防水卷材是铺贴在隔离层之上的，隔离层通常为聚酯无纺布（不小于$170g/m^2$），铺在潮湿层上部；潮湿层由陶粒组成（粒径8～16），蓄水。被试验卷材在实际工程中，大多是铺在坚实基层之上的；而试验是预铺在木箱中，再移动空铺在聚酯无纺布上，与沥青卷材工况差别显著，可能影响结果。而高分子卷材，根的穿透大多会在阴阳角及搭接或卷材本身缺陷（针孔、破损）处发生。

3．小结

试验能否过关，主要取决于卷材铺贴的质量，多不在材料本身，特别是高分子卷材。

4．实际试验

按前述方法，备制细石混凝土预制板及聚氨酯密封胶。阻根剂按不同比例掺入，编号记录，为确定最佳配比作准备。露明之XPS模条外涂膏状聚丙烯酸酯，防护紫外线。

按标准试验要求，装配试验箱8只，其中4只置于屋顶平台上，以期与屋顶花园工作状态更接近；另4只置于地面草坪上，使混凝土箱底处于潮湿状态，引导根向其生长，比标准试验更理想。另有两盆植株，作为对比，置于草坪上。

植株的选择为"基及树"，俗称"福建茶"，与火棘同属耐阴灌木，全年生，根系发达，但比后者更适于在广东生长。后者规定植箱置于室内，全年空调。本试验更接近实际运作状态。

七、几点说明

1．为使试验更接近实际，在箱体制作全过程中，设计交底后，全由工人自行操作，纵不合理，也不干涉。因此，从混凝土配比、搅拌、外加剂配比、掺加办法到支模、浇捣，质量仅为设计的三分之一，这与一些人员太自信有关，但养护则非常之标准。

2．参照标准箱尺寸，植箱侧由预制混凝土板拼装而成；底板现浇，设分格缝3条；侧板4块，缝宽设计为20。实际因预制板尺寸误差较大，多处缝宽不足5，深不足设计的30%，与密封胶合理工作状态差别很大。但施胶人员素质特高，工作极其认真，在板缝两侧预施了渗透环氧，一定程度上弥补了其他方面的缺陷。

3．如上两项合并，总体质量打折四成，考虑到当下工程实践中，工人素质、现场条件及其他因素的影响，通常打折五、六成，故本实验之折扣似已见底，若试验结果正面，则可信度很高。

4．实验过程：前三年，按要求半年施肥一次，后来任其自生。屋面四箱，夏日若保持一两天浇水一次，则长势与草坪8箱一样，

枝繁叶茂，碧绿可爱；若靠自然降水，只要连续三四天晴热干燥，立马憔悴。

5．实验进行到第四年，植株已很健康，可久旱不死，遂转入野战状态：箱内很少补水，愈是干旱，愈是在箱间及箱外地坪洒水。此时箱间落叶积厚已近100，并堆在箱底预铺的土工布上，而且枝叶遮蔽，几乎晒不到太阳，增加了箱外保持潮湿的能力，以鼓励因缺水而枯萎的植株更加努力地穿刺寻水。

八、阶段总结

1．诱导根穿的措施实行近一年后，于2016年3月，也就是运行近六年后，实验中止，被迫提前检视结果：将箱体逐个翻侧，目测查验，特别是仔细察看了箱体底侧及背阴侧。8只箱，无一处根穿。

2．8箱，胶缝总长46.40m，说明阻根胶是可靠的，阻根剂掺量、掺法是合理的，现场施胶的措施是正确的。该聚氨酯防水阻根密封胶已申请国家发明专利。

3．邻箱外补水较弱（南向外侧）之底板泄水孔处，甚至也无根穿出。屋面4箱中，只有1箱有少许须根长出泄水孔。草坪箱中也有1箱未穿，另有3箱穿出，其中最旺的1箱，置草坪较高处，直接坐在草坪上。无根穿出的1箱，则处于朝西向外侧，地势较低，箱底架高约60。

4．泄水孔也未必都穿根，说明我们还不能认为自己已摸透了植物的想法。应该引发一些新的研究。

5．耐根穿卷材价格与同类防水卷材比，至少翻倍，而细石混凝土系统优化所增全部投资，不超过15元/m²。因此，新的研究试验可能为大幅降低成本、简化构造作出贡献，具有可观的经济、社会效益。

种植屋面是生态建筑最通俗的表达方式，也是诸多节能屋面中，唯一能同时为减弱城市热岛效应作出贡献的屋面系统，颇值得下大力，作认真研究。

再谈植屋构造

（张道真[1]；易举[2]）

（1.深圳大学建筑与城市规划学院，518060；2.深圳防水专家委员会，518049）

摘要：作为《植屋研究——刚性耐根穿试验》一文的补充，讨论了阻根穿密封胶、无害裂缝，涉及满植、暗沟、汀步等构造的内在因素。

关键词：种植屋面　构造　刚性耐根穿实验　向水性　阻根密封胶

一、植屋构造，始于分类。分类以构造为据，影响构造的最大因素，莫过于土厚。超薄土，宜植毯加滴灌，用于室内更好；超厚土，蓄、排、找坡、保温均可不设[1]，但应设计专用泄排水系统[2]；中间三挡（薄、中、厚），可酌情加减构造层[3]。

二、蓄排水板。在深圳，愈来愈多的设计文件注明"顶带溢水孔"，是个不小的进步[4]，但市场不响应，缘由竟是带头的商企不问原理，只买最便宜的单凸板。

三、陡坡厚植土，已有系列专文讨论[5]，可满足大型项目景观的合理性设计。

四、《植屋研究——刚性耐根穿试验》（下简称"刚文"），原本与"海绵城市"为题的讲演配套，但发言时，关键图片未能演示，现以文代图，补充如下：

1. 混凝土裂，原因有二：体积变化，结构荷载。针对前者，优化措施有四：潮湿状态，可直接减弱体积变化；减水，众所周知，不赘；纤维，在初凝前后，对分散、减小裂缝起重要作用；内掺CCCW，运行后，缝自愈效果高于涂层[6]。针对后者，优化亦有四法：隔离，设缝，众所周知，不谈；但缝之平面图，几乎无人设计，故未将二项自由伸缩之措施落到实处；其三，配筋应分档设计——绝大多数设计一刀切，不好；第四，聚合物，增韧，对薄构件运行中减少动载引发的裂缝，很重要。

2. 细石混凝土，四十余年实践中，本来是防水的，现在只作保护。主要因缝油膏，老掉牙，漏水；定额顽固滞后，致设计不能落实，连带整体出局。因此，若缝构造回归正确后，再施以阻根胶，形成刚耐穿是完全可行的。

五、向水性

1. 有中科院院士在干旱地区，以芨芨草为对象，经过近十年的研究发现，根向下延扎13m以上，并非知深处有水，而是偶有降水，沿其枝茎特别之纹理，形成导水，达至根端，"被骗"向下生发所致。与"刚文"引证相近[7]。

2. "刚文"后期实验显示，屋面植箱，虽箱内任其干旱，箱外努力补水,出泄水孔者,四箱仅有一箱,少许;草坪四箱,虽接地,仍有一箱孔,根未出孔。

3. "刚文"提及的在老式架空隔热板上直接覆土满植的案例,现已延至2017年,仍平安无事。因此,"根寻水穿刺",与"有漏水,才穿根,且非必然"之论点相比较,后者更合理。

六、实践

1. 多年前,国内众多顶层住户,大量采用废弃聚苯泡沫箱种菜,或乡镇村民将农用薄膜兜土种菜(用砖干码围合),一种就是五六年,只见自行老化,未见根穿。与"刚文"列举顶植案例一致。

2. 有研究表明,国内设计的耐根穿卷材,用在实际工程中,约有百分之七八十并未掺加阻根剂,但"应用后",被根穿之比例却远低于此数值,可作为反证。

因此,实践正、反两例,均不支持耐根穿卷材的唯一性。

七、试验"副产品"

1. 前期试验,还研究了植土边界对绝热层影响的范围[8],结论是不会超过300。如是,应提倡满植、暗沟、汀步,不要动辄设置"道路"。工程实践中,硬质路面为主的道路边界构造大多不合理。木栈道,基层多为混凝土,实属硬质,应改为植土。架空木道骨架应采用大料,要舍得投入,否则只是应个景儿,有悖植屋生态初衷。

2. 后期试验中,只要两天不浇水,植株就变脸,说明

200g滤水毡加20高排(蓄)水板,短期运行后,即失去蓄水作用。因此,该惯常构造急待纠正。

3. 所有试验箱,混凝土板箱背水面始终处于非潮湿状态,说明优化后的混凝土板几乎不透水。推而广之,留点余地,可曰:透水有限。

八、结语

1. 主要结论:①阻根密封胶,不仅成功,而且可靠;②无害裂缝可避免;③先漏水,后穿根。

2. 次要结论:①满植、暗沟、汀步,比硬路生态、比木道更耐久、实用。②200g滤水毡加20高排(蓄)板之典型构造,有悖初衷。

注释:
[1] 进一步的叙述,可查阅《标准应创新》《标准应就高不就低》及《提升标准,勇猛精进》诸文(2015年)。
[2] 可查阅"厚植土装配组合管状泄排水落口设计"专利申请(2016年)。
[3] 深圳防水构造图集SJ(2013年)。
[4] 张道真.关于种植屋面[J].建筑学报,2004(8).
[5] 曾小娜,张道真.陡坡厚植土屋面的步道系统、园艺操作防护系统及止土下滑系统.中国建筑防水(屋面工程),2017(3).
[6] 有资料显示,日本(1994年)"板裂"及加拿大"对拼裂缝测试",约百天后,缝封闭自愈。
[7] 引用美国时代科技文库的《森林》篇。
[8] 深圳大学(建筑设计研究院)2016年科研申请及结题报告(2014至2018)。

相关企业信息

因众所周知的非专业原因，有些企业不愿提供信息，故未入名录。但为不影响设计选用，将其资料收录在材料分类选用表中。

部分专业厂商名录

序号	公司名称/信用代码	公司地址	主营业务/材料	电话/传真	联系人及手机号
1	深圳市新兴防水工程有限公司 91440300192187542J	深圳市福田区上梅林梅华路171号	专业防水保温工程 deneef系列进口材料　渗漏治理	0755-83108777	易举 13602607895
2	深圳市亿居建筑材料有限公司 91440300670033346M	深圳市龙华区观澜街道君子布社区凌屋工业路16号	聚合物/丙烯酸/环氧/灌浆堵漏/密封/防腐等材料及设备配件	0755-23157650	段云芳 13670269027
3	北京澎内传国际建材有限公司 91110107318206113Y	北京市石景山区鲁谷路51号院3号楼A塔8层801	渗透结晶防水系统产品	010-68667672	李忠临 18933932133
4	辽宁亿嘉达防水科技有限公司 912103117342006235F	辽宁省鞍山市千山区海华工业园（亿嘉达防水）	聚脲防水系统产品		刘振平 15941219388
5	深圳市耐克防水实业有限公司 91440300708401504R	深圳市罗湖区黄贝街道爱国路1036号华深大厦613室	专业防水保温工程、渗漏治理	0755-25401161	赵铁力 13808839728
6	北京金汤蓝天防水工程有限公司 9111010671873400620	北京市丰台区科学城海鹰路9号综合楼4段一层	金汤水不漏/金汤JS等系列防水材料	010-63784488	邓为兵 13501228450
7	江门市禹成新型建材有限公司 9144070369978520X6	江门市蓬江区杜阮镇英华路6号7栋之二、之三厂房	聚合物防水砂浆、高分子益胶泥等砂浆系列产品	0750-3666670	黄生辉 13702607951
8	加拿大凯顿国际公司北京代表处 91110000742301611P	北京市通州区万达广场B座1012	渗透结晶型防水系统产品	010-81532631	马宁 13910458624
9	金华市欣生沸石开发有限公司 91330701732425290B	金华市婺城区汤溪镇浙江省金华市双龙南街1018号新融大厦4楼	渗透结晶型防水系列产品	0579-82667636	陈俊收 13957992559
10	北京城荣防水材料有限公司 911101016000612295	北京市朝阳区安定路39号长新大厦9层904室	渗透结晶型防水系列产品	010-84124880	章伟晨 13801308410
11	果尔佳建筑产业有限公司 91440300789206224G	深圳市龙岗区宝龙街道宝龙社区高科大道智慧家园二期2C501	防水施工及专业培训、渗漏治理	0755-28755301	黄伟 13510009886
12	广东同泰新材料有限公司 91440101MA9W4H6K2B	广州市南沙区乐天云谷4-203	渗透结晶型防水系列产品、活性硅质自修复、结构自防水系统整合	020-39008726	徐荣彬 13005153605

序号	公司名称/信用代码	公司地址	主营业务/材料	电话/传真	联系人及手机号
13	深圳市科荣兴建材有限公司 91440300MA5H99CG2X	深圳市光明区凤凰街道东坑社区鹏凌路2号第3栋502	渗透结晶型防水系列产品	13600167592	李芬芳 13556846827
14	深圳市锐智明建筑工程有限公司 91440300682004809M	深圳市福田区梅林街道梅康路6号理想公馆2422室	建筑/防水保温等工程施工	0755-83851866	段敏锐 13802264191
15	广东普赛达密封粘胶有限公司 91441900754542252D	广东省东莞市清溪镇清溪东风路256号102室	聚氨酯密封胶系列产品、耐根穿密封胶	0769-82068858	任绍志 13580853335
16	科洛结构自防水技术（深圳）有限公司 91440300MA5EJ96F8B	深圳市龙岗区龙岗街道南联社区龙岗大道（龙岗段）6001号海航国兴花园华特大厦6栋B803	渗透结晶型防水系列产品	0755-84825823	杨飞 13922896181
17	深圳市金川防水防腐装饰工程有限公司 91440300683791656E	深圳市光明区凤凰街道塘尾社区松白路塘府华庭201	建筑/防水保温等工程施工	0755-26617773	许翼 13715392528
18	华鸿（福建）建筑科技有限公司 913504006111099105	沙县金古工业园	高分子益胶泥、聚合物防水砂浆等系列产品	0598-5828758	周立学 13823782083
19	北新防水（广东）有限公司 91441881MA4UPWRA91	英德市东华镇清远华侨工业园新型建材基地金竹大道9号	专业防水材料生产	0763-3105099	吴长龙 18033415111
20	大禹伟业（北京）国际科技有限公司 91110108679611421U	北京市海淀区中关村南大街12号天作国际A座2601	喷涂速凝橡胶沥青防水涂料等	010-62670616	李延伟 18610361136
21	深圳东方雨虹防水工程有限公司 91440300359223702T	深圳市福田区泰然八路万科滨海云中心18层	防水工程施工以及材料销售	0755-83175887	李莹 13503037053
22	江苏凯伦建材股份有限公司 9132050057817586XW	江苏省苏州市七都镇亨通大道8号	专业防水材料生产	0512-63102888	李忠人 13902912707
23	深圳智砼新材料有限公司 91440300MA5HJPK78R	深圳市福田区华强北街道福强社区振华路8号设计大厦14层1号1423房	自修复防水混凝土系列	15010515108	高宽：15010515108
24	深圳市森磊镒铭设计顾问有限公司 914403007663577081	深圳市南山区侨香路香年广场C座1301	建筑设计、防水构造设计	0755-88860312	金建平 13823143517

高分子防水卷材类（均有耐根穿产品）		执行标准	企业名称	注册商标	厂家地址	联系人	联系电话
聚氯乙烯防水卷材（PVC）	1.2mm 1.5mm	GB 12952	上海渗耐防水系统有限公司	渗耐	上海市闵行区华宁路 4555 号	吴京德	021-34073788
			山东鑫达鲁鑫防水材料有限公司	鲁鑫	山东省潍坊市潍城区 309 国道 351 公里处	季静静	0536-8171768
			北新蜀羊防水材料有限公司	蜀羊	四川省成都市清江西路 51 号中大君悦广场 1 栋 19F	周冬华	13808188527
三元乙丙橡胶防水卷材（EPDM）	1.5mm	GB 18173.1	常熟市三恒建材有限责任公司	水貂牌	江苏省常熟市常昆工业园南新路 22 号	吴建明	0512-52774949
			潍坊市宏源防水材料有限公司	宏源	山东省寿光市台头镇工业区（联系徐桂明 13606407119）	郑凤礼	0536-5526929
			山东汇源建材集团有限公司	汇源	山东省寿光市台头镇工业区 1 号	隋月红	0536-5518639
热塑性聚烯烃防水卷材（TPO）	1.2mm 1.5mm	GB 27789	深圳东方雨虹防水工程有限公司	东方雨虹	深圳市福田区泰然八路万科滨海云中心 18 层	李勇	0755-83175887
			江苏凯伦建材股份有限公司	凯伦	深圳龙华石龙路中航阳光新苑 2 栋 39 号 / 苏州吴江七都镇享通大道 888 号	吴春燕	0512-63807188
			潍坊市宏源防水材料有限公司	速克施	山东省寿光市台头镇工业区（联系徐桂明 13606407119）	郑凤礼	0536-5526929
预铺卷材（P 类）	1.2mm 1.5mm 1.7mm	GB/T 23457	Grace 建筑产品公司	基仕伯	湖北省武汉东湖新技术开发区庙山小区华师园北路 9 号	孙政铎	027-54674678
			江苏凯伦建材股份有限公司	凯伦	深圳龙华石龙路中航阳光新苑 2 栋 39 号 / 苏州吴江七都镇享通大道 888 号	吴春燕	0512-63807188
聚乙烯丙纶防水卷材	0.7mm	GB 18173.1	北京圣洁防水材料有限公司	点牌	北京市海淀区永丰乡皇后店村 228 号	杜昕	010-62442964
			山东鑫达鲁鑫防水材料有限公司	鲁鑫	山东省潍坊市潍城区 309 国道 351 公里处	刘军光	0536-8171768
改性沥青防水卷材类		执行标准	企业名称	注册商标	厂家地址	联系人	联系电话
自粘聚合物改性沥青防水卷材湿铺防水卷材（P 类、PY 类）预铺防水卷材（PY 类）	1.2mm 1.5mm 2.0mm 3.0mm	GB/T 35467 GB 23441 GB/T 23457	广东东方雨虹防水技术有限责任公司	东方雨虹	深圳宝安龙华新区清湖卫东龙商务大厦 B 座 3 楼	李勇	0755-83175887
			深圳卓宝科技股份有限公司	贴必定	深圳市福田区梅林路 32 号综合楼二楼	林旭涛	0755-83166632
			西牛皮防水科技有限公司	金雨衣	深圳市龙华新区民治工业东路 42 号品创源科技园 B 栋 6 楼 / 广西南宁市兴宁区三塘镇金雨伞工业园	王万和	0755-23275421
			衡水中铁建工程橡胶有限责任公司	耐久	河北省衡水市桃城区北方工业基地橡塑路 1 号	金家康	0318-2218025
			潍坊市宏源防水材料有限公司	宏源	山东省寿光市台头镇工业区（联系徐桂明 13606407119）	郑凤礼	0536-5526929
			北新成都赛特防水材料有限责任公司	李冰	四川省成都市金牛区金府路 777 号金府国际大厦 2 号楼 11-6/ 深圳市宝安区裕安一路融景园 B 座 604 室	刘单博	13923750950
			北新防水（广东）有限公司	北新	英德市东华镇清远华侨工业园新型建材基地金竹大道 9 号	吴长龙	0763-3105099
			深圳市卓众之众技术股份有限公司	卓众	深圳市宝安区龙华镇牛栏前村新澜大厦 12 楼	王怀松	0755-28181589
SBS\APP 改性沥青防水卷材耐根穿刺防水卷材预铺防水卷材（PY 类）	3.0mm 4.0mm	GB 18242 GB 18243 JC/T 35468 GB/T 23457	广东东方雨虹防水技术有限责任公司	东方雨虹	深圳宝安龙华新区清湖卫东龙商务大厦 B 座 3 楼	李勇	0755-83175887
			潍坊市宏源防水材料有限公司	宏源	山东省寿光市台头镇工业区（联系徐桂明 13606407119）	郑凤礼	0536-5526929
			深圳卓宝科技股份有限公司	贴必定	深圳市福田区梅林路 32 号综合楼二楼	林旭涛	0755-83166632
			北新防水（广东）有限公司	北新	英德市东华镇清远华侨工业园新型建材基地金竹大道 9 号	吴长龙	0763-3105099

SBS\APP改性沥青防水卷材耐根穿刺防水卷材预铺防水卷材（PY类）	3.0mm 4.0mm	GB 18242 GB 18243 JC/T 35468 GB/T 23457	北新成都赛特防水材料有限责任公司	李冰	四川省成都市金牛区金府路 777 号金府国际大厦 2 号楼 11-6/ 深圳市宝安区裕安一路融景园 B 座 604 室	刘单博	13923750950
			德国威达中国分公司	德国威达	北京朝阳区建国门外大街 16 号东方瑞景 1 号楼 1906	李玲	
			深圳市金川防水防腐装饰工程有限公司	金川	深圳市光明区凤凰街道塘尾社区松白路塘府华庭 201	许翼	0755-26617773
			北新蜀羊防水材料有限公司	蜀羊	四川省成都市清江西路 51 号中大君悦广场 1 栋 19F	周冬华	13808188527
防水涂料类	执行标准		企业名称	注册商标	厂家地址	联系人	联系电话
聚氨酯防水涂料	GB/T 19250		深圳市科顺防水工程有限公司	CKS 科顺	深圳市南山区侨香路青年广场 C 座 703	方勇	0755-82055000
			深圳卓宝科技股份有限公司	卓宝	深圳市福田区梅林路 32 号综合楼二楼	林旭涛	0755-83166906
			深圳东方雨虹防水工程有限公司	东方雨虹	深圳市福田区泰然八路万科滨海云中心 18 层	李莹	0755-83175887
			深圳市卓众之众技术股份有限公司	卓众	深圳市宝安区龙华镇牛栏前村新澜大厦 12 楼	王怀松	13510863518
			深圳市亿居建筑材料有限公司	亿居	深圳市福田区上梅林中康路 29 号西侧	段云芳	0755-83108777
聚合物水泥防水涂料（JS）聚合物乳液防水涂料金属屋面丙烯酸高弹防水涂料	GB/T 23445 JC/T 864 JG/T 375		深圳市新黑豹建材有限公司	黑豹	深圳市南山区科技园北区松坪山路 1 号源兴科技大厦南座 303	王荣柱	0755-26634075
			深圳市亿居建筑材料有限公司	亿居	深圳市福田区上梅林中康路 29 号西侧	段云芳	0755-83108777
			深圳卓宝科技股份有限公司	卓宝	深圳市福田区梅林路 32 号综合楼二楼	林旭涛	0755-83166906
			深圳东方雨虹防水工程有限公司	东方雨虹	深圳市福田区泰然八路万科滨海云中心 18 层	李莹	0755-83175887
			北京金汤防水材料有限公司	蓝天	北京市丰台区科学城海鹰路 9 号金汤大厦金汤公司	朱炳光	13901028466
			中山市青龙防水补强工程有限公司	青龙	深圳市南山区龙珠大道北天地峰景 8 号铺	宋教春	0760-83709708
			深圳市卓众之众技术股份有限公司	卓众	深圳市宝安区龙华镇牛栏前村新澜大厦 12 楼	王怀松	0755-28181589
			果尔佳建筑产业有限公司	果尔佳	深圳市龙岗区宝龙街道宝龙社区高科大道智慧家园二期 2C501	黄伟	0755-28755301
			广州大禹建筑防水材料有限公司	大禹	广州番禺洛溪新城华进明苑 2 号 1 梯 203-204	王录吉	020-34524191
喷涂聚脲防水涂料	GB/T 23446		辽宁亿嘉达防水科技有限公司	亿嘉达	辽宁省鞍山市千山区国华工业园	刘振平	15941219388
			广州秀珀化工股份有限公司	秀珀	广州市番禺区钟村镇谢石公路 72 号秀珀工业园	丁少斌	020-84710547
			北京建工华创科技发展股份有限公司	华创	北京市昌平区马池口镇西坨村 199 号	王清宇	010-69736458-606
非固化橡胶沥青防水涂料	JC/T 2428		深圳东方雨虹防水工程有限公司	东方雨虹	深圳市福田区泰然八路万科滨海云中心 18 层	李莹	0755-83175887
			深圳市科顺防水工程有限公司	科顺	深圳市南山区侨香路青年广场 C 座 703	方勇	0755-82055000
喷涂速凝橡胶沥青防水涂料	企标		大禹伟业（北京）国际科技有限公司	大禹伟业	北京市海淀区中关村南大街 12 号天作国际 A 座 2601	李延伟	18610361136
刚性防水材料指南	执行标准		企业名称	注册商标	厂家地址	联系人	联系电话
			北京澎内传国际建材有限公司	澎内传	北京市石景山区鲁谷路 51 号院 3 号楼 A 塔 8 层 801	李忠临	010-68667672
			北京城荣防水材料有限公司	Xypex 赛伯斯	北京东城区安德路甲 61 号红都商务中心 A500	章伟晨	13801308410

水泥基渗透结晶型防水材料	GB/T 18445	加拿大凯顿国际公司北京代表处	凯顿	北京市通州区万达广场 B 座 1012	马宁	13801308410
		上海凯顿百森建筑工程有限公司	凯顿百森	上海市松江区长塔路 465 号 8 栋	蔡利	021 — 67727733
		深圳欣生防水科技有限公司	欣生	深圳福田区振华路设计大厦 1613 室	陈俊	13957992559
		深圳市新黑豹建材有限公司	贝斯通	深圳市南山区科技园北区松坪山路 1 号源兴科技大厦南座 303	王荣柱	0755-26634075
		深圳市先泰实业有限公司	Deepseal	深圳市福田中心区福华一路 138 号国际商会大厦 B 座 1612	邓腾	0755-83904868
		深圳邦润通和新材料有限公司	邦润	深圳福田区振兴路 3 号建艺大厦 1809 室	王凌琨	13332983273
		深圳智砼新材料有限公司	华旗	深圳福田区振华路设计大厦 1423 室	高宽	15010515108
		广东同泰新材料有限公司	同泰	广州市南沙区乐天云谷 4-203	徐荣彬	020-39008726
		深圳市科荣兴建材有限公司	科荣兴	深圳市光明区凤凰街道东坑社区鹏凌路 2 号第 3 栋 502	李芬芳	13556846827
水性渗透型无机防水剂	JC/T 1018	科洛结构自防水技术（深圳）有限公司	科洛	深圳市龙岗区龙岗大道 6001 号华特大厦 803	杨飞	13922896181
		福建省宁德市新建工防水材料科技公司	建工	福建省宁德市霞浦县盐田工业区洋墩厝 2 号	许永彰	0593-8755567
聚合物水泥防水砂浆益胶泥	JC/T 984	深圳市新黑豹建材有限公司	黑豹	深圳市南山区科技园北区松坪山路 1 号源兴科技大厦南座 303	王荣柱	0755-26634075
		深圳市亿居建筑材料有限公司	亿居	深圳市福田区上梅林中康路 29 号西侧	段云芳	0755-83108777
		深圳东方雨虹防水工程有限公司	东方雨虹	深圳市福田区泰然八路万科滨海云中心 18 层	李莹	0755-83175887
		德高（广州）建材有限公司	德高	广州市滨江西路 206 号	张泳东	020-84411717
		华鸿（福建）建筑科技有限公司	华鸿	深圳市南山区常兴路常兴苑 D5 栋 403/ 福建沙县金古工业园区	陈虬生	13507557325
		江门禹成新型建材有限公司	禹成	江门市蓬江区杜阮镇英华路 6 号 7 栋	黄生辉	0750-3666670
		北京中核北研科技发展股份有限公司	中核北研	北京市朝阳区安定门外小关东里 10 号	华卫东	010-64963987
		深圳市百润实业发展有限公司	百润	深圳市坪山新区坑梓沙田北路 24 号	李华	15907556305
聚合物水泥防水浆料	JC/T 2090	深圳市科顺防水工程有限公司	科顺	深圳市南山区侨香路香年广场 C 座 703	方勇	0755-82055000
		雷帝（中国）公司	雷帝	广州市东风东路 836 号东峻广场 3 座 904 室 / 上海市松江区新滨工业园区浩海路 309 号	邹四明	020-87625313
		深圳东方雨虹防水工程有限公司	东方雨虹	深圳市福田区泰然八路万科滨海云中心 18 层	李莹	0755-83175887
无机防水堵漏材料	GB 23440	北京金汤防水材料有限公司	金汤	北京市丰台区科学城海鹰路 9 号金汤大厦	朱柄光	010-63792341
		广州市台实防水补强有限公司	台实	广州市天寿路 105 天寿大厦 13A	邓思荣	020-87790142
		深圳市亿居建筑材料有限公司	亿居	深圳市福田区上梅林梅华路 171 号	段云芳	0755-83108777
		深圳市陆基建材技术有限公司	陆基澳獭	深圳市福田区雨田路 27 号富连大厦三栋三层 313	董同刚	0755-83904999
密封材料类	执行标准	企业名称	注册商标	厂家地址	联系人	联系电话
聚氨酯建筑密封胶	JC/T 482	东莞市普赛达密封粘胶有限公司	普赛达	东莞市清溪镇三中金龙工业区福龙路	任绍志	13580853335
		深圳市鸿三松实业有限公司	鸿 HOSUNSON	深圳市罗湖区爱国路 1036 号华深大厦 611	周文新	0755-25540448

	执行标准	企业名称	注册商标	厂家地址	联系人	联系电话
聚氨酯建筑密封胶	JC/T 482	四川成都赛特防水材料有限责任公司	李冰	四川省成都市金牛区金府路 777 号金府国际大厦 2 号楼 11-6/ 深圳市宝安区裕安一路融景园 B 座 604 室	刘单博	13923750950
		广州市白云化工实业有限公司	白云	广州市白云区沙河沙太路 133 号	李和昌	020-87233583
硅酮密封胶	GB 14683	杭州之江有机硅化工有限公司	之江	浙江省杭州市萧山区蜀山街道黄家河	朱利	0571-82368182
止水带	300mm 宽中埋式（传统）	GB 18173.3	北新成都赛特防水材料有限责任公司	李冰	四川省成都市金牛区金府路 777 号金府国际大厦 2 号楼 11-6/ 深圳市宝安区裕安一路融景园 B 座 604 室	刘单博	13923750950
	嵌（粘）锚式内（外）置（新型）	DL/T 5215	广州圣道建筑防水材料有限公司	圣道	广州市南沙区乐天云谷 4-203	徐荣彬	13005153605
遇水膨胀橡胶 / 遇水膨胀止水胶	GB 18173.3	山东鑫达鲁鑫防水材料有限公司	鲁鑫	山东省潍坊市潍城区 309 国道 351 公里处	季静静	0536-8171768
	JG/T 312	深圳市亿居建筑材料有限公司	SM	深圳市福田区上梅林中康路 29 号西侧	段云芳	0755-83108777

其他材料	执行标准	企业名称	注册商标	厂家地址	联系人	联系电话
PVC 卷材特种粘合剂	Q/SY 011	惠州鹏格装饰设计工程有限公司	SY712	惠州市大亚湾西区龙华二路 222 号	张火贵	0752-6898068
高分子卷材胶粘剂	JC/T 863-2011	山东鑫达鲁鑫防水材料有限公司	鲁鑫	山东省潍坊市潍城区 309 国道 351 公里处	季静静	0536-8171768
丁基胶带	JG/T 942-2004	深圳市亿居建筑材料有限公司	日东电工	深圳市福田区上梅林中康路 29 号西侧	段云芳	0755-83108777
渗透环氧	企标	深圳市亿居建筑材料有限公司	亿居	深圳市福田区上梅林中康路 29 号西侧	段云芳	0755-83108777
聚氨酯灌浆材料	JC/T 2041	深圳市耐克防水实业有限公司	威特力	深圳市罗湖区爱国路 1036 号华深大厦 613		
		深圳市亿居建筑材料有限公司	亿居	深圳市福田区上梅林中康路 29 号西侧	段云芳	0755-83108777
环氧灌浆材料	JC/T 1041	广州市台实防水补强有限公司	台实	广州市天寿路 105 天寿大厦 13A	邓思荣	020-87790142
		深圳市亿居建筑材料有限公司	亿居	深圳市福田区上梅林中康路 29 号西侧	段云芳	0755-83108777
		广州市金科化灌有限公司	穗金科	广州市天河区黄埔大道白水塘街 11-12 号首层	陈松	13902201926
		广州市泰利斯固结补强工程有限公司	泰利斯	广州市荔湾区浣花路 5 号 306-307 室	邱小佩	020-81691277
混凝土膨胀剂	GB 23439	湖南武源建材有限责任公司	武源	深圳市南山区南新路仓前锦福苑 2 栋 508	罗浩	13761108458
		深圳市陆基建材技术有限公司	澳獭	深圳市福田区雨田路 27 号富莲大厦三栋三层 313	董同刚	0755-83904999
		天津豹鸣股份有限公司	豹鸣	天津市武清区富民经济 B 区		022-29341576
泡沫混凝土（绝热填）	JG/T 266	深圳市诚固建筑工程有限公司	诚固	深圳市龙岗区丰田路 316 号同心商务中心 8 楼	刘斌	18988772699
水泥聚苯		红石源新材料有限公司	红石源	深圳市蛇口海昌街海湾花园蓬竹阁 2A 室	魏德民	13509613117
接缝带	Q/SVET 002	深圳市巍特环境科技股份有限公司	斯卡露	深圳市龙岗区甘李 6 路中海兴创新产业城 12 栋	王鸿鹏	0755-8357293
电渗透抗渗防潮系统		福建特莱顿电渗透防水技术有限公司	特莱顿	福州市新区光华百特 B 区 4 号楼	王爱金	15280081670
冷屋面无缝防水系统		杭州庚鸿建筑材料有限公司	庚鸿	浙江省浙江省杭州市上城区富亿商业中心 1 号楼 11 层 1126 室	曲强	18057971177

主要咨询专家信息 联系办法 按注释或网上查询

易举

材料应用 施工技术 规范 标准 图集
2003 年起即参加建筑防水构造图集（SJB）之编制
有扎实的理论基础及丰富的实践经验，
对复杂的有机材料之间是否相容匹配之难点，
能给出令人信服的科学解释

高级工程师
毕业于西北工业大学
高分子材料专业 本科
主要研究方向 防水材料与防水施工技术

曾任职（三年）
沈阳市黎明发动机公司中心实验室 技术工作
曾任职（八年）
北京航空材料研究院第十一研究室 项目研究
现担任
深圳市新兴防水工程有限公司 总经理
深圳市亿居建筑材料有限公司 总经理
社会任职
深圳市防水行业协会专家委员会 副主任委员
深圳市建筑装饰协会 讲师
《中国建筑防水》杂志 特约编委
中国建筑防水协会专家委员会 委员
中国硅酸盐学会防水材料专业专家委员会 委员
中国建筑业协会建筑防水分会专家委员会 委员

主持或参与的防水工程百余项，
其中包括：
深圳世界之窗球形舞台
滑雪场屋面
华强赛格大厦
核电物业
港铁 荟港尊邸伸缩缝
广州祈福隧道
深圳建科大楼
大疆天空城大厦
东部华侨城
中英街联检楼
深圳市少年宫
成都华侨城 大剧院 人工湖
东部华侨城海洋广场
日立环球厂房
深圳创意工业园
深圳地铁 4 号线民乐站 403A 标段
2201 标段
南昌轨道交通 1 号线
天津地铁文化中心交通枢纽
深圳市锦绣中华
富士康
广东核电
丰泽湖山庄
港丽豪园

科研
弗曼耐特堵漏法的引进及国产化
国家"七五"攻关项目"中空玻璃密封
材料及密封工艺研究"

编审
《国家职业技能高级防水工考试试题库》习题集
深圳市工程建设标准《建筑防水技术规范》
广东省标准《建筑防水工程技术规程》
《干粉砂浆添加剂选用》
《防水材料学》教材

发表在行业核心期刊上的论文约二十余篇

参审标准
JC/T 2090—2011 聚合物水泥防水浆料
JC/T 2217—2014 环氧树脂防水涂料
JC/T 2379 地基与基础处理用环氧树脂灌浆材料
建设工程防水质量常见问题防治指南
中国建筑防水堵漏修缮定额标准
T/SZWA 002—2019 高分子益胶泥应用技术规程
T/SZWA 003—2020 混凝土内掺型自修复防水材
料及施工技术规程
T/SZWA 004—2020 喷涂速凝橡胶沥青防水涂料
应用技术规程

王莹

材料性能　材料检测　材料标准　材料应用

有良好的科学素养，擅独立思考，不入俗流

思维敏捷，做事严谨

对标准、规范有透彻的理解，能作出完整合理的解读

教授级高工

毕业于同济大学　建筑材料结构与性能专业　本科

主要从事建筑材料的检测与研究

　　　　建筑材料应用及标准化研究

2008 年度获深圳市产业发展与创新人才奖

2017 年获广东省土木建筑优秀科技工作者

深圳市建设科学技术委员会专家委员会成员

全国专业标准化技术委员会委员

中国建设标准化协会防水专业委员会专家

全国质量监管重点产品检验方法标准化技术委员会委员

住建部建筑制品与配件标准化技术委员会委员

广东省防水材料标准技术委员会委员

中国建筑学会建筑材料分会理事会理事

中国硅酸盐学会房建材料分会理事会理事

中国硅酸盐学会房建材料分会防水专业委员会专家

中国硅酸盐学会房建材料分会干混砂浆专业委员会委员

中国防水协会专家委员

中国防水协会涂料专业委员会委员

CECS 防水防护与修复专业委员会专家委员

广东省土木建筑学会防水专业委员会委员

深圳市土木建筑学会理事会理事

深圳市土木建筑学会防水专业委员会专家委员

深圳市防水协会专家委员

深圳市土木建筑学会混凝土专业委员会委员

广东省预拌混凝土绿色生产评价试点工作评审专家

深圳市涂料技术学会专家委员

深圳市绿色建筑协会专家委员

深圳市绿色建筑协会健康建筑评审专家

深圳市水泥及制品协会专家委员会委员

深圳市建筑废弃物处置专家库专家

深圳市检验检测专家库专家

主持开展"十三五"课题国家重点研发计划课题项目

《夏热冬暖地区围护材料耐久性分析模型、评价方法

及与功能性提升关键技术》

获 2022 年度华夏建设科学技术二等奖

国家科技支撑计划课题项目"建筑节能关键技术与

示范"之子课题"建筑节能技术标准研究"

深圳市《坝光片区混凝土建筑海水腐蚀现状、原因

及防治方法课题研究》等

主编和参与国家、行业、团体及地方的建筑材料

产品标准、工程应用技术标准 40 余项

专业论文 30 余篇

祖黎虹　标准管理　思维敏捷　敢于承责　勇于担当

毕业于清华大学土木系结构工程专业　本科

清华大学土木系无机非金属材料专业　硕士

曾任职

北京市政工程研究所

深圳市建材工业集团公司

深圳市住建局（处长）

　　建材处（建筑材料、预拌混凝土企业管理）

　　科教处（地方标准、企业新技术、科技进步管理）

　　节能处

　　燃气处

秦绍元　做事认真　有科研经历

　　　　对质量监督及事故处理有极其丰富的实际经验

　　　　13925289697

结构高级工程师

毕业于重庆建筑工程学院　本科　（并入重庆大学）

北京冶金建筑研究总院地基基础研究室

　　　　参加了武钢一米七轧机建设

上海宝钢建设　从事各种桩基试验研究

　　　　　　其中旋喷桩试验研究

　　　　　　　曾获冶金部 1981 年科技进步三等奖

深圳建设局工程质量监督总站　副总工程师

广东省司法厅注册的工程质量司法鉴定专家

　　　　曾出具 10 余项工程质量司法鉴定，

　　　　全部被法院采纳作为判案依据

曾任深圳市土木学会防水专业委员会专委会主任

朱国梁　既有热忱又能求实
践行实践是检验真理的唯一标准
13006658897
13006658897@126.com

教授级高工
江苏省华建建设工程股份有限公司
　　　深圳分公司副总工程师
同济大学　结构工程系
　　　工业与民用建筑专业　本科
获鲁班奖（国优）、国家质量银质奖共15项
江苏省优质工程扬子杯奖（省优）和广东省
　　　优质样板工程奖（省优）20多项
建设部专项技术科技示范工程奖一项
担任过深圳市会展中心等国家、深圳市多项
　　　重点工程的施工技术负责人
发明专利3项，实用新型专利28项
深圳市建筑业协会、深圳市土木学会、
深圳市新技术推广中心等专家库成员
曾任深圳市土木学会防水专业委员会
　　　第一届副主任
广东省土木建筑学会工程防水与加固专业委员

参编
《建筑工程施工组织设计实例应用手册》
　　第二版、第三版，主笔"框架剪力墙结构高层
　　　　住宅群体施工组织设计"
《建筑工程质量通病防治手册》第三版
　　　　主笔"建筑施工测量"

施工工法
　　先安装管道后砌空心砌块施工工法
　　高层建筑屋顶直升飞机停机坪施工工法
　　种植屋面施工工法

在国内、省级以上刊物发表的论文已有36篇，
其中省优秀论文一等奖五项
江苏省建筑工程管理局评为"质量管理先进个人"
深圳建筑业协会"建筑行业优秀总工程师"
"高层建筑施工中钢筋接头几种新工艺的推广"
获得扬州市科技进步奖四等奖
建设部专项技术科技示范工程奖"深圳市会议展览中心"

石伟国　既可"固守"又能创新　重实际　讲实话
13922820959
13922820959@163.com

研究员级高级工程师，国家一级注册建造师
扬州大学　土木工程专业　本科
格林威治大学　项目管理　硕士
江苏省华建建设股份有限公司深圳分公司
项目获国家工程质量鲁班奖2项，
国家优质工程1项，
参编专著8部和深圳市地方标准2部
省级以上刊物发表论文125篇

金建平　知识结构完整　勤奋努力　文武双全
对构造及节点设计有热情有研究
2635871257@qq.com

国家一级注册建筑师　高级工程师
毕业于西安交通大学　应用力学专业
　　　华南理工大学　建筑学专业
曾任职
机械部十院　从事结构设计和建筑设计
现任深圳市森磊镒铭设计顾问有限公司
　　　集团建筑总工程师

深圳市专家库专家
深圳市绿色建筑评审委员会专家
深圳市防水行业协会专家

大型设计项目负责人，超过30项
其中一项获建设部二等奖
华润代建项目施工图设计建筑专业标准编制
参与多项深圳市地方标准编制

周戈钧 对建筑构造有深度研究　追求精益求精
13600434933

国家一级注册建筑师　正高级工程师
毕业于西安冶金建筑学院（现西安建筑科技大学）工业
与民用建筑专业　本科
现任华艺公司
　　　副总建筑师　建筑事业三部　执行总建筑师
深圳市防水协会专家委员会专家
深设协消防设计技术工作委员会专家
深圳市绿色建筑协会专家委员会委员
广东省勘察设计行业建筑专业专家成员

主持四十多个大型项目设计，获奖五十多项
香港华艺设计顾问（深圳）有限公司　防水小组负责人
参编深圳市地方标准若干项

研究方向　公建、综合体设计
　　建筑防火、建筑防水、建筑幕墙、建筑构造、
　　设计流程

杜晓钟 专注实事　用心设计　构造专家　水平一流
能将无绪形体的设计化繁就简　理清复杂问题的逻辑
531404164@qq.com

高级建筑师
毕业于长春建筑高等专科学校　建筑学专业
抚顺市建筑设计研究院　建筑设计
深圳大学建筑设计研究院　建筑设计
深圳市建筑设计研究总院有限公司华优部　主任建筑师
深圳市建筑设计研究总院有限公司城誉院　副总建筑师
主持及参与百余项工程设计　获奖几十余项

黄瑞言 淡名利　干实事　讲实际
对构造层类有完整深入的研究
13603043982@139.com

国家一级注册建筑师　高级工程师
毕业于深圳大学　建筑学专业
清华大学建筑与土木工程领域　工程硕士

深圳市清华苑建筑与规划设计研究有限公司
（深圳市鹏清建筑与规划设计有限公司）
　　技术负责人，副总建筑师

曾荣获深圳市勘察设计行业优秀总建筑师、
优秀注册建筑师

社会任职（深圳市）
规划和国土资源委员会
《深圳市建筑设计规则》编委
勘察设计行业协会
《深圳市建筑施工图设计疑难问题解析》编委
注册建筑师协会《深圳建筑师负责制》编委
住房和建设局
《深圳市建筑工程施工图设计文件编制深度》编委
土木建筑学会建筑专业委员会副主任委员
绿色建筑协会专家委员会委员
防水行业协会专家委员会委员

主持及参与完成数百工程项目，其中 50 余项
目获得优秀设计奖项，包括芝加哥雅典娜
"国际建筑奖"，A+AWARDS 入围奖，ARCHDAILY
年度建筑教育类别 5 强，ARCHDAILY 中国年度
建筑十佳设计奖，中国建筑奖入围奖，广东省
优秀工程设计奖，深圳市优秀工程设计奖等

曾小娜 建筑设计　构造设计　节点设计　设计管理
2013 年即参加图集（深圳 SJ）编制
13425100345
88486697@qq.com

高级工程师　主任建筑师　深圳十佳青年建筑师
毕业于广州大学　本科　建筑学学士
曾任职大地建筑事务所（国际）
美国尚合设计有限公司（深圳分公司）
现任深圳大学建筑设计研究院有限公司　主任建筑师

社会任职七项，其中包括
深圳市防水行业协会专家委员
中国勘察设计协会：技术专家委员会
深圳市建筑产业化协会装配式专家委员会委员
深圳市建筑工程标准学会：技术专家委员会

主持及参与了百余项工程设计，获奖十余项，
其中亚洲国际奖一项
参与编制近十项标准、规范、规程及设计手册等
发明专利三项
行业核心期刊论文十余篇

感谢

图集的后期编制制作，首先要感谢王蕾建筑师；启动出版，主要感谢易举先生。新冠，意外给了时间，也无意滋长了恐责病毒，令图集不幸中招，直接上了呼吸机，幸有金建平先生施救……

本来就因轻实质、重末节，屡生不快，又频加商业操作干扰，令人身倦鬓秋。正值决心放弃，幸遇王蕾相劝，更获团队帮助，再得易总支持，才没有收摊回家，才没有浪费好设计。

起死回生的图集，幸因摆脱了官僚系统的桎梏，重新注入科学精神，方才有现在 WSA、WSB 的新面貌。

图集的动态制作，还要感谢赖春婷对文稿的耐心识别，为不厌其烦的修改付出的辛苦努力。图集的运作协调，要感谢蔡妙妮，感谢她的天生丽质，机敏灵活，行事果断，作风顽强，累倒了，也坚持运行。蔡工与王蕾卓有成效的沟通，使图集不断克服困难，保持运行，且令各方愉快。

图集的新质性，首先感谢吴兆圣。吴先生以其广博的知识，深入的研究，巧妙的构思，提升了图集的品质。为新质同样作出了贡献的还有：推动全刚自防系统化落地研究的徐荣彬老总，对刚性耐根穿实验进行持续研究的李富强老师，为顶层创新设计提供动力的叶学平博士，华鸿陈虹生先生，中建四局翟志梅总工，彭内传高剑秋及李忠临老总，凯伦李忠人总工，北新吴长龙总工，还有王云亮总工，王新全老总，许玥涛总工、项晓睿总工，建筑师张硕，建筑师冯海波。还要格外感谢尊敬的周婧律师，她的专业素质，使入集的专利都能保持较高的水准。此外，建筑师田崇江，建筑师蒋红薇，建筑师王玥蕤，建筑师槐雅丽，中海莫善晖莫总，中建科工邓孟绍总工，康秦李衣言李总，彭内传郭基智郭工，也都因积极研讨防水，不仅丰富了案例，也提高了案例分析的水平。

感谢所有这些热爱工作，关心防水并活跃在一线的实干家们。感谢他们的脚踏实地的作风。实干，使空谈高论变回普通常识，并将求实之基因植入图集，散开去，即使在贫瘠的土壤里也能破土，也能开枝散叶，也能葱绿苍翠，也能为防水事业，辟出一片绿地……

再次感谢所有支持过两册图集的防水界朋友们。

张道真
2024 年 8 月

二十余年生长过程中的痕迹,不可避免地反映在图集各类说明及节点注释之中。若重新统一规划,则工作量甚巨,而实际应用则意义不大。故图集有欠精准处,敬请原谅。

图集未尽之处,特别是概念设计,若需进一步讨论,建议参考的资料是原版《建筑防水》之概论部分(建筑师必修教材之九)。由于图集力求简明,有时过简,局部词句可能缺少学问家的严谨,敬请谅解。

附录中"设总须知",建议必读;材料"优缺点"及"性能简述"的编写,偏重建筑师的角度,可能不太专业。

相对于其他图集,表面上看,标准似偏高。但因大系统问题太多,故不能再低(建议参阅原版《建筑防水》第 438 页附录 E:"防水技术进步的障碍及其解决办法")。提升标准,正是本图集在现阶段必须要做的事情。正所谓:"取乎其上,得其中;取乎其中,得其下;取乎其下,则无所得矣。"

2018 年 7 月

此图集即将正式出版之际,很多工作仍在不断向前推进,以至于本来期望的收尾却变成另一些深入研究的开始。特别是,包括吴兆圣先生研究的变形缝嵌锚技术,该技术已经完成第四代更新。也包括建筑结构防水专家金建平,对概念及构造深入细化的研究,并付诸实践的持续努力。还包括诸多冲破阻力,勇于实践,对全刚自防水混凝土的研究作出贡献的编外专家们。

2023 年 8 月

尊敬的读者朋友:很抱歉,WSA 虽经反复校核,仍有以下问题,特此纠正,恳请原谅。

P6　左倒三行末,逗号删除;

P9　红字之右加"如是:"

P66　③"先面后缝"应为③"先缝后面";

P105　上表下格(三处)"植土屋"应为"植土厚";

P159　右边注③中的"钢筋混凝土斜板"和④中的"木望板"互换;

P161　右下"单日降水量较大地区或坡度较缓的屋面,"应插在"热老化。"之后;

P168　偏右中"参 91 页"应为"参本页左下";

P187　木窗台之"木框顶紧"及"加固顶紧",采用红色黑体,予以强调;

P193　实例一"弃受"应改为"弃留",实例二之"效率板差"应为"效率极差,耗电至少升高 15%";

P198　左倒四行"多用无"改为"多用于无";

P253　②注之"约小于"改为"略小于";

P258　图注中的"切换"应为"切缝"(二处);

P289　左边图中索引页码"163"应为"287"。

再致歉意!

张道真

2024.8.22